职业院校课程改革系列教材

技术物理基础

下册（第二版）

丁振华　张　影　主编

中国教育出版传媒集团

高等教育出版社·北京

内容提要

本书是职业院校课程改革系列教材《技术物理基础》的修订版。本次修订在保持原书特色的基础上，全面贯彻落实党的二十大精神，深入推进党的二十大精神进教材、进课堂、进头脑，充分反映新时代伟大变革和取得的重大成就，强化了教材育人导向，重视对学生创新意识及科学思维方法的训练，突出物理核心素养的培养，强化物理在工程领域的应用，渗透"科学·技术·社会·环境"教育，体现教材的时代性、实用性和职教特色。

全书分上、下两册，上册包括力学、热学；下册包括电磁学、光学、原子核基础知识、物理学与高新技术、环境保护等内容。本书内容通俗易懂、语言简练、插图丰富。可供五年制高职各专业使用，也可作为中职教材使用。

本套教材配套丰富的辅教辅学资源，请登录高等教育出版社新形态教材网（https://abooks.hep.com.cn）获取相关资源。详细使用方法见本书最后一页"郑重声明"下方的"学习卡账号使用说明"。

图书在版编目（CIP）数据

技术物理基础. 下册 / 丁振华，张影主编. -- 2 版
. -- 北京：高等教育出版社，2024.12
ISBN 978-7-04-061904-1

Ⅰ.①技… Ⅱ.①丁… ②张… Ⅲ.①物理学 – 高等职业教育 – 教材 Ⅳ.①O4

中国国家版本馆CIP数据核字（2024）第052541号

JISHU WULI JICHU

策划编辑	王丹丹	责任编辑	陆 明	特约编辑	王楚思	封面设计	李卫青
版式设计	马 云	责任绘图	邓 超	责任校对	高 歌	责任印制	刘弘远

出版发行	高等教育出版社	网　　址	http://www.hep.edu.cn
社　　址	北京市西城区德外大街4号		http://www.hep.com.cn
邮政编码	100120	网上订购	http://www.hepmall.com.cn
印　　刷	湖南天闻新华印务有限公司		http://www.hepmall.com
开　　本	787mm×1092mm　1/16		http://www.hepmall.cn
印　　张	16.25	版　　次	2005年2月第1版
字　　数	250千字		2024年12月第2版
购书热线	010-58581118	印　　次	2024年12月第1次印刷
咨询电话	400-810-0598	定　　价	53.60元

本书如有缺页、倒页、脱页等质量问题，请到所购图书销售部门联系调换
版权所有　侵权必究
物 料 号　61904-00

第二版前言

《技术物理基础》自出版以来，已在全国高等职业学校广泛使用，深受师生的欢迎。为全面贯彻落实党的二十大精神，深入推进党的二十大精神进教材、进课堂、进头脑，充分反映新时代伟大变革和取得的重大成就，适应新时代我国职业教育发展，有必要对本教材进行修订，以便更好地为职业教育人才培养服务。

在修订过程中，强化了教材育人导向，突出物理核心素养的培养，恰当引入现代科技成果，体现教材的时代性、实用性和职教特色，对教学内容进行了改革和创新。具体有：

1. **强化教材育人导向，落实立德树人根本任务。** 教材修订以习近平新时代中国特色社会主义思想为指导，站在落实立德树人根本任务的高度，引导学生自觉践行社会主义核心价值观，突出了教材的育人功能，通过"技术·中国"栏目展现中国在高新技术领域取得的巨大成就，如取得辉煌成就的中国航天事业、震撼世界的中国桥梁技术、走向世界的中国高铁技术等，弘扬民族精神，培育时代精神，激发爱国情怀，增强民族自豪感，引导学生树立正确的世界观、人生观和价值观。增加"行为与责任"栏目，引导学生将工匠精神、绿色发展和社会责任等落实到具体行动中。

2. **注重物理概念的建构和物理规律的探究，突出物理核心素养的培养。** 教材对很多物理概念、定理、定律不再直接给出，而是通过"观察与思考""实验与探究"等栏目，创设问题情境、实验探究后得出，点燃了学生科学探究的兴趣与热情，将物理学研究中的假设推理、科学论证、探究设计等核心素养渗透在学习中，养成实事求是的科学态度和精益求精的工匠精神；"实践与探索"栏目提升了学生动手操作、质疑与创新、合作交流、分析与解决问题的能力;"思维与方法"栏目让学生了解和掌握研究问题的科学思维方法,发展学生思辨与创新的能力,促进学科素养的形成,落实职业教育物理课程在核心素养四个方面的要求。

3. 体现为专业服务的理念,突出教材的实用性。 修订时对教材章节结构、教学内容进行了优化组合,精选了工科类专业学生后续专业课程学习中必备的基础知识与技能,突出了知识和技能的应用,尤其突出了物理在工程领域的技术应用,并通过"技术应用"栏目把所学物理知识与生产生活、工程技术结合起来。在"练习与应用"栏目中,增加了习题数量,设计了大量开放性问题和合作探究等活动,将学业质量分为水平Ⅰ和水平Ⅱ,以适应不同层次的教学需求。

4. 恰当引入现代科技成果,突出教材的时代性和职教特色。 围绕新时代伟大变革和取得的重大成就更新教材内容,及时将我国在载人航天、探月探火、深海深地探测、超级计算机、卫星导航、量子信息、核电技术、新能源技术、大飞机制造、生物医药等领域取得的重大成果、绿色低碳生态环境保护建设等内容融入教材中。例如,在教材中介绍了人工智能及应用、柔性显示屏、绿色建筑在节能减排低碳环保中的应用等,既拓宽了学生的知识面,又突出了教材的时代性和职教特色。

本套教材配套丰富的辅教辅学资源,请登录高等教育出版社新形态教材网(https://abooks.hep.com.cn)获取相关资源。详细使用方法见本书最后一页"郑重声明"下方的"学习卡账号使用说明"。

参与本书修订的老师有:徐州工业职业技术学院丁振华(修订内容为第9—11章、第15章、拓展模块)、长春市机械工业学校张影(修订内容为第12—14章)。全书由丁振华、张影任主编并统稿,南京旅游职业学院黄斌主审。

由于编者水平有限,书中难免有不妥之处,恳请读者批评指正。读者意见反馈邮箱:zz_dzyj@pub.hep.cn。

编 者
2024 年 2 月

第一版前言

进入 21 世纪以来，我国五年制高等职业教育得到了迅猛发展，而编写与五年制高等职业教育发展水平相适应、定位科学准确、特色鲜明的五年制高职教材，是体现五年制高职教育特色的关键，这对深化高等职业教育改革，保证五年制高职人才培养目标的实现具有重要意义。

为此，本教材的编写是以五年制高等职业教育培养目标为依据，以培养学生素质和能力为中心，以实践应用为主体，将与物理有关的新知识、新技术、新工艺及时反映到教材中来，突出教材的实用性、先进性和职教特色。教材重视对学生科学探究能力、创新意识及科学精神的培养。本书具有以下特点：

一、体现以学生学习为主体

教材是按照学生的学习心理规律来编写的。每章都有章首，在章首介绍了本章的主要内容，使学生在学习新知识之前，对本章内容大概了解。在每节内容前面，提出了本节内容的"知识目标"和"能力目标"，使学生带着明确的学习目标来学习这节内容。每节开头都创设情境，提出问题，让学生想一想，然后通过观察或实验，分析归纳得出物理概念和规律。有的章节还有"观察与思考""自己动手做"，这些内容着重培养学生观察能力、实验能力、分析问题和解决问题的能力。带"*"号的为选修内容，供不同学校、不同专业根据需要选用。

二、突出教材的实用性、先进性和职教特色

由于物理课是五年制高职各专业通用的一门重要的必修课，教材内容既要充分体现五年制高职培养的目标，兼顾到学生终身学习的需要，同时又要

考虑到五年制高职物理课安排在一年级开设，仍属于初中后教育，不能随意拔高。因此，本教材在内容上精选了学生终身学习和后续课程学习必备的基础知识与技能，将与物理有关的新知识、新技术、新工艺及时反映到教材中来。比如，在【知识窗】中介绍了与物理知识有关的高新技术，如磁悬浮列车、神奇的γ刀等，用一章介绍物理学与高新技术的关系，如航天技术、通信技术、信息技术、传感技术、纳米技术等，使物理的基础性与技术性、物理原理与工程技术有机地结合。这些内容既拓宽了学生知识面，又体现了教材的实用性、先进性和职教特色。

三、教材贴近学生生活，渗透"科学·技术·社会"教育

科学技术问题都是直接或间接与社会相联系的，让学生了解科学、技术对社会的积极作用和不利影响，了解科学、技术、社会问题是如何相互促进和发展的，有利于培养学生用联系、发展的观点看待问题，使学生觉得物理是有用的，是活生生的。因此，教材选择一些与学生生活联系密切的内容，如电冰箱的制冷原理、微波炉的原理、声音的传播与多普勒效应、物理学与环境保护等。这些内容贴近学生生活，联系社会实际，增加了学生对物理的兴趣，渗透了"科学·技术·社会"教育。

四、突出物理科学方法的教育

科学发展的历史表明，每一个科学上的新发现，特别是具有重大意义的科学发现，都为学习者提供科学思维方式和科学研究方法。本书在编写中，力求通过观察、实验、理想化模型、图像、等效、类比、假说、分析、综合、归纳、演绎等一系列物理科学方法的渗透和应用，让学生了解研究问题的科学方法，培养学生形成科学的世界观和方法论。

五、插图丰富、内容新颖

教材力求做到图文并茂，每节内容都用大量贴近生活、具有真实感的彩色图片来提供知识信息，或补充说明相关物理概念，来帮助学生感知物理现象，引发学生对学习物理的兴趣，降低知识理解的难度。

本书适用于以初中毕业为起点的五年制高职物理课程的教学，可供五年制高职工科各专业使用，也可作为中职教材使用。

本书是在中国物理学会教学委员会职教分委会、中国教育学会物理专业委员会职教工委会组织和指导下，由徐州工业职业技术学院丁振华编写、山东建工学院张世忠主审。在编写过程中，得到徐建中、牛金生、郝超、段超英、黄斌等同志的大力支持和帮助。在本书与广大读者见面之际，谨向他们表示衷心的感谢。

编写本书时，参考了许多文献资料，在此对有关资料的编著者深表谢意。

由于编者水平有限，加上编写时间仓促，书中难免有不妥之处，恳请读者批评指正。

编　者

2004 年 7 月

目录

第九章　直流电路　/　001

9.1　电阻定律　超导现象 ……………………………………… 002
　　　技术应用　超导技术的应用 ………………………………… 007
9.2　电功　电功率　焦耳定律 …………………………………… 011
　　　技术应用　电饭锅的加热、保温原理 ……………………… 016
9.3　电源电动势　全电路欧姆定律 ……………………………… 019
　　　技术·中国　领先世界的中国特高压直流输电技术 ……… 025
9.4　电阻的测量 …………………………………………………… 028
　　　技术·中国　快速发展的中国人工智能 …………………… 032
本章思维导图 ………………………………………………………… 036

第十章　静电场的性质　/　037

10.1　电场　电场强度 …………………………………………… 038
　　　 技术·中国　领先世界的中国摩擦纳米发电机 ………… 044
10.2　电势能　电势　电势差 …………………………………… 047
　　　 技术应用　建筑物中的避雷系统 ………………………… 051
10.3　静电感应　静电屏蔽 ……………………………………… 054
　　　 技术应用　静电的应用与危害 …………………………… 059
10.4　电容器　电容 ……………………………………………… 063
　　　 技术应用　超级电容器 …………………………………… 068

10.5　带电粒子在电场中的运动……………………………071
本章思维导图……………………………………………077

第十一章　磁场的作用规律　/　079

11.1　电流的磁场……………………………………………080
　　　巨匠与创新　安培及他的科学研究方法……………085
11.2　磁场对通电直导线的作用……………………………088
　　　技术应用　电磁起重机………………………………093
11.3　磁场对通电平面线圈的作用…………………………096
　　　技术·中国　领先世界的磁体技术…………………100
11.4　磁场对运动电荷的作用………………………………102
　　　技术应用　回旋加速器的原理及应用………………105
本章思维导图……………………………………………109

第十二章　电磁感应　电磁波　/　111

12.1　电磁感应　电磁感应定律……………………………112
　　　技术应用　电磁感应在工程机械中的应用…………121
12.2　交流电及安全用电……………………………………124
　　　技术应用　家庭安全用电……………………………131
12.3　变压器和日光灯的工作原理…………………………133
　　　技术应用　智能手机无线充电………………………138
12.4　电磁场　电磁波………………………………………141
　　　巨匠与创新　麦克斯韦及他的治学方法……………147
本章思维导图……………………………………………150

第十三章　光现象及其应用　/　151

13.1　光的折射和全反射 ······················· 152
　　技术·中国　独一无二的射电望远镜 FAST ············ 161
13.2　激光的特性及其应用 ····················· 163
　　技术·中国　世界第一的中国激光技术 ············· 167
本章思维导图 ···························· 171

第十四章　光的本性　/　173

14.1　光的波动性 ························· 174
　　技术应用　激光全息摄影 ···················· 180
14.2　光的电磁理论　电磁波谱 ··················· 182
　　技术应用　微波炉的工作原理 ·················· 187
14.3　光电效应　光的波粒二象性 ·················· 189
　　技术·中国　全球领先的中国量子通信 ·············· 194
本章思维导图 ···························· 197

第十五章　核能及其应用　/　199

15.1　原子结构　天然放射性现象 ·················· 200
　　技术应用　神奇的 γ 刀 ····················· 206
15.2　核能　核技术 ························ 208
　　技术·中国　核电走向世界的国家名片——"华龙一号"
　　核电机组 ···························· 215
本章思维导图 ···························· 217

拓展模块　科学·技术·社会·环境　/ 219

专题一　航天技术简介 …………………………………… 220
专题二　现代通信技术简介 ……………………………… 227
专题三　新能源的开发利用与节能减排 ………………… 230
专题四　物理学与环境保护 ……………………………… 236
本章思维导图 ……………………………………………… 244

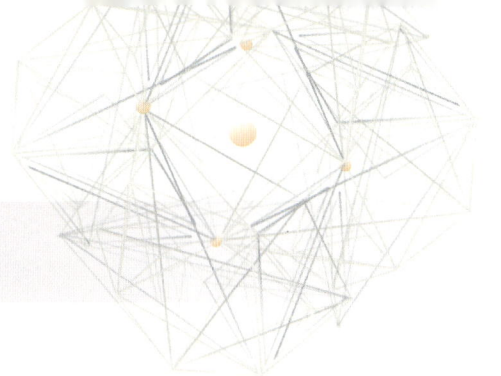

第九章　直流电路

随着对电学研究的不断深入，人类发明出了电池、电动机、发电机、高压输电、电灯、电报、电话等电气设施，并开始应用于生产生活，极大地提高了社会生产力和人类生活水平，人类社会进入了电气化和信息化时代。电能是当今用途最广泛的一种能源，生产中的机器和日常生活中的电视机、电风扇、电冰箱、空调等家电都是靠电来工作的。所以，在现代生产和生活中，已经离不开电能，电能的应用越来越广泛。

为了有效地利用和控制电流，需要研究电路的基本规律和应用。在这一章里，我们要讨论电阻定律、部分电路欧姆定律、电功、电功率、焦耳定律、全电路欧姆定律，以及电阻的测量等，这些内容都是电学中最基本、最重要的知识。这些知识不仅在日常生活中经常可以用到，而且是进一步学习电工学、电子学的基础。

第九章 直流电路

学习目标

了解电阻、电功、电功率、电源电动势、内阻等基本概念；理解电阻定律、焦耳定律、全电路欧姆定律，会用有关公式、定律进行简单计算，能分析、解决生产生活中的实际问题。了解伏安法测电阻的原理和方法，学会使用伏安法、电阻表和惠斯通电桥测电阻。了解超导现象及其应用。

建构全电路等物理模型，了解其在研究电学问题中的重要作用。通过探究影响导体电阻大小的有关因素的实验，加深对控制变量实验方法的理解，增强质疑创新的能力。

通过电动势与内、外电压之间的关系等实验探究过程，体会科学探究的基本步骤。通过多用表的使用等实验，养成细心观察、规范操作、主动探索的学习习惯，进一步提高操作技能、技术运用、探究设计等核心素养。

通过查阅资料，收集我国在超导材料研究、人工智能领域所取得的伟大成就，增强民族的自豪感和科技传承的使命感，提升科学思维，强化创新意识，形成崇尚科学、一丝不苟的科学态度，增强社会责任感。

9.1 电阻定律　超导现象

观察与思考

电阻（图 9-1-1）是电路中最常见的基本元件，各种导体在常温下均存在电阻。电阻的大小究竟与哪些因素有关呢？目前，大量电能在输送（图 9-1-2）和使用过程中，由于电阻发热而白白损耗掉了。能否找到没有电阻的物质呢？

电阻定律　在两端电压相同的条件下，不同导体中的电流大小如果不同，我们就说它们的导电性能有差异。**电阻**是一种衡量物体导电性能的物理量，通

9.1　电阻定律　超导现象

图 9-1-1　电阻

图 9-1-2　电能输送

常用字母 R 表示。在国际单位制中，电阻的单位是 Ω（欧姆），也常用 kΩ（千欧）和 MΩ（兆欧）作单位，它们的关系是

$$1\ \text{MΩ} = 10^3\ \text{kΩ} = 10^6\ \text{Ω}$$

物体的电阻大小与什么因素有关呢？下面用控制变量法来探究电阻与导体的材料、横截面积、长度之间的定量关系。

实验与探究　探究影响导体电阻大小的有关因素

利用电源、开关、电流表、电阻定律演示器等实验仪器按照图 9-1-3 所示的电路图连接电路，在图中的 A、B 之间分别接入铜、铁、镍、铬合金四根金属导体。(1) 保持导体的材料、横截面积相同，改变长度，研究电阻的变化；(2) 保持导体的材料、长度相同，改变横截面积，研究电阻的变化；(3) 保持导体的长度、横截面积相同，改变材料种类，研究电阻的变化。调节滑动变阻器，分别测出相应的电压、电流。根据部分电路欧姆定律，计算出各导体的电阻值。

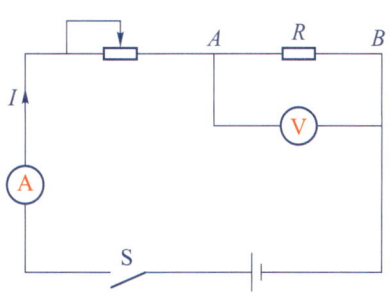

图 9-1-3　探究电阻定律的实验电路图

实验表明： 由同一种材料制成的粗细均匀的一段导体，在一定温度下，它

的电阻 R 与它的长度 l 成正比,与它的横截面积 S 成反比,这条定律称为**电阻定律**。可表示为

$$R = \rho \frac{l}{S}$$

式中的比例系数 ρ 称为**电阻率**,单位是 $\Omega \cdot m$(欧姆米)。

电阻率　电阻率大的材料,导电性能差。表 9-1-1 列出了一些材料的电阻率。

表 9-1-1　几种常用材料在 20 ℃时的电阻率

材料	$\rho/(\Omega \cdot m)$	材料	$\rho/(\Omega \cdot m)$
铜	1.7×10^{-8}	康铜	4.8×10^{-7}
银	1.6×10^{-8}	镍铬合金	1.0×10^{-6}
铝	2.8×10^{-8}	碳	3.5×10^{-5}
铁	1.0×10^{-7}	硅	2.3×10^{3}
钨	5.3×10^{-8}	电木	$10^{10} \sim 10^{14}$
锰铜	4.4×10^{-7}	橡胶	$10^{13} \sim 10^{16}$

从表 9-1-1 可以看出,金属和合金的电阻率都很小;而电木、橡胶的电阻率都很大。使用时,可以根据需要,参照电阻率表选取合适的材料。例如,在输电、用电线路中,为了减小电阻就要选用铜、铝等材料作导线;在制作用电器和电工工具的绝缘部分时,又要选用电木、橡胶等材料。

电阻率不仅与材料有关,还与温度有关。金属材料在温度升高时电阻率变大,利用金属电阻率随着温度升高而增大的特性,制成了电阻温度计来测量温度(图 9-1-4)。而半导体的电阻率却随着温度的升高而减小。为了保证在不同温度下的测量精度,一些精密测量仪器(如多用表)的电阻要用锰铜(85% 铜 + 3% 镍 + 12% 锰)丝或康铜(54% 铜 + 46% 镍)丝绕制。这两种材料的电阻率受温度的影响很小,常常用来制作标准电阻。

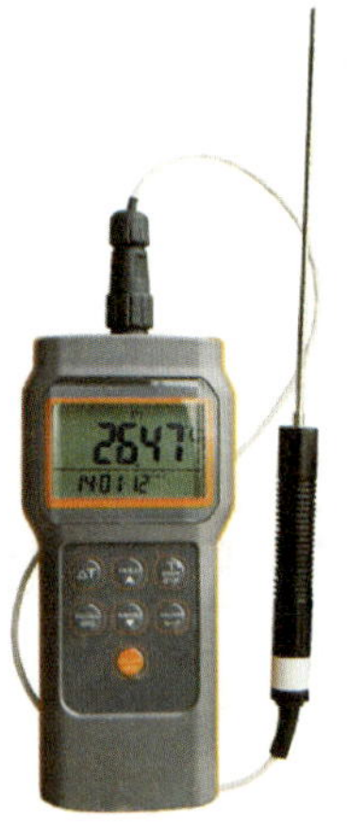

不同材料的电阻率不同。一般把 $\rho < 10^{-6}$ $\Omega \cdot m$ 的物体称为**导体**,把 $\rho > 10^{8}$ $\Omega \cdot m$ 的物体称为**绝缘体**(电介质),介于两者

图 9-1-4　电阻温度计

之间的物体称为**半导体**。绝缘体内存在少量自由电荷,并非绝不导电。有些绝缘体在很高的电压作用下将被击穿而成为导体。绝缘体若受潮,绝缘性能会明显下降。

【例题】如图 9-1-5 所示,在相距 40 km 的 A、B 两地架两条输电线,电阻共为 800 Ω,如果在 A、B 间的某处发生短路,这时接在 A 地的电压表示数为 10 V,电流表的示数为 40 mA,求发生短路处与 A 地的距离。

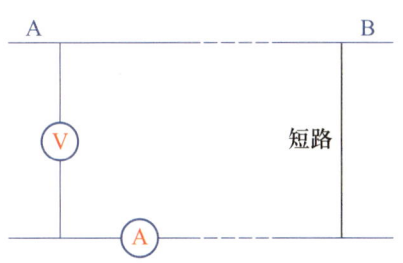

图 9-1-5 电路图

分析:已知发生短路时的电压表和电流表的读数,可以根据欧姆定律计算此时导线的电阻,再与正常情况下电路的总电阻比较,可计算出发生短路处与 A 地的距离。

解:设发生短路处与 A 地的距离为 x(单位:km),根据欧姆定律可得,此时导线的电阻

$$R_x = \frac{U}{I} = \frac{10}{4 \times 10^{-2}}\ \Omega = 250\ \Omega$$

根据电阻定律有

$$R_x = \rho \frac{2x}{S},\ R_\text{总} = \rho \frac{2l}{S}$$

$$x = \frac{R_x}{R_\text{总}} l = \frac{250}{800} \times 40\ \text{km} = 12.5\ \text{km}$$

发生短路处与 A 的距离为 12.5 km。

思考与讨论

空调(图 9-1-6)是耗电量较大的用电器,为了线路的安全,安装空调的线路一般选用横截面积为 4 mm² 或 6 mm² 的铜芯导线。为什么安装空调的线路要选用较粗的铜芯导线?

图 9-1-6 空调

常见电阻的阻值范围为 0.001~10^9 Ω。为了制作这些不同的电阻,要选用不

同的材料和工艺，常见的电阻有线绕电阻、碳膜电阻、金属膜电阻（图 9-1-7）、敏感电阻器（图 9-1-8）等。

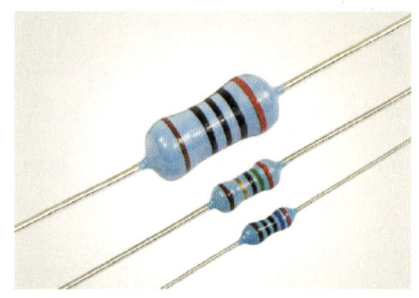

图 9-1-7　金属膜电阻

图 9-1-8　敏感电阻器

电阻有多种分类方法，也可以根据允许通过电流的大小分为大功率电阻和小功率电阻，还可以根据阻值是否可以调整分为固定电阻、可调电阻（图 9-1-9）和半可调电阻。

图 9-1-9　可调电阻

实践与探索

把一段长 10 cm 以上的铅笔芯，按图 9-1-10 所示方式与电池、小电珠串联成电路，接点 A、B 相距 1 cm 左右时，电珠发光。然后慢慢把 A、B 向外拉开距离，你将发现电珠的亮光随之逐渐减弱；直到刚好看不见电珠发光时，划燃一根火柴，用火焰顶部加热铅笔芯，小电灯慢慢又发光了。火柴熄灭后，小电珠又慢慢不亮了。为什么？请你做一做。

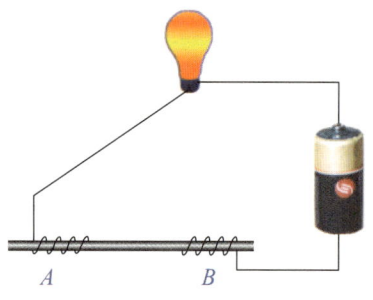

图 9-1-10　小电珠实验电路图

超导现象　1911 年荷兰物理学家昂尼斯测量水银在低温下的导电情况时发现，当温度低于 4.2 K 时，水银的电阻突然下降为零。当温度降低到某一低温时，某些材料的电阻突然减小到零，这种现象称为**超导现象**，处于这种状态的物体称为**超导体**。

超导体具有很强的抗磁性，当一个小的永磁体降落到超导体表面附近时，在永磁体与超导体间会产生排斥力，使永磁体悬浮于超导体上，磁悬浮地球仪就是根据这个原理制成的。

我国在超导材料领域的探索及研究一直处于世界先进水平，其间高温超导有两次重大突破，分别是我国赵忠贤院士团队1987年首次在钇钡铜氧中发现了93 K（−180 ℃）的高温超导体，由此荣获2016年度国家最高科学技术奖；2008年以后赵忠贤院士团队发现系列50 K以上铁基高温超导体并创造55 K（−218 ℃）纪录。2019年，复旦大学修发贤团队发现了一种新型超高导电材料——"砷化铌纳米带"，其电导率是铜薄膜的100倍，石墨烯的1 000倍。

 技术应用 超导技术的应用

超导技术是当代材料科学的一个重要前沿，超导技术又是一个有广泛应用和巨大发展潜力的高技术领域，在能源、信息、交通、仪器、医疗诊断技术、国防以及重大科学工程等方面都有重大作用。

超导输电电缆 超导输电电缆是超导强电应用中的一个重要方面。实验研究表明，超导电缆的负载能力要比铜芯电缆高3~5倍，而负荷损失率可从8.0%降到0.5%。2021年12月，世界首条35 kV超导电缆输电工程在上海正式投运，它利用超导体零电阻的特性来进行无损耗大电流输电，是目前世界上距离最长、输送容量最大的超导电缆工程。

超导变压器 1987年以来，随着超导材料的出现，研究人员研制了不同容量的超导变压器。超导变压器的效率为96%~98%，比普通变压器的效率高出2%~3%，其体积也比普通变压器小十分之九。

超导发电机 利用超导材料制成的发电机的磁场线圈，可以将发电机的磁感应强度提高到5~6 T，使发电过程几乎没有能量损失。超导发电机具有体积小、质量轻，无热损耗，稳定性好等优点。

超导计算机 超导计算机是指使用超导元器件制造的计算机。在超大规模集成电路中，其元件间的连线是用接近零电阻的超导元器件来制作的，不存在散热问题。由于处于超导状态，超导计算机的耗电量会降到目前计算机的 1% 以下。而利用超导材料制成计算机的开关元件，开、关时间快达 10^{-12} s 数量级，比半导体器件快 1 000 倍左右。2023 年 5 月，国际上首个面向全球开放的我国 176 比特"祖冲之号"量子计算云平台（图 9-1-11）刷新了我国超导量子计算机比特数纪录。

超导磁悬浮列车　超导磁悬浮列车（图 9-1-12）的关键部分是由两组超导电磁体构成的，超导电磁体能提供极强的磁场，产生很大的磁场力使列车悬离地面，在无接触、无摩擦的状态下实现高速行驶。2021 年 7 月 20 日，具有完全自主知识产权的我国高速磁悬浮列车在青岛下线，时速达 620 km。

图 9-1-11　超导量子计算机

图 9-1-12　超导磁悬浮列车

超导精密仪器　许多精密仪器，如核磁共振仪（图 9-1-13）、电子显微镜（图 9-1-14）等对磁场都有非常严格的要求：需要磁场强度高、稳定性能好、磁感线均匀等。目前，大部分核磁共振仪都使用了超导磁体。使用超导磁体的磁共振成像比使用常规磁体的磁共振成像有以下优点：质量轻，磁场稳定性好；磁感应强度大，

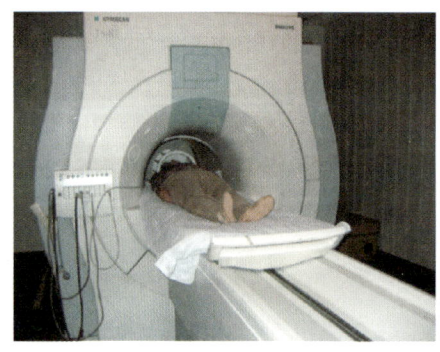
图 9-1-13　核磁共振仪

图 9-1-14　电子显微镜

成像更为清晰等。所以，将来大部分精密仪器都离不开超导体。

超导技术将是 21 世纪具有战略经济意义的高新技术，常温超导材料一旦研制成功，超导体在磁悬浮交通工具、发电机、电力输送、电能贮藏、超级计算机、超导通信、传感器、核磁共振诊断装置等方面将得到广泛的应用，届时必将引起工业的深刻变革。

 行为与责任

我们要经常关注科学家在前沿科技领域取得的新进展、新动态，尤其是我国科学家在科学技术上所取得的新成果、新成就，树牢为实现中华民族伟大复兴而奋斗的信念。

练习与应用（I）

1. 烧断电灯钨丝的现象通常发生在电路刚接通的瞬间，这是为什么？

2. 关于电阻和电阻率，以下说法正确的是（　　）。

A. 由 $R=\dfrac{U}{I}$ 可以得出，导体的电阻与导体两端的电压成正比，与导体中的电流成反比

B. 由 $R=\rho\dfrac{l}{S}$ 可以得出，在温度不变时，导体的电阻率与导体的横截面积成正比，与导体的长度成反比

C. 导体的电阻率比绝缘体的电阻率小

D. 金属的电阻率与温度无关

3. 导线的电阻是 4 Ω，把它对折起来作为一条导线用，电阻变为多少？如果把它均匀拉长到原来的 2 倍，电阻又变为多少？

4. 一根用于电学实验的铜导线，长 $l=0.60$ m，横截面积 $S=1.0$ mm^2，它的电阻 R 是多少？一根输电用的铜导线，长 $l'=10$ km，横截面积 $S'=1.0$ cm^2，它的电阻 R' 是多少？为什么做电学实验时可以不考虑连接导线的电阻，而对输电线路的导线电阻则要考虑？

练习与应用（Ⅱ）

1. 滑动变阻器的结构如图 9-1-15 所示，A、B 是金属丝的两个端点，C、D 是金属杆的两个端点，可滑动的滑片 P 把金属杆与电阻丝连接起来。如果把 A 和 C 接线柱连入电路中，当滑片 P 由 B 向 A 移动时，电路中的电阻由大变小，这是为什么？为使接入电路的电阻由大变小，你还可以设计出几种连接方案？

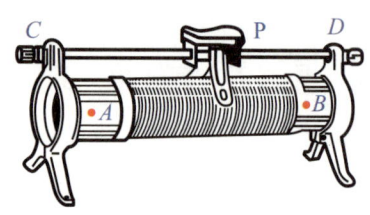

图 9-1-15 滑动变阻器

2. 2019 年 3 月 19 日，复旦大学科研团队宣称已成功制备出具有较高电导率的砷化铌纳米带材料，据介绍该材料的电导率是石墨烯的 1 000 倍。电导率 σ 就是电阻率 ρ 的倒数，即 $\sigma = \dfrac{1}{\rho}$。下列说法正确的是（　　）。

A. 材料的电导率越小，其导电性能越强

B. 材料的电导率与材料的形状有关

C. 电导率的单位是 $\Omega^{-1} \mathrm{m}^{-1}$

D. 电导率大小与温度无关

3. 某品牌汽车蓄电池电压为 24 V，正常工作时，前方大灯电阻为 4 Ω，后方尾灯电阻为 36 Ω，电源内阻 R_0（包括蓄电池内阻和从电源到控制盒的导线电阻）为 0.2 Ω。如图 9-1-16 所示。设夜晚行车时前灯和尾灯都正常工作，试计算：（1）电路的等效电阻（不考虑其他电器）；（2）蓄电池输出的电流；（3）车灯两端的电压。

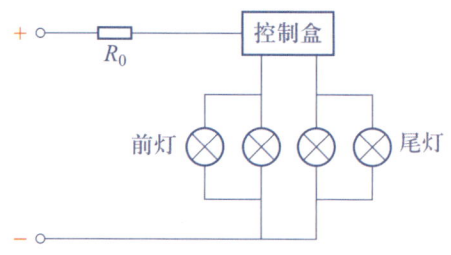

图 9-1-16 汽车电路示意图

4. 工业上采用一种称为"电导仪"的仪器测量液体的电阻率，其关键部件如图 9-1-17 所示，A、B 是两片面积为 1 cm² 的正方形铂片，间距 $d = 1$ cm，把它们浸在待测液体中，若通过两根引线加上一定的电压 $U = 6$ V 时，

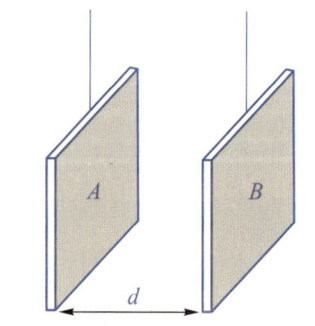

图 9-1-17 "电导仪"的示意图

测出电流 $I=1\ \mu A$，则这种液体的电阻率为多少？

9.2 电功 电功率 焦耳定律

观察与思考

电饭锅（图 9-2-1）通电时能把饭煮熟，电动机（图 9-2-2）通电后能带动机器运转。在这样的过程中电能转化成其他形式的能，能量的转化是通过电流做功来实现的。电流通过用电器做功的多少及电流做功的快慢与哪些因素有关呢？电流通过用电器要发热，那么，产生的热量又如何计算呢？

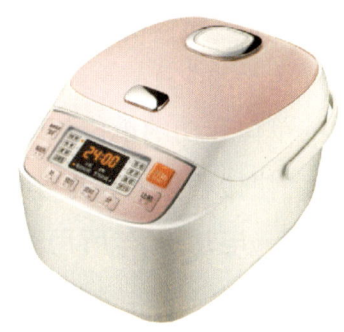

图 9-2-1 电饭煲

图 9-2-2 电动机

电功 电能转化成其他形式的能是通过**电流做功**，即**电功**（W）来实现的。电流做了多少功，就有多少电能转化成其他形式的能。如图 9-2-3 所示，电路两端的电压为 U，通过的电流为 I，在时间 t 内电流所做的功为

$$W = UIt$$

上式是电功计算的一般公式，它适用于各种类型的电路。如果电路中的用电器是纯电阻，其电阻为 R，如电炉（图 9-2-4）、电烙铁（图 9-2-5）、电热毯和白炽灯等，由部分电路欧姆定律还可推得

$$W = I^2Rt \text{ 或 } W = \frac{U^2}{R}t$$

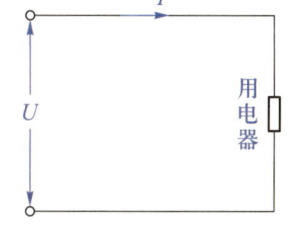

图 9-2-3 用电器电路图

 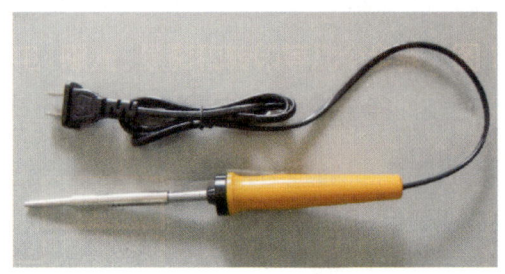

图 9-2-4　电炉　　　　图 9-2-5　电烙铁

注意：如果用电器是非纯电阻（电路中含有电动机、电解槽等），例如，电冰箱、空调、洗衣机和电风扇等，就不能用上面两个公式进行计算，而只能应用公式 $W=UIt$。因为对它们来说，部分电路欧姆定律并不适用。在这种情况下，电流做功将大部分电能转化为机械能、化学能或其他能，只有一小部分转化为热力学能。

电功是标量，在国际单位制中，电功的单位和功的单位相同，都是 J（焦）。

电功率　力学中用功率来表示力做功的快慢程度，在电学中也引入一个物理量——电功率来表示电流做功的快慢程度。**电功 W 与所用时间 t 的比值**，称为**电功率**。其数学表达式为

$$P=\frac{W}{t}=UI$$

即电功率等于用电器两端的电压 U 和通过用电器的电流 I 的乘积。

上式是电功率计算的一般公式，它适用于各种类型的电路。如果用电器是纯电阻，计算电功率还可用下列公式

$$P=I^2R \text{ 和 } P=\frac{U^2}{R}$$

在国际单位制中，电功率的单位是 W（瓦）。电力工程中常用 kW（千瓦）作为电功率的单位，其换算关系为 $1\text{ kW}=10^3\text{ W}$。

为了用电器安全正常地工作，制造厂家对用电器的电功率和工作电压都有规定的数值，并且标明在用电器上，称为用电器的**额定功率**和**额定电压**。在额定电压下，用电器消耗的实际功率就等于额定功率，这时用电器正常工作。但是，如果用电器的工作电压不等于额定电压，实际消耗的功率就不再等于额定

功率了。例如，标有"220 V，40 W"的灯泡，接在220 V的电源上，灯泡正常发光。这时通过灯泡的电流 $I = \dfrac{P}{U} = \dfrac{40}{220}$ A ≈ 0.18 A，它消耗的功率等于额定功率。如果把它接在110 V的电源上，通过它的电流变小，它消耗的功率就小于额定功率，灯泡会变暗。如果把它接在高于220 V的电源上，通过它的电流增大，消耗的功率就大于额定功率，有烧坏灯丝的危险。所以，在用电器接通电源之前，必须查清用电器的额定电压与电源电压是否一致。表9-2-1是一些用电器的额定功率参考值（由于各种用电器的额定功率相差很大，这里仅提供一个参考值，具体用电器的额定功率可参考有关资料）。

表9-2-1 一些用电器的额定功率参考值

用电器	功率/W	用电器	功率/W
液晶显示数字电子手表	1.0×10^{-5}	电饭煲（3～4 L）	500～700
液晶显示电子计算器	$(0.2～0.5) \times 10^{-3}$	电熨斗	800～1 200
普通盒式收录机	1.0～15	微波炉（20～23 L）	800～1 500
落地扇（230～400 mm）	38～65	电吹风（热冷双风）	850～1 500
吊扇（1 200～1 400 mm）	70～80	吸尘器（筒式）	1 000～1 500
电热毯	60～90	热水器（40～60 L）	1 200～1 500
家用灯泡	5～100	电暖气	1 600～2 000
电冰箱（170～282 L）	110～150	挂壁空调	920～1 320
台式计算机	150～200	柜式空调	2 000～3 100

日常生活中，常用"度"来衡量耗用电能的多少，图9-2-6为计量用电多少的电能表。"度"也称千瓦时，它等于电功率为1 kW的用电器正常工作1 h所消耗的电能。千瓦时与焦的换算关系是：

$$1 \text{ kW} \cdot \text{h} = 3.6 \times 10^6 \text{ J}$$

图9-2-6 电能表

【例题1】两个灯泡上分别标有"220 V，40 W"和"220 V，100 W"的字样。(1) 它们正常发光时的电流、电阻各是多少？(2) 若把它们分别接在电压为110 V的电路里，消耗的电功率各是多少？

分析：（1）根据电功率 $P=UI$，可求出通过灯泡的电流 I。因为灯泡是纯电阻用电器，因此可用 $P=\dfrac{U^2}{R}$ 计算灯泡的电阻 $R=\dfrac{U^2}{P}$。（2）若把"40 W"和"100 W"的灯泡接到 110 V 的电压上，它们都达不到额定功率，不能正常发光。

解：（1）两灯泡正常发光时的电流分别为

$$I_1=\dfrac{P_1}{U_1}=\dfrac{40}{220}\text{ A}\approx 0.18\text{ A}$$

$$I_2=\dfrac{P_2}{U_2}=\dfrac{100}{220}\text{ A}\approx 0.45\text{ A}$$

两灯泡正常发光时的电阻分别为

$$R_1=\dfrac{U_1^2}{P_1}=\dfrac{220^2}{40}\text{ Ω}=1\,210\text{ Ω}$$

$$R_2=\dfrac{U_2^2}{P_2}=\dfrac{220^2}{100}\text{ Ω}=484\text{ Ω}$$

（2）若把两灯泡接到 110 V 的电路里，两灯泡消耗的实际电功率分别为

$$P_1'=\dfrac{U_1'^2}{R_1}=\dfrac{110^2}{1\,210}\text{ W}=10\text{ W}$$

$$P_2'=\dfrac{U_2'^2}{R_2}=\dfrac{110^2}{484}\text{ W}=25\text{ W}$$

焦耳定律 正在使用的电风扇、电视机会发热，工作着的电炉、电烙铁、电烤箱更会发热，一切导体通电时都会发热，这就是**电流的热效应**。

电流通过导体时产生热量的多少与哪些因素有关呢？1841 年，英国物理学家焦耳（1818—1889）经过大量精确实验后指出：**电流通过导体时产生的热量 Q，与电流 I 的二次方、导体的电阻 R 及通电时间 t 的乘积成正比，这就是焦耳定律**。即

$$Q=I^2Rt$$

式中的 Q 称为**焦耳热**或**电热**，单位是 J（焦）。

如果是纯电阻电路，根据部分电路欧姆定律，焦耳定律还可表述为

$$Q = UIt = \frac{U^2}{R}t$$

焦耳定律是设计照明、电热设备及计算各种电气设备升温的重要依据。输电线路及各种用电设备、仪表和电子元件，由于产生焦耳热，不仅白白消耗电能，还会因升温而改变性能和参数，甚至造成故障和损坏。因此，通常要采取降温措施，如用水来冷却，配用电扇或空气调节器等等。

只有在纯电阻电路中，焦耳热才等于电功。如果电路中含有非纯电阻负载（如电动机、电解槽等），电能除了转化为热力学能外，往往更多地转化为其他形式的能量（如机械能、化学能等）。这时，用 $W=UIt$ 来计算电功（即所消耗的总电能），用 $Q=I^2Rt$ 来计算焦耳热，且有 $W>Q$。

产生的焦耳热 Q 与所用时间 t 的比值称为**热功率**，即

$$P = \frac{Q}{t} = I^2R$$

【**例题2**】图9-2-7中，内阻 $R=1.0\ \Omega$ 的直流电动机，在电压 $U=110\ \text{V}$ 下工作时，通过的电流 $I=5.0\ \text{A}$。求：（1）电动机消耗的电功率 P_0；（2）电动机消耗的热功率 P；（3）电动机工作 1 h 所消耗的电能。其中有多少电能转化为机械能，有多少电能转化为焦耳热？

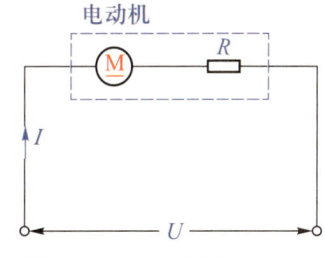

图9-2-7　电路图

分析：由于负载是非电阻，电功率的计算应该用 $P=UI$，而不能用 $P=I^2R$，焦耳热的计算只能用 $Q=I^2Rt$，而不能用 $Q=UIt$。

解：（1）电动机消耗的电功率

$$P_0 = UI = 110 \times 5.0\ \text{W} = 550\ \text{W}$$

（2）电动机消耗的热功率

$$P = I^2R = 5.0^2 \times 1.0\ \text{W} = 25.0\ \text{W}$$

（3）电动机工作 1 h 所消耗的电能

$$W_0 = P_0t = 550 \times 3\ 600\ \text{J} = 1.98 \times 10^6\ \text{J}$$

其中，转化为焦耳热 Q 的电能

$$W = Pt = 25.0 \times 3\,600 \text{ J} = 9.0 \times 10^4 \text{ J}$$

转化为机械能的电能

$$W' = W_0 - W = 1.98 \times 10^6 \text{ J} - 9.0 \times 10^4 \text{ J} = 1.89 \times 10^6 \text{ J}$$

讨论： 在非纯电阻电路里，电功比焦耳热大很多。电流做功消耗的电能大部分转化为机械能，小部分转化为热力学能。总之，只有在纯电阻电路里，电功才等于焦耳热；在非纯电阻电路里，要注意电功和焦耳热的区别。

【例题 3】 输电线的电阻 $R = 1.0 \ \Omega$，电站的输出功率 $P = 100 \text{ kW}$，求下述两种情况下输电线上损失的热功率：（1）用 10 kV 的电压输电；（2）用 400 V 的电压输电。

分析： 由于 P 是总功率，既包括输电线损失的热功率，又包括用户各种电器消耗的功率，所以不能用公式 $P = \dfrac{U^2}{R}$ 计算输电线上损失的热功率，而要先计算线路中的电流 $I = \dfrac{P}{U}$，然后根据 $P = I^2R$ 计算输电线上发热损失的功率。

解：（1）$U = 10 \text{ kV}$ 时，输电线上发热损失的功率

$$P' = I^2R = \left(\dfrac{P}{U}\right)^2 R = \left(\dfrac{1.0 \times 10^5}{1.0 \times 10^4}\right)^2 \times 1.0 \text{ W} = 100 \text{ W}$$

（2）$U = 400 \text{ V}$ 时，输电线上发热损失的功率

$$P'' = \left(\dfrac{P}{U'}\right)^2 R = \left(\dfrac{1.0 \times 10^5}{400}\right)^2 \times 1.0 \text{ W} = 6.25 \times 10^4 \text{ W}$$

讨论： 输电线上发热损失的功率，用 10 kV 的电压输电时比用 400 V 的电压输电时小得多，因此，远距离输电必须使用高电压。

技术应用　电饭锅的加热、保温原理

现代炊具中卫生清洁、使用方便的电饭锅特别受到人们的青睐。用电饭锅煮米饭时，不用人看管，加热、保温都是自动完成的，给人们生活带来了极大的方便。那么电饭锅是如何加热和保温的？

电饭锅的电路　电饭锅的电路由加热部分、保温部分和接地部分组成，如图 9-2-8 所示。

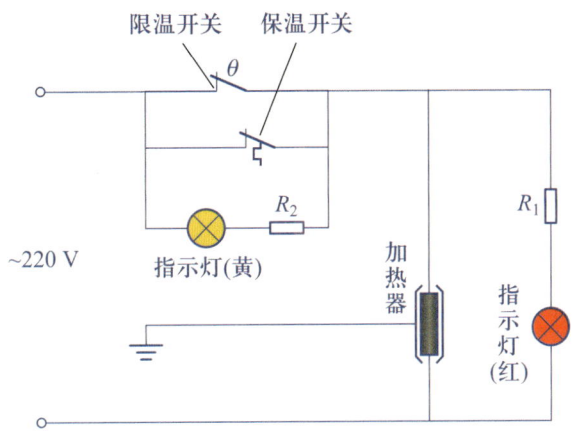

图 9-2-8 电饭锅的电路图

加热部分由限温开关（磁钢限温器）、加热器、电阻 R_1、指示灯（红）等元件组成。保温部分由保温开关（双金属片触点开关）、加热器、电阻 R_2、指示灯（黄）等元件组成。接地部分由接地线和电饭锅外壳组成，有防止漏电、触电的作用。

（1）限温开关：按下限温开关加热后，温度升高到 103 ℃时，限温开关自动断开，且不能自行复位。

（2）保温开关：是一个双金属片触点开关，它的内层热胀系数小，外层热胀系数大，常温（或温度低于 60 ℃）时处于自然闭合状态，当温度升高到 80 ℃时向内弯曲，自动断开。

加热、保温原理　当按下限温开关，即在杠杆的作用下，将永磁体向上移动（图 9-2-9），使永磁体与感温磁钢吸合，此时进入加热状态，红灯发光。当锅内温度超过 103 ℃后（此时保温开关也被断开），感温磁钢失去磁性，永磁体在重力和弹片的作用下使杠杆将限温开关断开，加热过程完成。

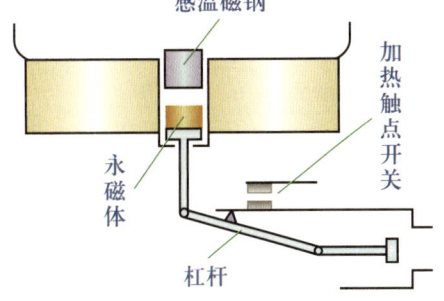

图 9-2-9 电饭锅加热保温原理图

当锅内温度低于 60 ℃时，双金属片向外张开，使保温开关接通，原来发光的黄灯被短路而熄灭，此时又进入自动加热状态，红灯发光。在锅内温度高于 80 ℃时，双金属片又自动向内弯曲而断开，R_2 连入电路，进入保温状态，这样循环往复，就实现了自动保温，其保温范围是 60～80 ℃。

练习与应用（Ⅰ）

1. 对于电灯、电风扇、电水壶、电冰箱、空调、洗衣机这些家用电器，哪些可以用公式 $P=\dfrac{U^2}{R}$ 来计算消耗的电功率？

2. 一只标有"220 V，40 W"的电灯，每天使用 5 h，电费价格为 0.5 元/kW·h，每月按 30 天计算需缴电费多少？

3. 额定电压是 220 V、电阻是 49.4 Ω 的电炉，额定功率是多少？正常工作 30 min，产生的热量是多少？

4. 一台内阻为 2 Ω 的电风扇，工作电压为 220 V，工作电流为 0.5 A，求：（1）电风扇从电源吸收的功率；（2）电风扇的热功率；（3）电能转化为机械能的功率。

练习与应用（Ⅱ）

1. 在图 9-2-10 所示的电路中，$R_1=R_2=R_3$，A、B 两端的电压为 U。这三个电阻消耗的功率之比是多少？

2. 把"220 V，40 W"灯泡和"220 V，100 W"灯泡串联后接到电压为 220 V 的电路中，试计算两个灯泡的实际电功率为多少？哪个灯泡更亮？

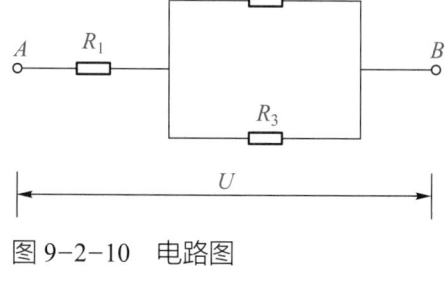

图 9-2-10　电路图

3. 电饭锅工作时有两种状态：一种是锅内的水烧干以前的加热状态，另一种是水烧干以后的保温状态。图 9-2-11 是电饭锅的电路图，R_1 是电阻，R_2 是加热用的电阻丝。（1）自动开关 S 接通和断开时，电饭锅分别处于哪种状态？说明理由。（2）要使电饭锅在保温状态下的功率是加热状态的一半，$R_1:R_2$ 应该是多少？

4. 如图 9-2-12 所示，输电线路两端的电压 U 为 220 V，每条输电线的电阻 R 为 5 Ω，电热水器 A 的电阻 R_A 为 30 Ω。求电热水器 A 上的电压和它消耗

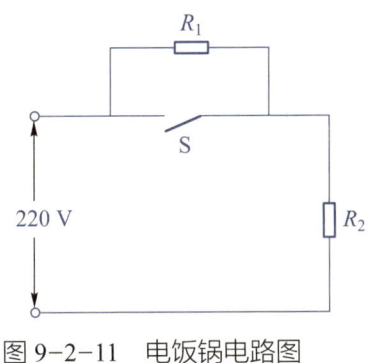
图 9-2-11　电饭锅电路图

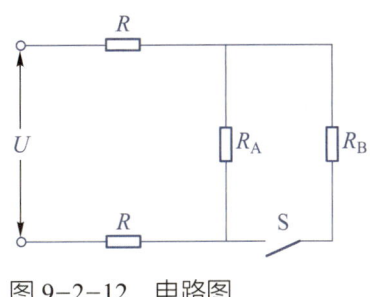
图 9-2-12　电路图

的功率。如果再并联一个电阻 R_B 为 40 Ω 的电热水壶 B，则电热水器和电热水壶消耗的功率各是多少？

9.3　电源电动势　全电路欧姆定律

观察与思考

图 9-3-1 为汽车蓄电池的供电电路示意图。只打开车前灯时，车灯正常发光。当汽车启动时，启动电动机的电路接通，此时车灯会瞬时变暗。汽车发动以后，启动电动机停止工作，车前灯便恢复正常亮度。这是为什么？

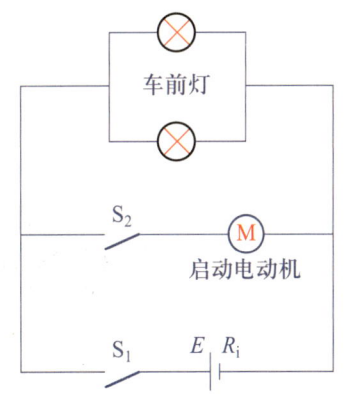
图 9-3-1　汽车供电电路示意图

电源　电路中要形成持续的电流，必须要有电源。电源是把其他形式的能量转化为电能的装置。维持电路中恒定电流的电源称为**直流电源**。电源类型很多，电池（图 9-3-2）是一种便于携带的直流电源，使用范围很广。表 9-3-1 简单介绍了几种常用的电池。

表 9-3-1　几种常用的电池

电池	结构及主要用途
干电池	因所用的电解质呈糊状非流质而得名，以锌为负极，炭棒为正极。工程技术上可用作各种仪器、仪表、通信设备的直流电源

续表

电池	结构及主要用途
蓄电池	分酸性和碱性两大类。可反复地充电和放电。常用的酸性铅蓄电池，负极是铅，正极是二氧化铅，电解液是稀硫酸。仪器、设备、电瓶车等常用蓄电池作电源
银锌电池	以锌为负极，氧化银为正极。质量小，寿命长，用于电子手表、助听器、通信设备及导弹和人造卫星上
锂电池	锂是一种金属元素，在锂电池中用作电池的阳极。锂电池具有轻、薄、放电电压稳定、工作温度范围宽、自放电率低、使用寿命长、无污染、安全可靠、性能稳定等特点。锂电池可广泛应用于手机、计算机、数码相机、摄像机、移动卫星通信设备、航空模型飞机等领域
镍氢电池	镍氢电池以氢氧化镍为正极，以高能贮氢合金为负极，产品具有比容量高、使用寿命长、内阻低、自放电少、大电流快充快放、安全性能高等特点，可广泛应用于手机、笔记本电脑、照相机、摄像机、无绳电话、对讲机、各种便携式设备电源和电动工具等
标准电池	常见的有汞镉电池，它能长期稳定地保持 1.018 6 V 的电动势，波动仅几微伏。标准电池不允许作为普通电源使用，用在工业和实验室中作电压标准
硅光电池	把光能直接转化为电能的半导体光电器件，体积小，质量轻，寿命长，应用于光电检测电路，也常用在人造卫星、宇宙飞船中

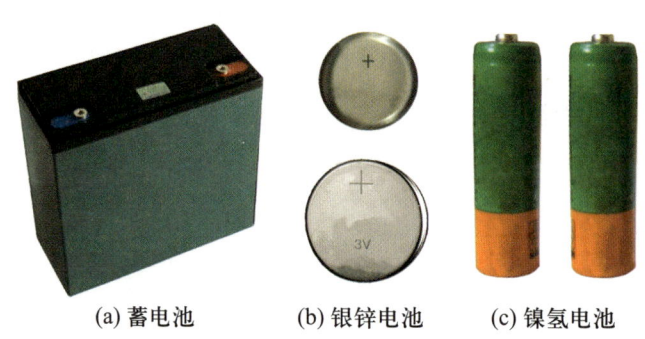

(a) 蓄电池　　(b) 银锌电池　　(c) 镍氢电池

图 9-3-2　常见的电池

电源电动势　把电压表接在干电池的正、负极上，可以测得干电池两极间的电压约为 1.5 V；把电压表接在铅蓄电池的两极上，测得两极间的电压约为 2 V。由此可见，不同的电源两极间的电压一般不相同。为了表示电源的这种特性，在物理学中引入了**电动势**的概念。电源的电动势在数值上等于电源没有接入电路时两极间的电压。电源电动势用符号 E 表示，在国际单位制中，电动势的单位是 V（伏）。

 **思考与讨论**

> 如图 9-3-3 所示,断开开关 S,电路中没有电流,电压表的示数等于电源电动势;闭合开关,电路中有了电流,再将电压表连接到电源的两极间,可以看到,电压表的示数小于电源电动势。为什么会产生这种现象呢?

内电压和外电压 闭合电路(图 9-3-4)可以看作是由两部分组成的:一部分是电源外部的电路,称为**外电路**;另一部分是电源内部的电路,称为**内电路**。电源在电流流过时会发热,表明它本身也有电阻,这种电阻称为**电源的内阻**,用符号 R_i 表示。

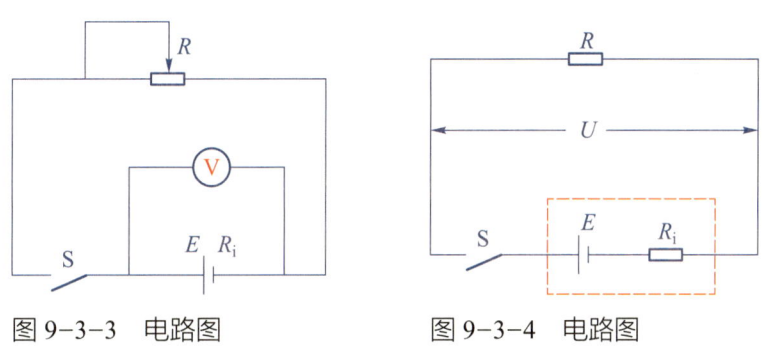

图 9-3-3 电路图　　　图 9-3-4 电路图

当电路中有电流通过时,内、外电路的两端都有电压,内电路两端的电压称为**内电压**,记作 U';外电路两端的电压称为**外电压**,也称为**端电压**,记作 U。在闭合电路中,电压表接在电源两极间测得的电压就是端电压,而不是电源电动势。

人们从实验中发现,随着负载电阻 R 的变化,U、U' 也会发生变化。但是不管如何变化,$U+U'$ 总是一个常量,这个常量正好等于电源的电动势 E,即

$$E = U + U'$$

不论是什么电源,也不论外电路有什么负载,这个式子都是成立的。这表明,在闭合电路里,电源电动势等于内、外电压之和。由于有内电压 U' 的存在,电源两极间的电压 U 才小于电源的电动势 E。电源的电动势 E 和内阻 R_i 由电源本身的性质决定。分析电路时,通常认为它们是不变的。

全电路欧姆定律　包含电源在内的闭合电路也称**全电路**。设闭合电路中的电流为 I，外电路的电阻为 R，电源的电动势为 E、内阻为 R_i，则端电压 $U=IR$，内电压 $U'=IR_i$。因为 $E=U+U'$，于是 $E=I(R+R_i)$，此式可变换为

$$I=\frac{E}{R+R_i}$$

上式表明，**闭合电路中的电流与电源的电动势成正比，与内、外电阻之和成反比**，这就是**全电路欧姆定律**。

 实验与探究　探究端电压与外电阻的关系

如图 9-3-5 所示，改变电路中电阻 R 的阻值，用伏安法分别测出电路中的端电压 U 和电路中的电流 I。观察电路中电流和端电压如何变化。

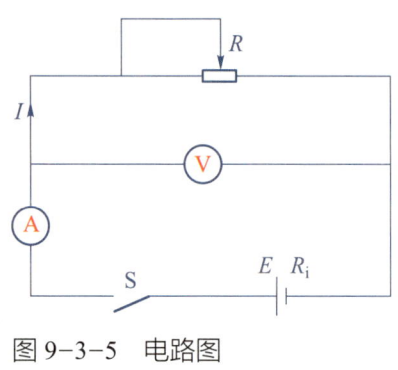

图 9-3-5　电路图

端电压随负载电阻的变化关系　根据全电路欧姆定律 $E=U+IR_i$ 可得 $U=E-IR_i$。当外电阻 R 变化时，电路中的电流 I 也发生变化，于是端电压 U 和内电压 U' 也随之发生变化，但它们的和始终保持不变。

当负载电阻 R 增大时，电流 I 减小，内电压 IR_i 也减小，所以端电压 $U=E-IR_i$ 要增大，即端电压随着负载电阻的增大而增大。

当外电路断开，即**开路**（也称**断路**）时，电阻 $R\to\infty$，电流 $I=0$，内电压 $U'=IR_i=0$，则 $U=E$，即开路时端电压等于电源电动势。

反之，当负载电阻 R 减小时，电流 I 增大，内电压 IR_i 也增大，所以端电压 $U=E-IR_i$ 就要减小，即端电压随着负载电阻的减小而减小。

当外电阻 $R\to 0$，即外电路短路时，端电压 $U=IR\to 0$，这时电流 $I=\dfrac{E}{R_i}$ 称为**短路电流**。由于 R_i 一般很小，因此，短路电流很大，故不能用导线将电源的正、负极直接相连，以防烧毁电源，甚至酿成火灾。

行为与责任

> 防止短路是安全用电的基本要求，为此，照明电路和工厂的用电线路都要安装保险装置。我们在做实验时也绝不能将导线或电流表（内阻很小）直接接到电源两极，以防止短路。

电源的输出功率 在图 9-3-5 中，开关 S 合上时，电源向负载电阻 R 输出的功率为

$$P = I^2 R = \left(\frac{E}{R+R_i}\right)^2 R = \frac{E^2}{\frac{(R-R_i)^2}{R}+4R_i}$$

因为 E 和 R_i 可看作常量，所以当 $R=R_i$ 时，输出功率最大，即

$$P_m = \frac{E^2}{4R_i}$$

这种情况称为**负载与电源匹配**。输出功率 P 随负载电阻 R 变化的关系如图 9-3-6 所示。

当汽车启动时，启动电动机的电路接通，由于启动电动机和车前灯是并联的，总的外电阻减小，使得外电路的端电压减小，车前灯的实际功率减小，导致车前灯变暗。汽车发动以后，启动电动机停止工作，外电阻恢复原值，端电压增大，车前灯便恢复正常亮度。

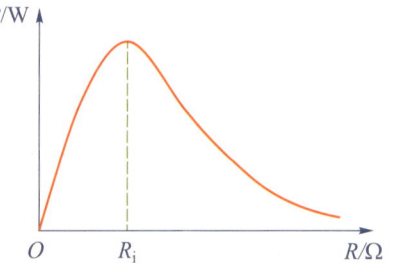

图 9-3-6 P 随 R 变化的关系

【例题 1】如图 9-3-7 所示，合上开关 S，当变阻器的电阻为 $R_1=5.0\ \Omega$ 时，测得电流 $I_1=0.30\ \text{A}$；当变阻器的电阻为 $R_2=8.0\ \Omega$ 时，测得 $I_2=0.20\ \text{A}$，求电源电动势 E 和内阻 R_i。

解：根据全电路欧姆定律，有

$$E = I_1 R_1 + I_1 R_i$$
$$E = I_2 R_2 + I_2 R_i$$

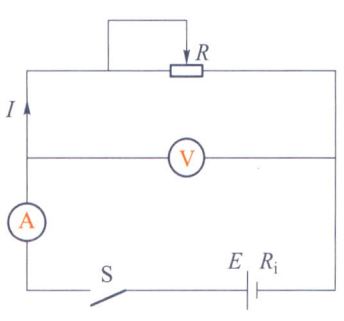

图 9-3-7 电路图

由两式可得

$$R_i = \frac{I_2 R_2 - I_1 R_1}{I_1 - I_2} = \frac{0.20 \times 8.0 - 0.30 \times 5.0}{0.30 - 0.20} \Omega = 1.0 \ \Omega$$

$$E = I_1(R_1 + R_i) = 0.30 \times (5.0 + 1.0) \text{V} = 1.8 \text{ V}$$

讨论：本例题给出了测量电源电动势及其内阻的一种方法。

【**例题 2**】如图 9-3-8 所示，4 盏 "220 V，100 W" 的灯泡，并联后接在电动势为 220 V、内阻为 2 Ω 的电源上。（1）只接通 1 盏灯时，此灯两端电压是多少？（2）同时接通 4 盏灯时，端电压又是多少？

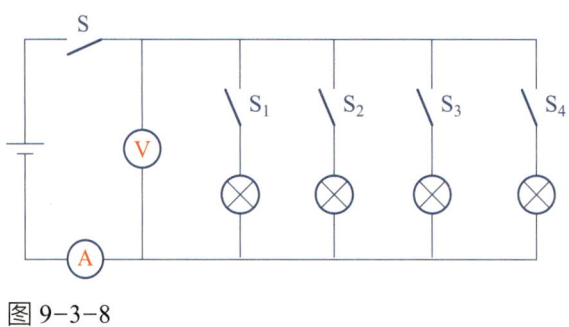

图 9-3-8

解：（1）根据灯泡上的额定电压和额定功率，得出每盏灯的电阻

$$R = \frac{U^2}{P} = \frac{220^2}{100} \Omega = 484 \ \Omega$$

只接通 1 盏灯时，外电阻 $R_1 = 484 \ \Omega$，通过的电流

$$I_1 = \frac{E}{R + R_i} = \frac{220}{484 + 2} \text{A} \approx 0.452 \ 7 \text{ A}$$

电灯两端的电压可用两种方式计算：

$$U_1 = I_1 R_1 = 0.452 \ 7 \times 484 \text{ V} \approx 219.1 \text{ V}$$

或

$$U_1 = E - I_1 R_i = (220 - 0.452 \ 7 \times 2) \text{ V} = 219.1 \text{ V}$$

（2）同时接通 4 盏灯时，因为 4 盏灯都是并联，所以外电阻

$$R_2 = \frac{R}{4} = 121 \ \Omega$$

电灯两端电压

$$U_2 = I_2 R_2 = \frac{E}{R_2 + R_i} R_2 = \frac{220}{121+2} \times 121 \text{ V} \approx 216.4 \text{ V}$$

讨论：可看出电灯并联得越多，外电阻就越小，端电压就越小。

思考与讨论

我们可以用电压表直接接在电源的两极上测电源的电动势（此时电源没有接入电路）。可是测定时，电压表本身成了外电路，这时电压表的读数与电动势的值是完全相等还是近似相等？为什么？要想用这种方法比较准确地测定电源的电动势，对电压表的内阻有什么要求？

技术·中国　领先世界的中国特高压直流输电技术

特高压一般是指 ±800 kV 及以上直流电和 1 000 kV 及以上交流电的电压等级。±800 kV 特高压直流输电（图 9-3-9）主要用于远距离、中间无落点、无电压支撑的大功率输电工程。直流特高压输电的主要特点是输送容量大、电压高，可用于电力系统非同步联网。我国在特高压输电技术领域处于全球领先地位，制定的多项特高压输电标准，目前正在全世界范围使用。

图 9-3-9　特高压直流输电

练习与应用（Ⅰ）

1. 纯电阻用电器额定电压相同时，是功率大的电阻大，还是功率小的电阻大？接通大功率的电炉时，房间里的电灯会明显变暗，这是为什么？

2. 如图9-3-10所示，电源内阻不计，当开关S闭合时（　　）。

A. A灯和B灯均变暗　　　　　　　　B. A灯变亮，B灯变暗

C. A灯和B灯均变亮　　　　　　　　D. A灯亮度不变，B灯变暗

3. 二氧化锡传感器的电阻 R_0 随着一氧化碳的浓度增大而减小，将其接入如图9-3-11所示的电路中，可以测量汽车尾气一氧化碳的浓度是否超标。当一氧化碳浓度增大时，下列说法正确的是（　　）。

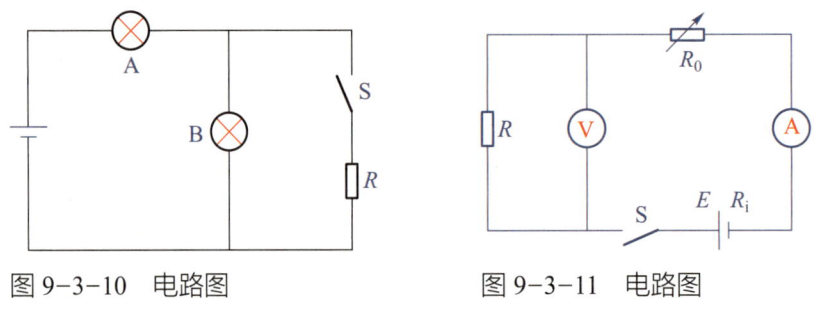

图9-3-10　电路图　　　　　　图9-3-11　电路图

A. 二氧化锡传感器的电阻减小，外电路总电阻减小

B. 电流表示数增大，电压表示数减小

C. 电路中电流变大，电源的内电压变大，路端电压变大

D. 电路中电流变大，内阻不变，电源内部消耗功率变小

4. 一电池与一变阻器连接成闭合电路，当变阻器电阻为 1 Ω 时，通过它的电流是 1 A；当变阻器的电阻变为 2.5 Ω 时，电流变为 0.5 A，求电源的电动势和内阻。

练习与应用（Ⅱ）

1. 为打击酒驾醉驾行为，保障交通安全，交警常用酒精浓度检测仪（图9-3-12）对驾驶员进行酒精测试，某型号酒精测试仪的工作原理如图9-3-13所示，电源的电动势为 E、内阻为 R_i，电路中的电表均为理想电表，R_0 为定值电阻，且 $R_0=R_i$，R 为气敏电阻，其阻值随酒精气体浓度的增大而减小，饮酒后的驾驶员对着测试仪吹气时，与未饮酒的驾驶员相比，下列说法错误的是（　　）。

9.3　电源电动势　全电路欧姆定律

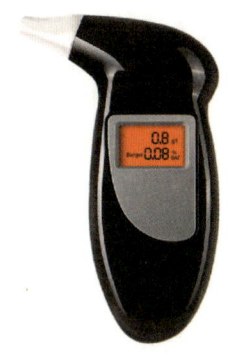

图 9-3-12　酒精浓度检测仪

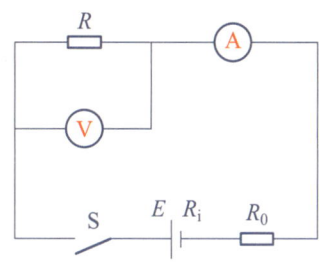

图 9-3-13　电路图

A. R 减小，电路总电阻减小

B. 电压表的示数变大，电流表的示数变小

C. 电压表的示数变小，电流表的示数变大

D. 电源的输出功率变大

2. 飞行器在太空飞行，白天主要靠太阳能电池提供能量。有一太阳能电池板，测得它的开路电压为 800 mV，短路电流为 40 mA。则电池内阻多大？若将该电池板与一阻值为 20 Ω 的电阻连成一闭合电路，则电路中电流多大？

3. 港珠澳大桥主桥由约为 6.7 km 的海底隧道和 22.9 km 的桥梁构成，海底隧道需要每天 24 h 照明，而桥梁只需晚上照明。假设该大桥的照明电路可简化为如图 9-3-14 所示的电路，其中太阳能电池供电系统可等效为电动势为 E、内阻为 R_i 的电源，隧道灯和桥梁路灯分别视为电阻 R_1、R_2，已知 R_i 小于 R_1 和 R_2，下列说法正确的是（　　）。

A. 夜间，电流表示数为 $\dfrac{E}{R_1+R_2+R_i}$

B. 夜间，开关 S 闭合，总电阻减小，电路中电流表、电压表示数均变小

C. 夜间，由于用电器的增多，太阳能电池供电系统损失的电功率增大

D. 当电流表示数为 I 时，太阳能电池供电系统输出电功率为 EI

4. 如图 9-3-15 所示，3 个电阻值分别为 $R_1=3$ Ω，$R_2=4$ Ω 和 $R_3=6$ Ω，电源的电动势为 6 V，内阻为 0.6 Ω，则开关接通后，各电阻所消耗的电功率分别是多少？电源输出的功率是多少？

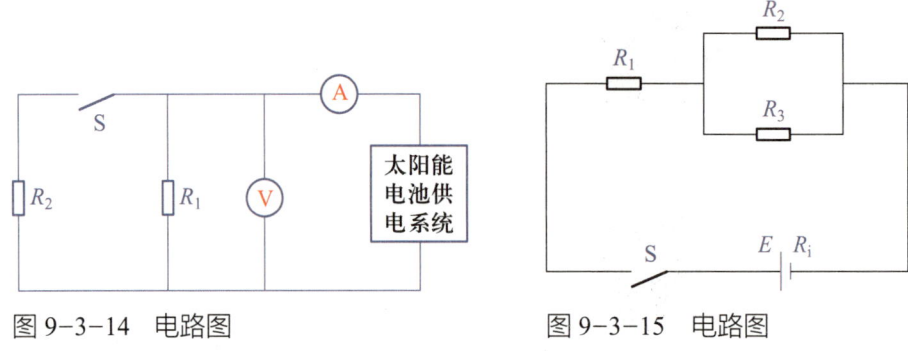

图 9-3-14 电路图   图 9-3-15 电路图

9.4 电阻的测量

观察与思考

电阻是电路中的基本元件（图 9-4-1），电阻的测量是基本的电学测量之一。如果你有一个 2 Ω 的电阻和一个 2 kΩ 的电阻，怎样测出它们的电阻值呢？

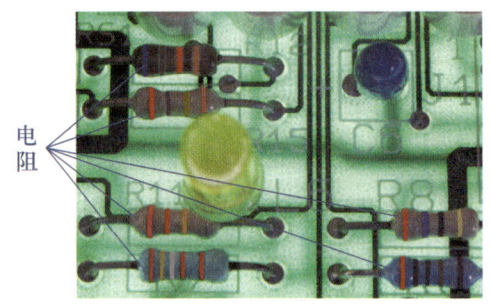

图 9-4-1 电阻

伏安法　用电压表测出电阻两端的电压，用电流表测出通过电阻的电流，根据欧姆定律 $R=\dfrac{U}{I}$，就可以求出电阻，这种测量电阻的方法称为**伏安法**。由于电压表和电流表总有一定的内阻，其内阻要并联或串联进被测电阻的电路中。由电阻的串、并联性质可知，将不可能同时准确地测定电路中的电压值和电流值（这与表的准确度无关），从而用 $R=\dfrac{U}{I}$ 就不可能计算出准确的电阻值。换言之，这种电阻的测量存在着系统误差。

用伏安法测电阻时，有电流表外接法（图 9-4-2）和电流表内接法（图 9-4-3）两种接法。

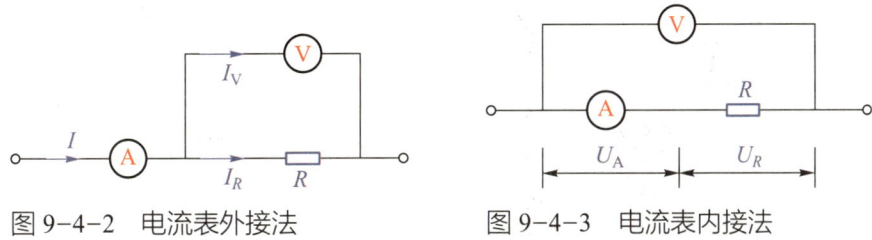

图 9-4-2　电流表外接法　　　　图 9-4-3　电流表内接法

设 R 为待测电阻，电流表内阻为 R_A，电压表内阻为 R_V。采用电流表外接法测电阻时，所计算出的电阻为

$$R_1 = \frac{U}{I} = \frac{U}{I_R + I_V} = \frac{1}{\frac{I_R}{U} + \frac{I_V}{U}} = \frac{1}{\frac{1}{R} + \frac{1}{R_V}} = \frac{RR_V}{R + R_V} = \frac{R}{\frac{R}{R_V} + 1} < R$$

当被测电阻的阻值比电压表内阻小得越多，误差越小。所以，测量小电阻时应采用电流表外接法。

用电流表内接法测电阻时，所计算出的电阻为

$$R_2 = \frac{U}{I} = \frac{U_R + U_A}{I} = \frac{U_R}{I} + \frac{U_A}{I} = R + R_A > R$$

当被测电阻的阻值比电压表内阻大得越多，误差越小。所以，测量大电阻时应采用电流表内接法。

思考与讨论

为什么测电压时，要将电压表与被测电阻并联，而测电流时，要将电流表与被测电阻串联？为什么在计算电路中的电阻时，可以把电压表和电流表当成理想电表而不考虑表的电阻？

电阻表　实际上常用多用表（图 9-4-4）的电阻挡和兆欧表（图 9-4-5）来直接测量电阻值，其中兆欧表常用来测量绝缘电阻。

多用表（俗称万用表）的电阻挡实际上就是一个电阻表。其原理如图 9-4-6

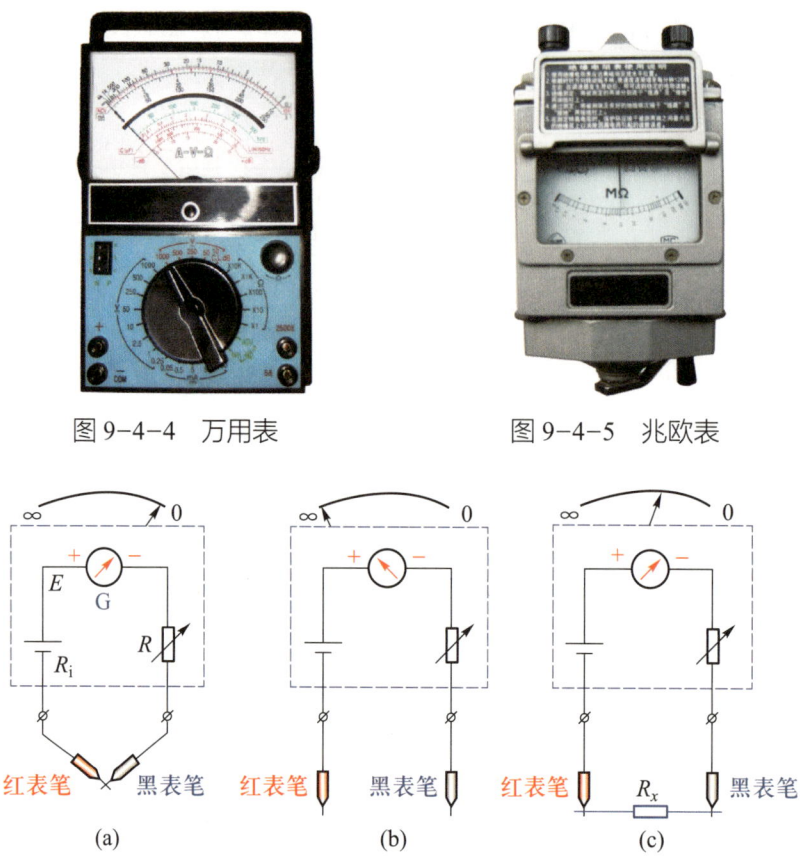

图 9-4-4 万用表　　图 9-4-5 兆欧表

图 9-4-6 多用表的电路图

所示，其中虚线框内为电阻表，G 是电流计（表头）。内阻为 R_g，满偏电流为 I_g，电池的电动势为 E，内阻为 R_i。电阻 R 是可变电阻，也称调零电阻。

当红黑表笔接入被测电路时［图 9-4-6（c）］，根据全电路的欧姆定律，通过表头的电流为

$$I = \frac{E}{R_i + R_g + R + R_x}$$

可以看出，每个 R_x 值都对应一个电流 I 的值。在表头刻度盘上（图 9-4-7）直接标出与 I 值对应的 R_x 值，就可以制成一个电阻表，可以从刻度盘上直接读出被测电阻的阻值。

当红黑表笔相接时［图 9-4-6（a）］，

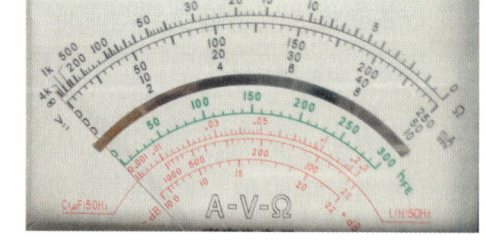

图 9-4-7 多用表的表头

相当于被测电阻值为0。调节R的阻值，使$\frac{E}{R_i+R_g+R}=I_g$，表头的指针指到满刻度，所以刻度盘上最右边满刻度处定为电阻刻度的零点，R_i+R_g+R是电阻挡的内阻。电阻表的刻度是根据上式计算的。但实际上电阻表用久了，它的电动势和内阻都会发生变化，所以每次测量时都要先进行调零，调节电阻R的阻值，使$R_x=0$时，指针在零刻度处。

当红黑表笔不接触时[图9-4-6（b）]，相当于被测电阻$R_x=\infty$，电流表中没有电流，表头指针不偏转，此时指针所指的位置是电阻刻度的"∞"处。

从上式可以看出，表头电流I与被测电阻R_x不是线性关系，表头刻度间隔是不均匀的，因此，测得的电阻误差较大。

惠斯通电桥 在实验室或仪表修理中，要比较准确地测量电阻，常用惠斯通电桥。惠斯通电桥电路如图9-4-8所示。当B、D两点的电势相等时，检流计中无电流通过，这种状态称为**电桥平衡**。

电桥平衡时，B、D两点的电势相等，则$U_{AD}=U_{AB}$，$U_{CD}=U_{CB}$，这时检流计中无电流，相当于B、D间开路。这时有

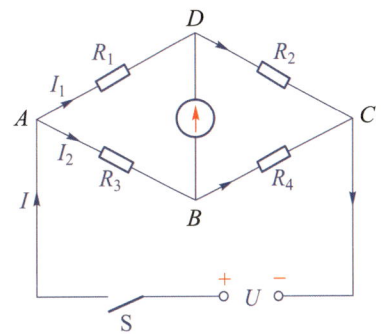

图9-4-8 惠斯通电桥电路

$$I_1R_1=I_2R_3，I_1R_2=I_2R_4$$

可以得到

$$\frac{R_1}{R_2}=\frac{R_3}{R_4}，R_1=\frac{R_3}{R_4}R_2$$

若已知电阻R_2、R_3和R_4时，就可以算出R_1。

惠斯通电桥是利用电桥平衡的原理，用灵敏度很高的灵敏电流计来测量电阻。所以用惠斯通电桥测得的阻值比伏安法或多用表测得的电阻准确得多，它的测量范围为$0.1\sim10^6\ \Omega$。

【例题】 如图9-4-9所示，R_1为待测电阻，$R_2=60\ \Omega$，AC是一根粗细均匀的电阻丝。当滑动头D移到AC的$\frac{2}{5}$位置上，即AD:AC=2:5时，灵敏电流计指针不偏转，求R_1的值。

解：设 AD 段电阻为 R_3，DC 段电阻为 R_4，因 AC 是均匀的电阻丝，所以

$$\frac{R_1}{R_2} = \frac{R_3}{R_4} = \frac{AD}{DC} = \frac{2}{3}$$

$$R_1 = \frac{R_3}{R_4} R_2 = \frac{2}{3} \times 60\ \Omega = 40\ \Omega$$

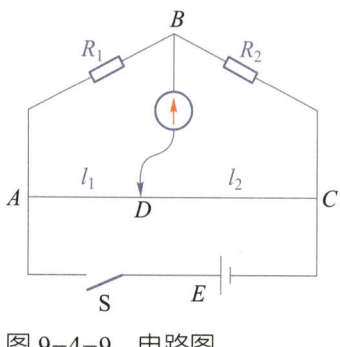

图 9-4-9　电路图

技术·中国　快速发展的中国人工智能

近年来，人工智能的迅速崛起影响着人类活动和社会管理。我国经过多年的持续积累，在人工智能领域取得重要进展，部分领域关键核心技术实现重要突破。

人工智能，英文缩写为 AI，它是研究、开发用于模拟、延伸、扩展人的智能的理论、方法、技术及应用系统的一门科学。研究目的是促使智能机器会听（语音识别、机器翻译等）、会看（图像识别、文字识别等）、会说（语音合成、人机对话等）、会思考（人机对弈、定理证明等）、会学习（机器学习、知识表示等）、会行动（机器人、自动驾驶汽车等）。

人工智能在生活中的应用有打车服务、北斗导航系统、智能安检和人脸识别（图 9-4-10）、无人驾驶、机器人和智能家居等。智能扫地机器人，能够自动打扫卫生；儿童机器人，能够为孩子唱歌，讲笑话，读书等；家居系统中的智能电视、智能门锁、智能空调等极大地方便了我们的生活。

图 9-4-10　智能旅客安检系统

人工智能在医疗中的应用有影像辅助诊断、人工智能助力药物研发、医疗机器

人、人工智能医学计算机专家系统等，部分已成功地应用到临床医学中。

人工智能在生产、工程机械等领域有焊接机器人（图 9-4-11）、桥梁智能检测机器人（图 9-2-12）等。

图 9-4-11　焊接机器人

图 9-4-12　桥梁智能检测机器人

近年来，我国紧抓人工智能关键核心技术攻关，在产业规模、区域发展、技术创新等方面发展迅速，已初步形成"软硬件开发＋核心技术研发＋行业领域智能化"的人工智能全产业链，正加快推动制造业智能化高端发展，增强国际竞争力。

练习与应用（Ⅰ）

1. 比较用伏安法、电阻表、电桥法测量电阻的优缺点。

2. 一个白炽灯泡，在室温下用伏安法测一次电阻，在正常工作时再用伏安法测一次电阻，后一次测得的阻值比前一次测得的阻值大 10 倍以上，造成这类差异的原因是（　　）。

　A. 两次测量加在灯泡两端的电压不一样

　B. 两次测量灯丝温度不一样

　C. 两次测量经过灯丝的电流不一样

　D. 两次测量室内的温度不一样

3. 一个量程为 150 V 的电压表，内阻为 20 kΩ，把它与一个大电阻串联后接在 110 V 的电路上，电压表的读数是 5 V。求大电阻的阻值。

4. 如果电流表的内阻 $R_A=0.1$ Ω，电压表的内阻 $R_V=20$ kΩ，要测量的电阻

R 约为 $10\ \text{k}\Omega$，采用伏安法测电阻中哪种连接方法误差较小？如果 R 约为 $10\ \Omega$，那么采用哪种连接方法误差较小？

练习与应用（Ⅱ）

1. 图 9-4-13 是有两个量程的电压表内部的电路图，当使用 a、b 两个端点时，量程为 $0\sim 10\ \text{V}$，当使用 a、c 两个端点时，量程为 $0\sim 100\ \text{V}$。已知电流表的内阻 R_g 为 $500\ \Omega$，满偏电流为 $1\ \text{mA}$。求电阻 R_1、R_2 的值。

2. 图 9-4-14 是有两个量程的电流表内部的电路图，当使用 a、b 两个端点时，量程为 $0\sim 1\ \text{A}$，当使用 a、c 两个端点时，量程为 $0\sim 0.1\ \text{A}$。已知表头的内阻 R_g 为 $200\ \Omega$，满偏电流 I_g 为 $2\ \text{mA}$，求电阻 R_1、R_2 的值。

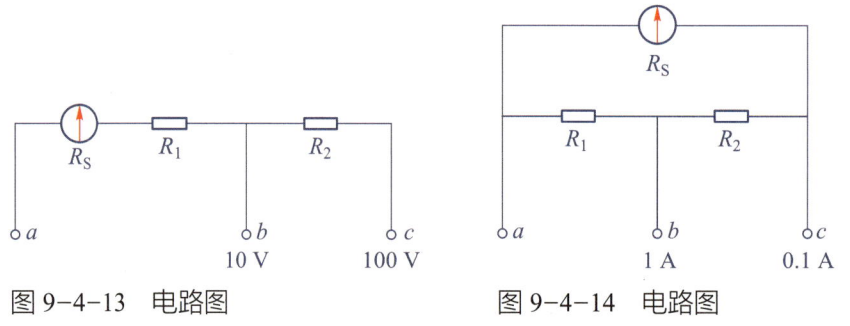

图 9-4-13　电路图　　　图 9-4-14　电路图

3. 图 9-4-15 画出了用电压表、电流表测量导体电阻的两种电路图。图中电压表的内阻为 $1\ \text{k}\Omega$、电流表内阻为 $0.1\ \Omega$、被测导体 R 的真实电阻为 $87.4\ \Omega$。测量时，把电压表读数和电流表读数的比值作为电阻的测量值。如果不考虑实验操作中的偶然误差，按甲、乙两种电路进行实验，得到的电阻测量值各是多少？你能从中得出什么结论？

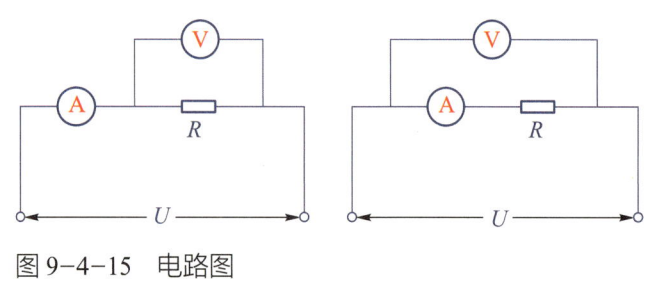

图 9-4-15　电路图

4. 某多用表的电压挡电路图如图 9-4-16 所示，电流表的量程为 50 mA，它的内阻为 5 000 Ω。三挡电压的量程分别为 $U_1=1$ V，$U_2=2.5$ V，$U_3=10$ V，求各挡的分压电阻 R_1、R_2 和 R_3 各是多少？

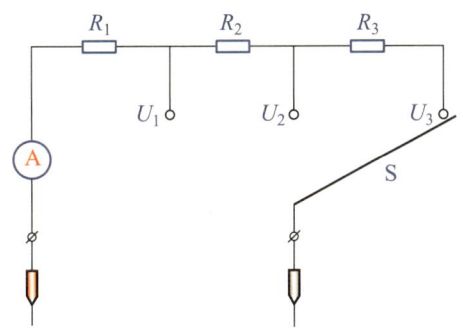

图 9-4-16　电路图

第九章 直流电路

本章思维导图

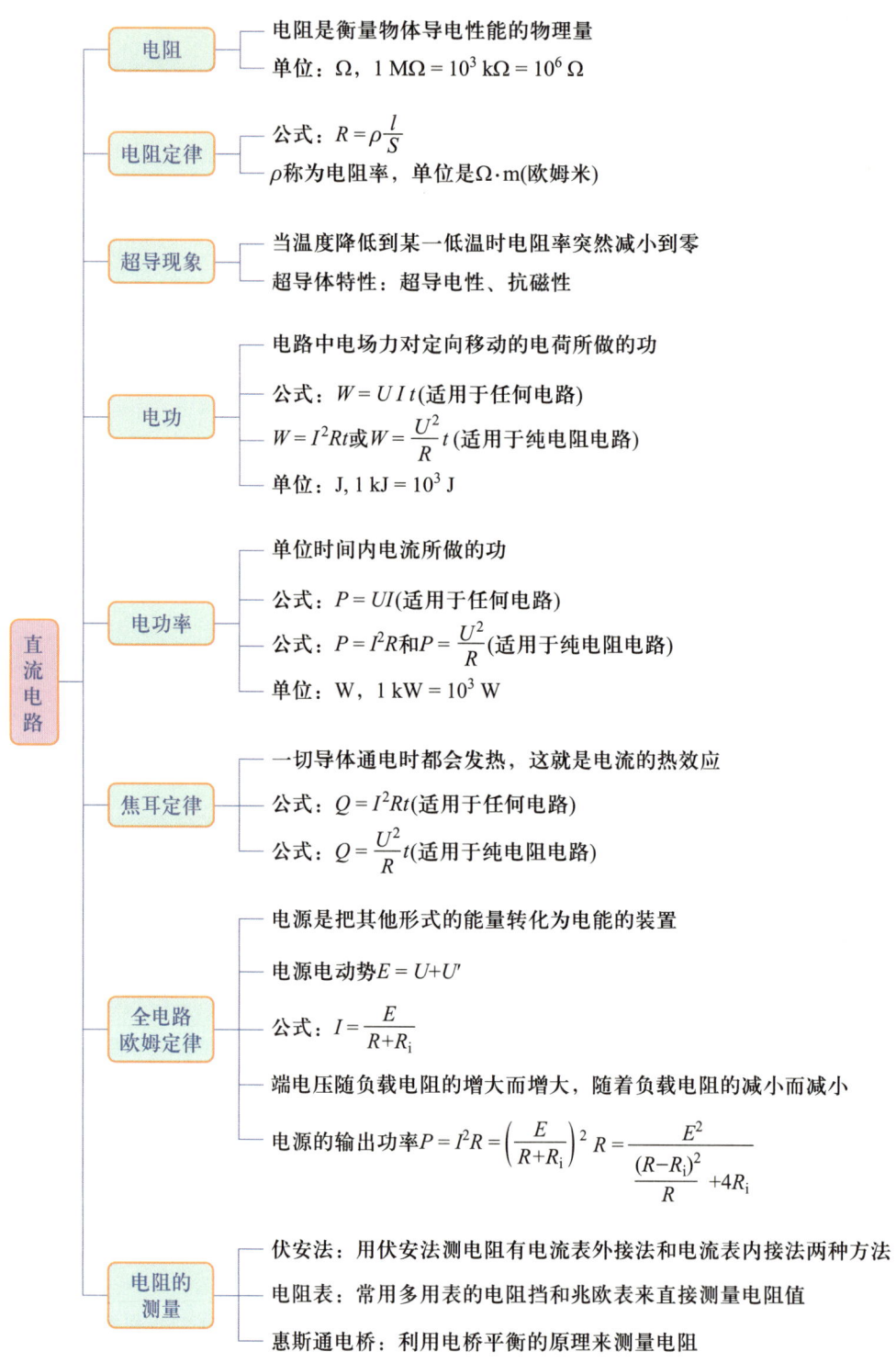

第十章 静电场的性质

从这一章开始,我们将讨论物质运动的另一种形式,即电磁运动。电磁运动是自然界中普遍存在的物质运动形式之一。可以说,电磁学及其应用对人类的影响巨大。

现在已迎来第四次工业革命,出现了5G、信息技术、人工智能、生物技术、先进制造技术、量子信息科学等一批新技术。在这些新技术中,起带头作用的就是在电磁学研究基础上发展起来的微电子技术和电子计算机技术。它们被广泛应用于各种新技术领域,而且还渗透到航天、化工、冶金、机器制造等传统产业中,引起这些产业的深刻变革。

在本章,你将从力和能量这两个方面,认识一种特殊的物质——静止电荷所产生的电场。本章将研究真空中的库仑定律、电场和电场强度、电场对电荷运动所做的功、电势、电势差与电场强度的关系等。对静电场基本性质的研究,将帮助你更深入地认识电磁现象和电磁规律。

学习目标

了解点电荷、电场强度、电势能、电势、等势面、电容、静电感应、静电屏蔽等概念。理解真空中的库仑定律、匀强电场中电场强度和电势差的关系、电场力做功与电势能的变化、平行板电容器的电容、带电粒子在匀强电场中的运动规律，并进行有关计算，进一步发展物质观念、相互作用观念和能量观念等核心素养。了解静电感应现象、静电平衡时导体电荷分布的特点、电容器的应用，培养分析、处理实际问题的能力。

建构点电荷、电场线、匀强电场等物理模型，理解其在研究静电学问题中的重要作用。了解运用比值定义法定义电场强度、电势、电容等概念，运用类比方法总结电势能、电势的性质，通过探究影响平行板电容器电容大小的因素，加深对控制变量实验方法的理解。

通过探究与电场强弱的有关因素、影响平行板电容器电容的有关因素、静电感应等实验，进一步提升实验观察、操作技能和技术运用等核心素养。

了解我国在摩擦纳米发电机、建筑物中设计的避雷系统、领先世界的超级电容器技术等方面取得的成就，增强民族自信心和自豪感，激发对科学探索的兴趣，发展科技传承、技术创新等核心素养。

10.1 电场　电场强度

观察与思考

你看过"怒发冲冠"的情景吗？如图 10-1-1 所示，当站在绝缘台上的小姑娘用手接触与起电机相连的金属球时，她那飘逸的秀发很快就竖了起来。你可知道这是为什么？

电场是看不见、摸不着的特殊物质，我们如何形象描述电场的强弱和方向？

图 10-1-1　用手接触金属球

两种电荷 我们知道自然界只存在两种电荷：一种是正电荷，另一种是负电荷。我们把与丝绸摩擦过的玻璃棒上所带的电荷称为**正电荷**；把与毛皮摩擦过的硬橡胶棒上所带的电荷称为**负电荷**。电荷之间有相互作用力，**异种电荷互相吸引，同种电荷互相排斥**。在人体带静电表演中，起电机产生的电荷传到金属球上，然后再通过小姑娘扶着金属球的手传至全身各个部位，直至每根头发。由于同种电荷互相排斥，就使小姑娘的头发根根竖起，形成了"怒发冲冠"的奇妙情景。

物体所带电荷数量的多少称为**电荷量**，用 Q 或 q 表示。在国际单位制中，电荷量的单位是 C（库仑），简称库。质子和电子带有等量异种电荷，所带的电荷量是迄今为止能够测量到的最小电荷量，这个最小电荷量的绝对值称为**元电荷**，记作 e，$e = 1.6 \times 10^{-19}$ C。实验证明，所有带电体的电荷量都是 e 的整数倍。

点电荷 人们发现，带电体之间的相互作用力，与带电体的大小和形状有关。但是如果带电体的大小远小于它与其他带电体的距离时，这时带电体的大小和形状对电荷间的相互作用力的影响可忽略不计，从而可把这个带电体抽象为一个带电的几何点——**点电荷**。点电荷与我们在力学中引入的质点一样，是一种理想化的物理模型。

真空中的库仑定律 1785年，法国物理学家库仑根据实验总结出了点电荷间相互作用的规律：**在真空中，两个点电荷 q_1 和 q_2 之间的相互作用力 F 的大小与两个点电荷的电荷量 q_1 和 q_2 的乘积成正比，和它们之间的距离 r 的二次方成反比，作用力的方向在两个点电荷的连线上**，这就是**真空中的库仑定律**。它的数学表达式为

$$F = k\frac{q_1 q_2}{r^2}$$

式中 k 是比例系数，称为**静电力常量**，其值与式中各量的单位有关。在国际单位制中，$k \approx 9 \times 10^9$ N·m²/C²。电荷间的相互作用力称为**静电力**，又称**库仑力**。

上式适用于真空或空气中点电荷的情况。理论计算表明，均匀带电球体可看成全部电荷集中于球心的点电荷。

应用库仑定律进行计算时，电荷量取绝对值，静电力方向根据"异种电荷互相吸引（图10-1-2），同种电荷互相排斥（图10-1-3）"的事实来判断。如

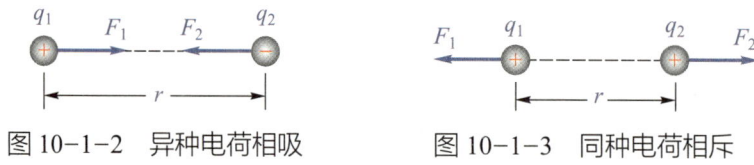

图 10-1-2 异种电荷相吸　　图 10-1-3 同种电荷相斥

果一个点电荷同时受到两个或两个以上点电荷作用，则它受到的力是所有点电荷对它作用力的合力。

【例题1】在氢原子中，原子核只有1个质子，核外只有1个电子，它们之间的距离 $r=5.3\times10^{-11}$ m，约为它们本身半径的 10^5 倍，故可把它们看成点电荷。求氢原子核与电子之间的库仑力及它们之间的引力。

解：氢原子核与电子之间的库仑力

$$F_1 = k\frac{q_1 q_2}{r^2} = 9\times10^9 \times \frac{(1.6\times10^{-19})^2}{(5.3\times10^{-11})^2}\text{ N} = 8.2\times10^{-8}\text{ N}$$

氢原子核与电子之间的引力

$$F_2 = G\frac{m_1 m_2}{r^2} = 6.67\times10^{-11} \times \frac{1.67\times10^{-27}\times9.1\times10^{-31}}{(5.3\times10^{-11})^2}\text{ N} = 3.6\times10^{-47}\text{ N}$$

库仑力 F_1 和引力 F_2 之比为

$$\frac{F_1}{F_2} = \frac{8.2\times10^{-8}}{3.6\times10^{-47}} = 2.3\times10^{39}$$

讨论：电子和质子间的引力比库仑力小得多，因而在研究微观世界的各种物理过程中，引力通常可忽略不计。因此，电子绕核运动的向心力，可认为只来源于库仑力。

电场　力是物体间的相互作用。真空中两个不接触的带电体，它们之间依然存在着静电力。这种力是依靠什么来传递呢？英国物理学家法拉第首先发现，电荷周围存在着一种称为**电场**的特殊物质，电荷间的相互作用，是借助于它们自己产生的电场施加给对方的。

只要有电荷，它周围一定存在着电场。**静止电荷产生的电场称为静电场**，**产生电场的电荷称为场电荷**，一般用 Q 表示。

电场是看不见、摸不着的。怎样研究它呢？人们是从电场产生的效果入手的。电荷在电场中要受到电场的作用,这种作用称为**电场力**。电场力为我们提供了感测电场的手段,人们常用检验电荷来感测电场。检验电荷 q 是电荷量很小的点电荷,它的电荷量远小于场电荷的电荷量,因而不会使它自己产生的电场明显地影响待测电场。

电场强度 电场最基本的特性是它对放入其中的电荷产生力的作用。我们研究电场,希望知道任意电荷在电场中任意一点受到的电场力。

实验与探究 探究与电场强弱的有关因素

如图 10-1-4 所示,把一个带正电的场电荷 Q 静止放置,然后在 P 点分别放置不同的检验电荷 q 和 q';再把同一检验电荷 q 分别放在 P、P_1、P_2 点,仔细观察丝线与竖直方向的夹角的变化(检验电荷受到的电场力的大小,可以通过丝线偏离竖直方向的角度大小显示出来)。

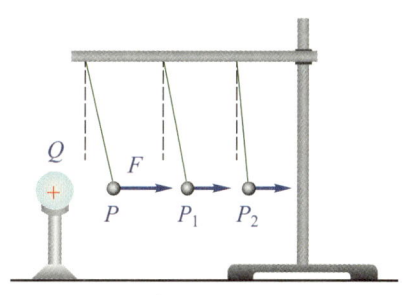

图 10-1-4 探究电场强弱的实验

实验表明,在距离 Q 较近的 P 处,检验电荷 q 受到的电场力大,说明该处电场强,在距离 Q 较远的 P_2 处,q 受到的电场力小,说明该处电场弱。

根据库仑定律,不同的检验电荷 q 和 q' 在 P 点受到的电场力分别为

$$F_P = k\frac{Qq}{r^2}, \quad F'_P = k\frac{Qq'}{r^2}$$

F_P 与 F'_P 不相等,但是

$$\frac{F_P}{q} = \frac{F'_P}{q'} = k\frac{Q}{r^2}$$

说明放在 P 点的电荷受到的电场力,与它的电荷量成正比,但二者的比值是一个常量,与检验电荷的电荷量无关,只决定于电场本身。在电场中其他点也一样,但这个比值一般各不相同:离 Q 近(r 小)的点,这个比值大,q 受到的电场力就大,表明该处电场强;离 Q 远(r 大)的点,这个比值小,q 受到的电场力就小,表明该处的电场弱。可见,$\dfrac{F}{q}$ 这个比值的大小反映了电场的强弱。

在电场中某点，检验电荷所受的电场力 F 与它的电荷量 q 的比值，称为该点的电场强度，用 E 表示。即

$$E = \frac{F}{q}$$

电荷在不同点受到的电场力的方向一般不同。所以，反映电场力性质的电场强度 E 是矢量。人们规定：**电场中某点的电场强度方向，就是放在该点的正电荷所受电场力的方向。** 当 q 为正电荷时，F 与 E 同向（图 10-1-5）；当 q 为负电荷时，F 与 E 反向（图 10-1-6）。也就是说，在电场中某点，正电荷受力方向与电场强度方向相同，负电荷受力方向与电场强度方向相反。

图 10-1-5　正电荷受到的电场力方向　　　　图 10-1-6　负电荷受到的电场力方向

电场强度的单位是 N/C（牛每库）。计算电场强度 E 的大小时，F、q 均取绝对值，电场强度的方向另外说明。

点电荷的电场强度　　根据真空中的库仑定律可知，在真空中某点电荷 Q（场电荷）形成的电场中，在与 Q 相距 r 的 P 点，检验电荷 q 受到的电场力为

$$F = k\frac{Qq}{r^2}$$

根据电场强度的定义式 $E = \frac{F}{q}$，可知在与 Q 相距 r 的 P 点，电场强度 E 的大小为

$$E = k\frac{Q}{r^2}$$

思考与讨论

在电场中 A 点处放一个检验电荷，其电荷量 $q = 5.0 \times 10^{-9}$ C，q 受到的电场力为 10^{-8} N，方向水平向右，则 A 点处电场强度的大小和方向如何？若将另一点电荷 $q' = -2.0 \times 10^{-9}$ C 放在 A 点，则 A 点电场强度的大小和方向如何？此时 q' 受到的电

场力大小和方向如何？移去该检验电荷，该点的电场强度是否为零？

电场线 如果能够用图形把电场中各点电场强度的大小和方向形象地表示出来，这对我们认识电场是很有好处的。英国物理学家法拉第提出了用电场线来形象描绘电场，这种方法现在被普遍采用。

在电场中，每一点的电场强度 E 都有一定的方向，所以我们可以在电场中画出一系列的从正电荷出发到负电荷终止的曲线，使曲线上每一点的切线方向都与该点的电场强度方向一致，这些曲线就称为**电场线**。图 10-1-7 是一条电场线，A、B 两点处的电场强度 E_A、E_B 的方向分别在该点的切线上，方向如图中箭头所示。

应该注意，电场线并不是电场中实际存在的线，而是人们为了使电场形象化而假想的线。图 10-1-8 是正、负点电荷的电场线，它是以点电荷为中心的辐射线。从图中可以看出，在离场电荷较近的地方，也就是电场强度大的地方，电场线密。所以，用电场线来表示电场时，电场强度越大的地方电场线越密，电场强度越小的地方电场线越稀。

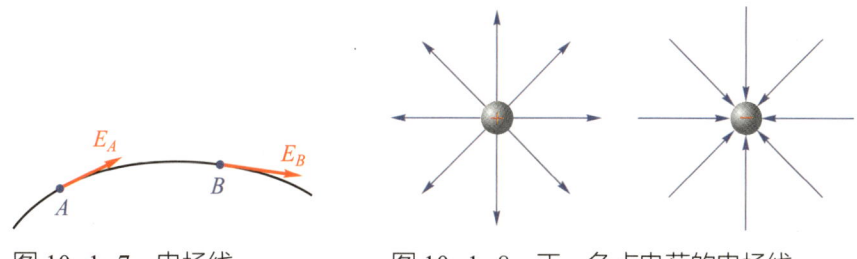

图 10-1-7 电场线　　图 10-1-8 正、负点电荷的电场线

匀强电场 如果在电场中某一区域里，各点电场强度的大小和方向都相同，这一区域称为**匀强电场**。如图 10-1-9 所示，两块面积较大、彼此又靠得很近的金属板，分别带上等量异种电荷后，在两板间形成了匀强电场。匀强电场的电场线是疏密均匀、互相平行的直线。带正电的金属板称为**正极板**，带负电的金属板称为**负极板**。

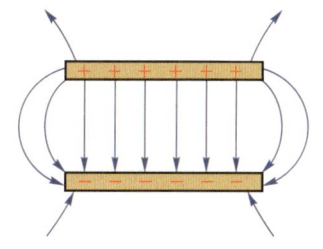

图 10-1-9 匀强电场的电场线

【**例题 2**】在与场电荷 Q 相距 $r = 30$ cm 的 P

点，电荷量 $q = -1.0 \times 10^{-10}$ C 的点电荷受到的电场力 $F = 2.0 \times 10^{-6}$ N，方向指向 Q（图 10-1-10）。（1）求 P 点的电场强度；（2）Q 为何种电荷？其电荷量是多少？

解：（1）根据电场强度的定义式，P 点的电场强度大小为

$$E = \frac{F}{q} = \frac{2.0 \times 10^{-6}}{1.0 \times 10^{-10}} \text{ N/C} = 2.0 \times 10^{4} \text{ N/C}$$

电场强度方向与放在 P 点的负电荷受力方向相反（图 10-1-11）。

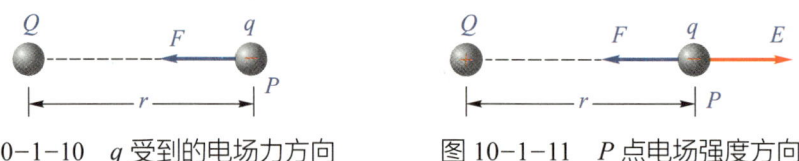

图 10-1-10　q 受到的电场力方向　　图 10-1-11　P 点电场强度方向

（2）因场电荷 Q 对负电荷 q 产生的是吸引力，因此，Q 应是正电荷。根据点电荷的电场强度公式，场电荷 Q 的电荷量为

$$Q = \frac{Er^2}{k} = \frac{2.0 \times 10^4 \times 0.30^2}{9 \times 10^9} \text{ C} = 2.0 \times 10^{-7} \text{ C}$$

技术·中国　领先世界的中国摩擦纳米发电机

摩擦可以起电，摩擦能发电吗？人们的生活环境和工业生产中存在大量可以利用的机械能。冬天穿毛衣偶尔会有被电击的感觉，这就是静电。生活中存在着种种摩擦，如果我们能将这些能量储存起来，那将是一种储量很可观的新能源。

2012 年，中国科学院北京纳米能源与系统研究团队首先发明摩擦纳米发电机（TENG），TENG 通过摩擦起电效应和静电感应效应的耦合，把收集到的人体运动的机械能、风能、海洋能等转换为电能。它既不用磁铁也不用线圈，在制作中用到的是轻质、低密度并且低成本的高分子材料，可以实现高达数千伏的电压输出。摩擦纳米发电机的发明是机械能发电和自驱动系统领域的一个里程碑式的发现，这为有效收集机械能提供了一个全新的模式。

2014 年，既有摩擦纳米发电原理又有电磁感应发电原理共轴的混合式发电机（图 10-1-12）的研制，对于推动自驱动系统、物联网，以及国防科技等方面的发

展具有重要意义。

2017年，该团队利用固液界面的摩擦起电现象研制的"水能摩擦纳米发电机"（图10-1-13），可用于对河流、雨滴、海浪的动能收集。若能投入实际应用，将有可能为整个世界的能源可持续发展做出重大贡献。

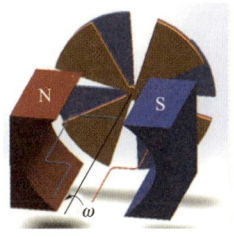
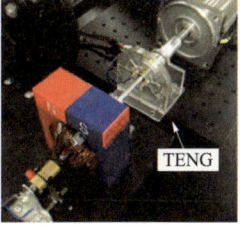
图 10-1-12　混合式发电机

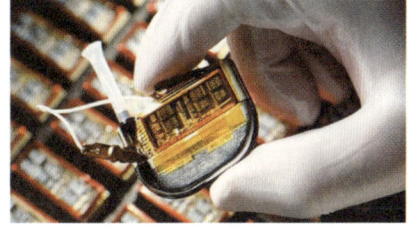
图 10-1-13　水能摩擦纳米发电机

练习与应用（Ⅰ）

1. 判断下列说法是否正确。

（1）根据公式 $E=\dfrac{F}{q}$，可知电场强度与电场力 F 成正比，与放入电场中的检验电荷的电荷量 q 成反比。

（2）电场强度的方向总是与电场力的方向一致。

2. 在匀强电场中，下列说法正确的是（　　）。

A. 各点电场强度相同，电势也相同

B. 各点电势相同，电场强度不同

C. 各点电场强度不同，电势也不同

D. 各点电场强度相同，电势不一定相同

3. 在电场中的某点，放置一点电荷，下列说法正确的是（　　）。

A. 点电荷所带电荷量越多，所受电场力越大

B. 点电荷所带电荷量越多，所受电场力越大，电场强度越大

C. 点电荷所受电场力的方向和该处电场强度方向一定相同

D. 点电荷所受电场力的方向和该处电场强度方向一定相反

4. 在氢原子中，电子和质子之间的平均距离是 5.3×10^{-11} m。求质子在这个距离处产生的电场强度大小和电子受到的库仑力。

练习与应用（Ⅱ）

1. 关于电场强度，下列说法正确吗？请简述你的理由。

（1）若在电场中的 P 点不放试探电荷，则 P 点的电场强度为 0；

（2）点电荷的电场强度公式 $E = k\dfrac{Q}{r^2}$ 表明，点电荷周围某点电场强度的大小，与该点到场源电荷距离 r 的二次方成反比，在 $\dfrac{r}{2}$ 的位置上，电场强度变为原来的 4 倍；

（3）电场强度公式 $E = \dfrac{F}{q}$ 表明，电场强度 E 的大小与试探电荷的电荷量 q 成反比，若 q 变为原来的一半，则该处的电场强度变为原来的 2 倍；

（4）匀强电场中电场强度处处相同，所以任何电荷在其中受力都相同。

2. 图 10-1-14 中金属平板 P 的中垂线上放置正点电荷 Q，比较金属平板边缘上 a、b、c 三点电场强度的方向，下列说法正确的是（　　）。

A. 三点电场强度方向都相同

B. 三点电场强度方向不相同

C. 三点中有两点电场强度相同

D. 只有 b 点电场强度与表面垂直

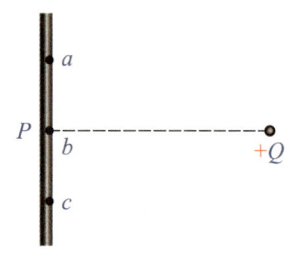

图 10-1-14　金属平板 P 的中垂线上放置 $+Q$

3. 在真空中，一个电荷量是 3.0×10^{-9} C 的点电荷 q，受到另一个点电荷 Q 的吸引力为 8.1×10^{-3} N，q 与 Q 之间的距离为 0.1 m，求 Q 的电荷量。

4. 如图 10-1-15 所示，AB 是一条电场线，在 P 点放一电荷量大小为 2.0×10^{-8} C 的负点电荷 q，其所受电场力为 5.4×10^{-3} N，方向如图所示。（1）求 P 点电场强度的大小；（2）标出 P 点电场强度的方向。

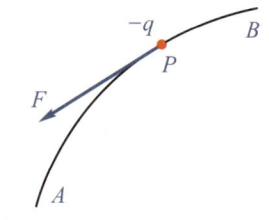

图 10-1-15　电场线

10.2 电势能 电势 电势差

观察与思考

我们居住的地球周围空间是一个巨大的电场，地球上空的电离层带正电荷，地面带负电荷；闪电是大气中激烈的放电现象（图 10-2-1），一次闪电要释放出巨大的能量。怎样描述电场具有的能量呢？

图 10-2-1 放电现象

上节我们从电荷在电场中受到力的作用出发，研究了电场的性质，引入了电场强度的概念。下面我们再从能量的角度来研究电场的另一性质，并由此引入电势的概念。

电势能 悬挂于丝线的带正电 q 的小球，放入正电荷 Q 产生的电场中，q 从位置 B 移到位置 A，如图 10-2-2 所示，电场力对 q 做了功。电场有做功的本领，表明它具有能量，这是电场的又一重要性质。

我们必须用绝缘棒推动小球，才能使 q 克服电场力做功回到 B，如图 10-2-3 所示。我们做功消耗的能量转化为 q 的能量。把 q 进一步推到 C，要消耗更多的能量，所以 q 在 C 点所具有的能量比在 B 点的大。电荷 q 在电场中具有的这种与位置有关的能量，称为**电势能**，用 E_p 表示。电势能是标量，在国际单位制中，它的单位是 J（焦）。

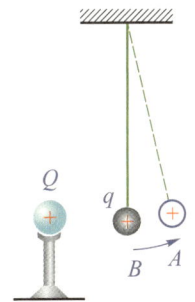

图 10-2-2 q 放入 Q 电场中

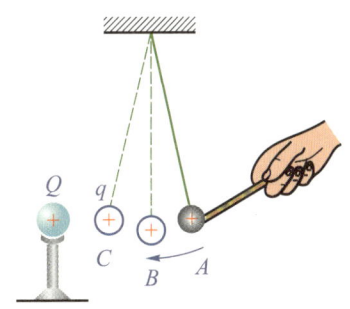

图 10-2-3 电场力对 q 做功

电场力做功与电势能的变化　我们知道，在重力场中，重力对物体做的功等于物体重力势能的减少量。人们发现，电场力做功与电势能变化的关系，与此十分相似，即电场力对电荷做的功，等于电荷电势能的减少量。或者说，电场力对电荷做了多少负功，电荷就增加多少电势能；电场力对电荷做了多少正功，电荷就减少多少电势能。如图 10-2-4 所示，设点电荷在 A 点的电势能为 E_{pA}，在 B 点的电势能为 E_{pB}，点电荷 q 从 A 点移到 B 点时，电场力做的功为 W_{AB}，则有

$$W_{AB}=E_{pA}-E_{pB}$$

与物体重力势能的取值相似，要先规定某处为零电势能点（或面），才能确定电荷在其他点的电势能数值。比如，在图 10-2-4 中，AB 相距为 d，若以 B 点为零电势能点，$E_{pB}=0$，q 在 A 点的电势能

$$E_{pA}=W_{AB}=qEd。$$

电势　图 10-2-4 中，以 B 点为零电势能点，电荷 q 在 A 点的电势能与电荷量的比值 $\dfrac{E_{pA}}{q}=\dfrac{qEd}{q}=Ed$，这个比值是一个常量，与电荷量无关，只取决于电场本身，以及 A 相对于 B 的位置。若已知 A 点的这个比值，不同的电荷在 A 点的电势能都能方便地求出。同一个正电荷，在比值大的地方电势能大，在比值小的地方电势能小。在非匀强电场中也有类似情况。于是，我们把这个比值定义为**电势**。

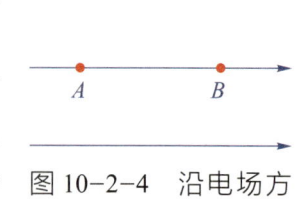

图 10-2-4　沿电场方向 A、B 两点

点电荷在电场中某点所具有的电势能 E_p 与它的电荷量 q 的比值，称为该点的**电势**，用符号 V 表示。即

$$V=\dfrac{E_p}{q}$$

电势是标量，在国际单位制中，它的单位是 V（伏）。当零电势点（或面）选定之后，各点的电势才有确定的值。零电势点的选取是任意的，但在实际应用中，常选取大地或仪器的公共地线的电势为零。

　思维与方法　类比法

类比法是一种由特殊到特殊或由一般到一般的推理，是根据两个（或两类）对

象之间在某些方面的相同或相似，而推出它们在其他方面也可能相同或相似的推理方法。类比推理过程，一般是首先比较两个（或两类）不同的对象，找出它们的相同点，然后以此为根据把其中一对象的已有知识，推移到另一对象上去。

我们把电势能与重力势能、电场力做功与重力做功进行类比，可以更好掌握电势能的概念和电场力做功的特点。

电势差　电场中任意两点的电势之差，称为这两点的**电势差**。电势差就是人们常说的**电压**，用 U 表示。如图 10-2-5 所示，设电场中 A、B 两点的电势分别为 V_A 和 V_B，则 A、B 两点的电势差为

$$U_{AB} = V_A - V_B$$

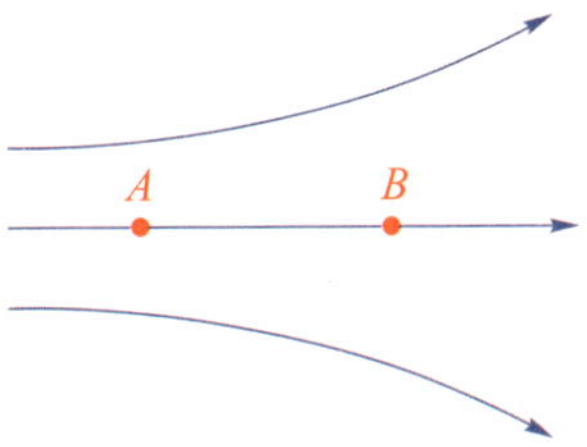

若以 B 点为零电势点，$V_B = 0$，则有 $U_{AB} = V_A$。把点电荷 q 从 A 点移到 B 点，电场力做的功为

图 10-2-5　电场中 A、B 两点

$$W_{AB} = E_{pA} - E_{pB} = qV_A - qV_B = q(V_A - V_B) = qU_{AB}$$

此式表明：电荷从电场中的一点移到另一点时，电场力所做的功，等于电荷的电荷量与这两点间电势差的乘积。它告诉我们，已知两点的电势差，电荷从一点移到另一点电场力做的功就能方便地求出，不必考虑电荷移动时的具体路径，也不必考虑是恒力做功（在匀强电场中）还是变力做功（在非匀强电场中）。

当正电荷顺着电场线方向移动时，电场力一定做正功，$W_{AB} > 0$，则 $V_A > V_B$。由此可见，**沿电场线的方向，电势越来越低**。

思考与讨论

在正点电荷形成的电场中，如果以无限远处为零电势点，则电场中各点的电势是正值还是负值？离点电荷越近的地方是电势越高，还是越低？为什么？

等势面　电场中的每一点都有一电势值，而电场中总有许多点的电势是相等的。**把电势相等的点连起来构成的面称为等势面**。图 10-2-6 和图 10-2-7 分别为匀强电场和正点电荷电场的等势面（图中虚线为等势面，实线为电场线）。

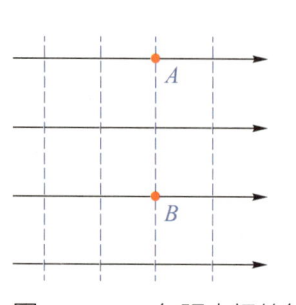
图 10-2-6 匀强电场的等势面

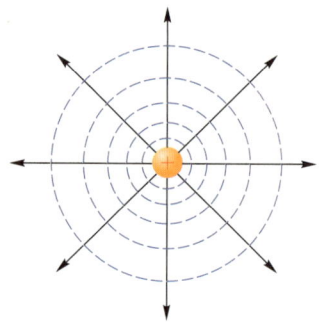
图 10-2-7 正点电荷电场的等势面

在同一等势面上，任意 A、B 两点间的电势差 U_{AB} 为零，则电荷从 A 点运动到 B 点，电场力做的功 $W_{AB}=qU_{AB}=0$。即**电荷在等势面上移动时，电场力不做功**。

电荷在等势面上移动的过程中，电荷所受的电场力和它移动的位移不为零，而电场力做的功为零，根据功的定义，必然是电场力的方向与电荷运动的方向始终垂直。因此，**电场线与等势面处处垂直**。

在实际测量时，由于电势差容易测量，常常是先测出电场中电势差为零的各点，并把这些点连起来，画出电场的等势面，再根据等势面与电场线的关系画出电场线，就可以知道电场的情况。

电势差和电场强度的关系　我们知道，电场强度 E 和电势 U 都是描述电场性质的物理量，它们之间必然存在一定的关系。下面我们在匀强电场中讨论它们之间的关系。

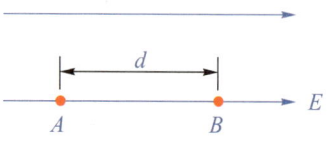
图 10-2-8 匀强电场中 A、B 两点

在如图 10-2-8 所示的匀强电场中，设 A、B 两点的距离为 d，电势差为 U，电场强度为 E。把正电荷 q 由 A 点移动到 B 点，电场力做的功为 $W=qEd$。也可用电势差来计算：$W=qU$。显然，$qU=qEd$，即

$$U=Ed \text{ 或 } E=\frac{U}{d}$$

上式只对匀强电场适用。由上式可以看出，电场强度的单位还有 V/m（伏每米）。

【例题 1】 图 10-2-9 表示一个正点电荷的电场。

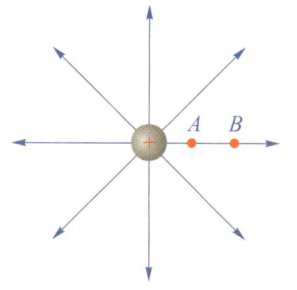
图 10-2-9 正点电荷的电场线

已知 A、B 两点间的电势差是 200 V，有一电荷量为 -6×10^{-8} C 的检验电荷 q 从 B 点移到 A 点，它的电势能改变了多少？是增加还是减少？

解： 据题意，检验电荷 q 从 B 点移到 A 点，电场力做正功，因此，电势能减少。从 B 点到 A 点，电场力做的功

$$W_{BA} = qU_{BA} = -6 \times 10^{-8} \times (-200) \text{ J} = 1.2 \times 10^{-5} \text{ J}$$

根据电场力做功与电势能的关系，电荷 q 从 B 点移到 A 点，它的电势能减少 1.2×10^{-5} J。

【**例题 2**】如图 10-2-8 所示，在电场强度 $E = 6.0 \times 10^3$ N/C 的匀强电场中，A、B 两点相距 $d = 20$ mm，连线平行于电场线，求：$q = 1.0 \times 10^{-5}$ C 的点电荷从 A 点移到 B 点，电场力所做的功 W_{AB} 及 A、B 两点间的电势差 U_{AB}。

解： 点电荷从 A 点移到 B 点，电场力所做的功

$$W_{AB} = qEd = 1.0 \times 10^{-5} \times 6.0 \times 10^3 \times 2.0 \times 10^{-2} \text{ J} = 1.2 \times 10^{-3} \text{ J}$$

$$U_{AB} = \frac{W_{AB}}{q} = \frac{1.2 \times 10^{-3}}{1.0 \times 10^{-5}} \text{ V} = 1.2 \times 10^2 \text{ V}$$

技术应用　建筑物中的避雷系统

说到建筑物如何避雷，大家首先会想到避雷针，那避雷针是如何避雷的？北京奥运会主会场——鸟巢（图 10-2-10）表面没有一般大型建筑上的避雷针，那"钢筋铁骨"的国家体育场，能否经受住雷电的考验？外表充满泡泡的水立方（图 10-2-11），也没有尖尖的避雷针竖在场馆旁，如何实现避雷？建筑物还有其他的避雷设施吗？下面为大家介绍几种常见的避雷设施。

图 10-2-10　鸟巢

图 10-2-11　水立方

避雷针 山西应县木塔（图10-2-12）建于辽代，900多年来历经多次雷击的考验。木塔免受雷击破坏是因为塔顶的铁刹。高达14 m的铁刹，不仅起到了装饰作用，而且它全由铁杆制成，中间有一根铁轴，插入梁架之内，其作用正如同现代建筑中使用的避雷针。在塔的四周有8条铁链，可以将雷电导入地下。正是有了这些避雷设施，应县木塔才幸免于难。应县木塔作为世界上保存最完整、结构最奇巧、外形最壮观的古代高层木塔，充分反映了中国古代工匠们在结构组成、力学平衡及抗震、防雷等方面所创造的伟大成就。避雷针又名防雷针，是用来保护建筑物、高大树木等免遭雷击的装置。当雷云放电接近地面时，在避雷针的顶端，引导雷电向避雷针放电，再通过接地引线和接地装置将电流引入大地，从而使被保护物体免遭雷击。上海东方明珠塔（图10-2-13）也安装了避雷针。

图10-2-12 山西应县木塔

图10-2-13 上海东方明珠塔

避雷带 避雷带是指沿屋脊、山墙、通风管道以及平屋顶的边沿等最可能受雷击的地方敷设的导线（图10-2-14）。

避雷网 避雷网是指建筑物的钢结构通过焊接方式进行连接，遭到闪电袭击时，钢结构就成为一个巨大的接收闪电装置。"鸟巢"外表平滑，没有普通大型建筑上突起的避雷针，实际上，它的整个"钢筋铁骨"构成了理想的"笼式避雷网"。"鸟巢"内几乎所有的设备都与避雷网做了可靠连接，

图10-2-14 避雷带

雷电来临的瞬间，能顺利将巨大电流导入地下，保证了场馆自身、仪器设备和人身安全。外表充满泡泡的"水立方"的防雷技术与"鸟巢"相似。

消雷器 避雷针的保护作用是有选择性的，对感应雷的侵入常常无能为力。消雷器由于其安全可靠、便于安装，且基本不需维护，接地电阻又无须像避雷针那样要求高（一般小于 100 Ω 即可），因而日益受到用户欢迎。我国昆明太华山气象站海拔 469.3 m，消雷塔高 60 m，安装消雷塔后未再遭过雷击。贵州贵阳东山是重雷区，在山顶的电视塔上安装消雷器后，也未遭过雷击。

练习与应用（Ⅰ）

1. 在下列情况下，电场力对电荷 q 做正功还是负功？电荷 q 的电势能有什么变化？

（1）正电荷 q 顺着电场线方向移动；

（2）正电荷 q 逆着电场线方向移动；

（3）负电荷 q 顺着电场线方向移动；

（4）负电荷 q 逆着电场线方向移动。

2. 在电场中，负电荷在电场力的作用下，由 M 点运动到 N 点，则 M、N 两点的电势（　　）。

A. M 点高   B. N 点高   C. 两点一样高   D. 不能确定

3. 汽车火花塞的两个电极间的间隙约为 1 mm，点火感应圈在它们之间产生的电压约为 10 000 V，如果将两电极间的电场近似当作匀强电场，那么间隙内的电场强度为多大？

4. 空气是不导电的。但是如果空气中的电场很强，使得气体分子中带正、负电荷的微粒所受的相反的静电力很大，以至于分子破碎，于是空气中出现了可以自由移动的电荷，空气变成了导体。这个现象称为空气的"击穿"。已知空气的击穿场强为 3×10^6 V/m，如果观察到某次闪电的火花长约 100 m，发生此次闪电的电势大约为多少？

练习与应用（Ⅱ）

1. 图 10-2-15 所示的匀强电场中，$E=1.0\times10^3$ N/C，已知 $ab=3.0$ cm，$ad=2.0$ cm，将一点电荷 $q=5.0\times10^{-5}$ C 沿矩形 $abcd$ 移动一周，电场力做功 $W_{ab}=$_____J；a、b 两点间的电势差 $U_{ab}=$_____V；b、c 两点间的电势差 $U_{bc}=$_____V。

2. 密立根油滴实验是历史上著名的测量元电荷的实验，仪器示意图如图 10-2-16 所示。从喷雾器喷出的油滴由于摩擦而带电，进入 A、B 间的匀强电场中，当两平行板间的电势差为 U 时，油滴恰悬浮在电场中不动。油滴带_____电。如两板间距为 d，油滴质量为 m，则油滴的电荷量 $q=$_____。

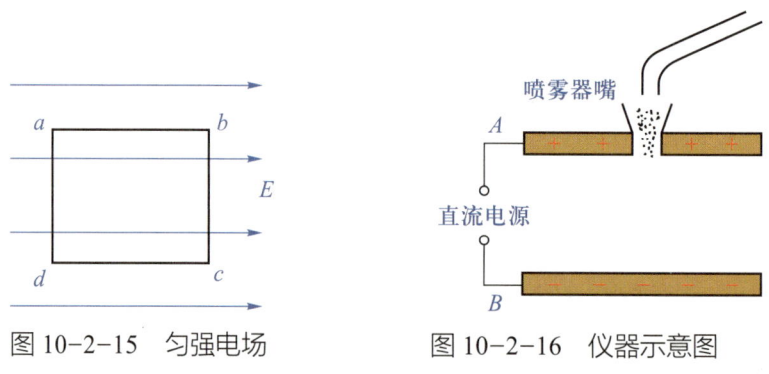

图 10-2-15　匀强电场　　　图 10-2-16　仪器示意图

3. 把一个电荷量为 -10^{-6} C 的点电荷从电场中 a 点移到 b 点，电场力所做的功是 6×10^{-5} J。求 a、b 两点间的电势差 U_{ab} 是多少？哪一点电势高？

4. 电场 C、D 两点间电势差 $U_{CD}=200$ V，将一电荷量 $q=-6\times10^{-8}$ C 点的电荷从 C 移到 D 点，电场力是做正功还是做负功？电荷的电势能是增加还是减少？改变了多少？

10.3　静电感应　静电屏蔽

观察与思考

如图 10-3-1 所示，把带电导体靠近不带电的导体，会发生什么现象呢？为什么在建筑物的顶部使用避雷针（图 10-3-2）可以防止建筑物遭雷击？

10.3 静电感应 静电屏蔽

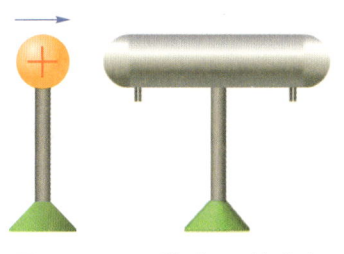

图 10-3-1　带电导体靠近不带电的导体

图 10-3-2　建筑物的顶部使用避雷针

静电感应　金属导体中存在着大量的可以自由移动的电子。在正常状态下，导体中含有等量的正、负电荷，导体对外不显电性。

 观察与体验　观察静电感应现象

将起电机和金属球相连，摇动起电机使金属球带正电，旁边放枕形导体，注意观察枕形导体下的铝箔是否张开（图 10-3-3）。这样的方法能使枕形导体带电吗？

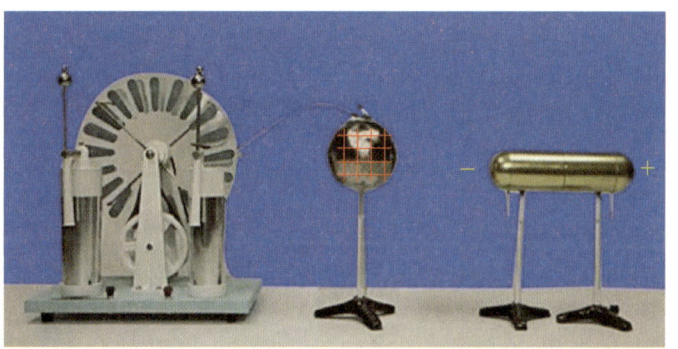

图 10-3-3　静电感应实验

实验表明，枕形导体近端带的是与金属球异种的电荷，远端带的是与金属球同种的电荷。本来不带电的枕形导体为什么带电呢？原来，如图 10-3-4 所示，在金属球也就是带电体 C 的电场力作用下，导体中的一些自由电子定向移

055

动到达近端,而远端多出了一些带正电的离子,所以两端出现了等量异种电荷。像这样在外电场的作用下,导体上电荷重新分布的现象称为**静电感应**,所出现的电荷称为**感应电荷**。

把带电体 C 移走,近端的负电荷向远端移动,并与正电荷中和,感应电荷消失了。如果先把 A、B 分开,再移走带电体 C,导体 A、B 就带了等量异种电荷(图 10-3-5)。这种利用静电感应使导体带电的方式,称为**感应起电**。

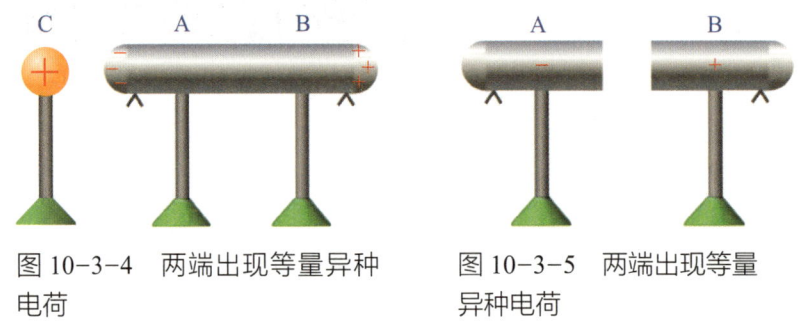

图 10-3-4 两端出现等量异种电荷

图 10-3-5 两端出现等量异种电荷

静电平衡 既然导体内的自由电子在电场力的作用下发生定向移动,那么,导体内是否一直有自由电子做定向移动呢?如图 10-3-6 所示,把导体放入电场强度为 E_0 的匀强电场中。由于静电感应,在导体的两端出现的等量异种电荷将在导体内部产生一个附加电场 E',其方向和外电场 E_0 的方向相反。随着感应电荷的不断增多,E' 也不断增强,直到 $E'=E_0$ 时,导体内部的总电场强度 $E=E_0-E'=0$。此时,导体内的自由电荷不再发生定向移动,如图 10-3-7 所示。

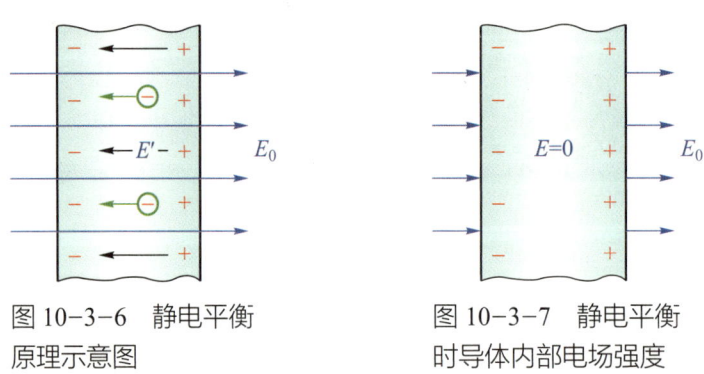

图 10-3-6 静电平衡原理示意图

图 10-3-7 静电平衡时导体内部电场强度

导体上的自由电荷不发生定向移动的状态,称为**静电平衡状态**。导体处于静电平衡时,必须满足两个条件:第一,导体内部任何一点的电场强度为零;第二，导体表面各点的电场强度方向与导体表面垂直（否则，电场强度沿导体表面方向将有一个分量，自由电子受到该分量的作用将沿导体表面做定向移动）。

导体处于静电平衡时，导体内部的电场强度处处为零，导体表面的电场强度都与该表面垂直。因此，在导体内部或导体表面上任意两点间移动电荷时，电场力都不做功。这时导体上任意两点间的电势差都为零，即导体上各点的电势都相等。所以，导体处于静电平衡时，整个导体是一个**等势体**。

静电平衡时导体上电荷的分布 下面我们研究在没有外电场时，带电导体上电荷的分布。如图 10-3-8 所示，在验电器 A 上固定一个金属圆筒，并使 A 和金属筒带电。用带绝缘柄的金属球 C 与金属圆筒内壁接触后，再接触验电器 B，验电器 A、B 中的金属箔张角均无变化。可见，带电导体内部没有电荷。当金属球 C 与金属筒的外壁接触后，再接触验电器 B，A 的金属箔张角变小，B 的金属箔张开一定角度，如图 10-3-9 所示。这证明带电导体的电荷只分布在外表面上。

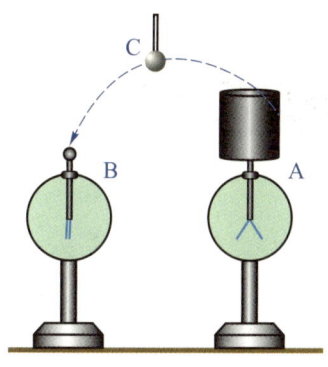

图 10-3-8　带电导体内电荷分布实验

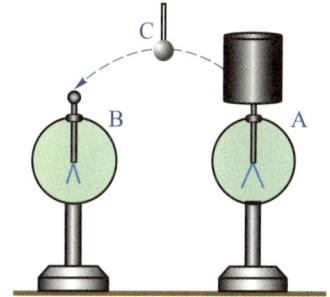

图 10-3-9　带电导体外表面电荷分布实验

理论和实验还证明：电荷在导体表面上的分布与表面曲率有关。平滑的地方，电荷分布少，电场弱；突出的地方，电荷密集，电场强。如果导体有尖端，则在尖端处电荷特别密集，尖端附近的电场很强，可以导致周围空气电离，这时气体分子电离成正负离子，它们受电场力的作用在电场中移动，形成尖端放电现象。如图 10-3-10 所示，不断地给带有尖端的导体充电，放在尖端附近的蜡烛火焰会像被风吹动一样，发生偏斜。

高压设备中的电极制成光滑的球形,就是为了防止尖端放电,以减少电能损失和避免发生破坏性事故。

尖端放电也有可利用的一面,如通常使用的避雷针(图 10-3-11)就是应用尖端放电来防止建筑物遭雷击的。避雷针尖锐的一端安装在建筑物的上空,另一端通过较粗的导线接到深埋在地下的泄流地网上。当带电的云层接近地面时,在避雷针尖端处形成强电场,引导雷电从云层向避雷针放电,再通过泄流地网流入大地,从而消除了雷击建筑物的威胁。必须注意,避雷针与大地一定要接触良好,否则,反而会"引雷",更容易使建筑物遭受雷击损害。

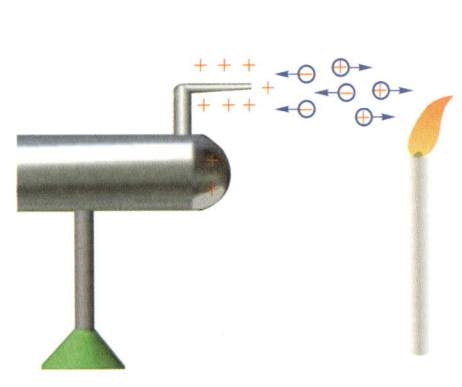

图 10-3-10 尖端放电实验

图 10-3-11 避雷针

静电屏蔽 静电平衡时导体内部的电场强度为零,这一现象在技术上可用来实现静电屏蔽。如图 10-3-12 所示,使带正电的金属球靠近验电器,验电器的金属箔就张开了。这表明验电器受到了带电体的电场的影响,产生了感应电荷。如果事先用一个金属网罩把验电器罩住,再让带电金属球靠近,如图 10-3-13 所示,验电器的金属箔并不张开。可见金属网罩也能把外电场"遮住",使其内部不受外电场的影响。这种现象就是**静电屏蔽**。通信电缆的外面包裹一层金属皮、电子仪器外的金属罩等,都是应用静电屏蔽的例子。

静电屏蔽的应用 静电屏蔽是利用金属空腔排除或抑制静电场影响的措施,对两个空间区域之间进行金属的隔离,以控制电场、磁场和电磁波由一个区域对另一个区域的感应和辐射。具体讲,就是用屏蔽体将元部件、电路、组合件、电缆或整个系统的干扰源包围起来,防止干扰电磁场向外扩散。

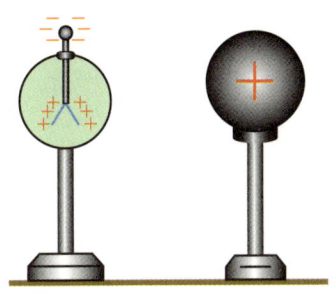

图 10-3-12　金属球靠近验电器实验

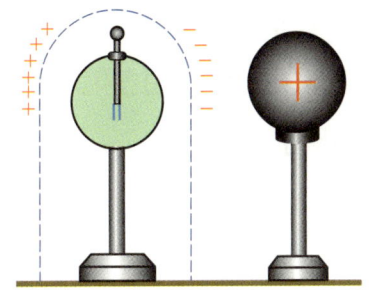

图 10-3-13　静电屏蔽

 技术应用　静电的应用与危害

静电的应用　静电现象在生产实验和科学技术中有着广泛的应用，其依据的物理原理是让带电的物质微粒在电场力作用下，吸附到电极上。下面介绍几个应用实例。

（1）**静电除尘**　在发电厂，冶金、化工等工业生产中大多使用静电除尘器来除尘。图 10-3-14 是静电除尘器的示意图，它由金属圆筒及中央悬挂的金属丝组成，它们分别与高压电源的正、负极相接（金属圆筒接地），这样的金属丝与金属筒壁之间形成一个强电场。废气进入筒中，其中的尘埃因与金属丝接触带上与金属丝同种的电荷，被排斥飞向管壁。在管壁上放电以后，尘埃进入废料收集斗。这种除尘器，不仅可以治理污染，还可同时收集粉末状的废料，提高了回收率。

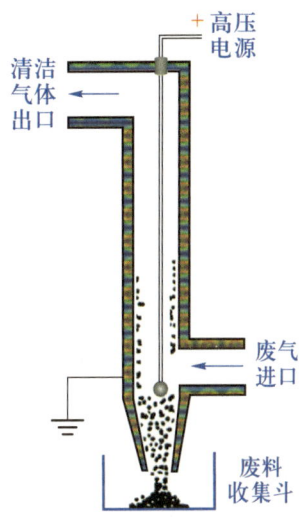

图 10-3-14　静电除尘原理示意图

（2）**静电复印**　静电复印机（图 10-3-15）能方便快捷地对图书资料进行复印。它的中心部件是一个可以旋转的表面镀硒的硒鼓。硒有特殊的光电性质，没有光照射时，是很好的绝缘体，能保持住电荷不流失；受到光照射时，立刻变成导体，由于硒鼓是接地的，此时所带电荷立即流

图 10-3-15　复印机

向大地。

静电复印机工作的主要程序有充电、曝光、显影和转印等几个步骤。图 10-3-16 表示复印的全过程。

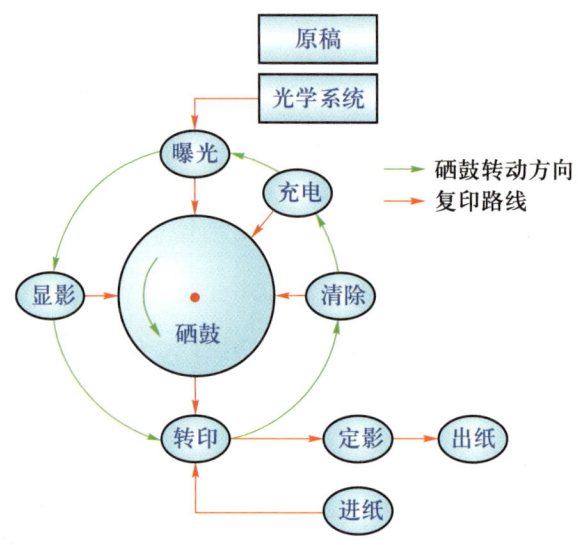

图 10-3-16　复印程序

静电的防止　摩擦产生静电，电荷积累到一定程度，会产生火花放电，可能引起爆炸、火灾等重大事故。消除静电隐患的基本办法，是尽快把产生的静电导走，避免越积越多。

（1）泄漏法　包括接地、增湿、加抗静电剂、涂导电涂料等方法。油罐车的尾部装一条拖在地上的铁链（图 10-3-17），靠它把在灌油、运输过程中，燃油与油罐摩擦、撞击而产生的静电及时导入大地。

图 10-3-17　油罐车的铁链将静电导入大地

（2）中和法　企业可根据生产的需要选择自感应式、外接电源式、放射线式、离子流式和组合式的静电消除器，原理是电离空气中的正负离子，中和生产中的静电，从而达到电离平衡。进入厂房前穿防静电服，触摸静电释放桩，厂房门口安装消除静电帘等都是静电防护的有效措施。

（3）工艺控制法　可采取尽量降低物料流速，增加含水量等措施。

练习与应用（Ⅰ）

1. 我们用塑料梳子梳头发，梳子会吸引头发，有时还能听到响声。脱下尼龙衣服时，有时也会听到响声，在黑暗中还能看到火花，请解释这些现象。

2. 在医疗手术中，为防止麻醉剂乙醚爆炸，地砖要用导电材料制成，医生护士要穿由导电材料制成的鞋子和棉布外套，一切设备要良好接地，甚至病人身体也要良好接地，这样做是为了（　　）。

　　A. 消除静电　　　　B. 除菌消毒　　　　C. 应用静电　　　　D. 防止静电

3. 如图 10-3-18 所示，一个不带电的空心金属球，在它的球心处放一个正电荷，其电场分布是（　　）。

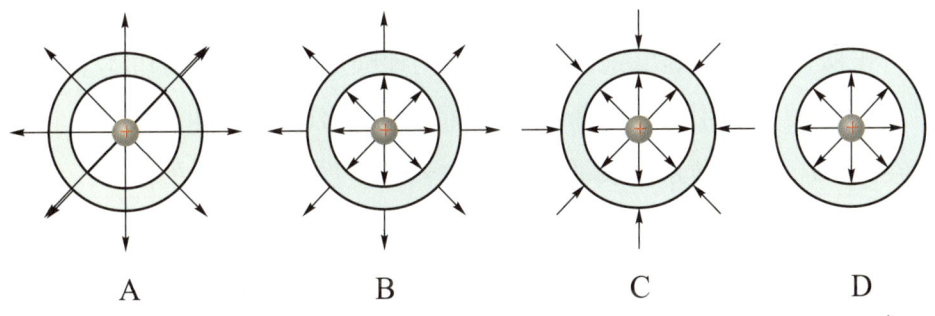

图 10-3-18　空心金属球球心放一正电荷

4. 把一个带正电的小球 A，放入带绝缘支架不带电的空心球壳 B 内，但不与 B 的内壁接触，如图 10-3-19 所示，达到静电平衡后，下列说法正确的是（　　）。

　　A. 球壳 B 内空腔处的电场强度为零

　　B. 球壳外部空间的场强为零

　　C. 球壳 B 的内表面上无感应电荷

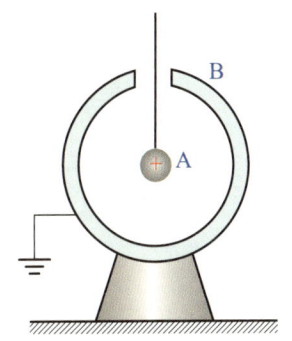

图 10-3-19　小球 A 放入空心球壳 B 内

D. 若将球壳 B 接地则球壳 B 带负电

练习与应用（Ⅱ）

1. 一个原来不带电的中空金属球壳，上开一个小孔，若将一个带负电的小球放入且不与球壳接触，则球壳外表面带____电，内表面带____电；若用手接触一下球壳后移走带电小球，则球壳的外表面带____电荷；若带电小球与球壳的内壁接触，球壳的外表面带____电荷，内表面____电荷。

2. 下列情境中没有利用静电屏蔽原理的是（　　）。

A. 夜间高压线周围有时会出现一层绿色光晕

B. 通信电缆外面包一层铝皮

C. 高压带电检修人员穿戴的防护服包含金属丝织物

D. 精密的电表或电子设备外面套上金属罩就不受外界电场的影响

3. 下列属于静电应用的是（　　）。

A. 静电复印是利用异种电荷相互吸引而使碳粉吸附在纸上

B. 静电除尘是利用静电把空气电离，除去烟气中的粉尘

C. 静电吸附是利用静电把涂料微粒均匀地喷涂在接地金属物体上

D. 静电植绒是利用异种电荷相吸引而使绒毛吸附在底料上

4. 在图 10-3-20 所示的实验中，验电器的金属箔会张开的是（　　）。

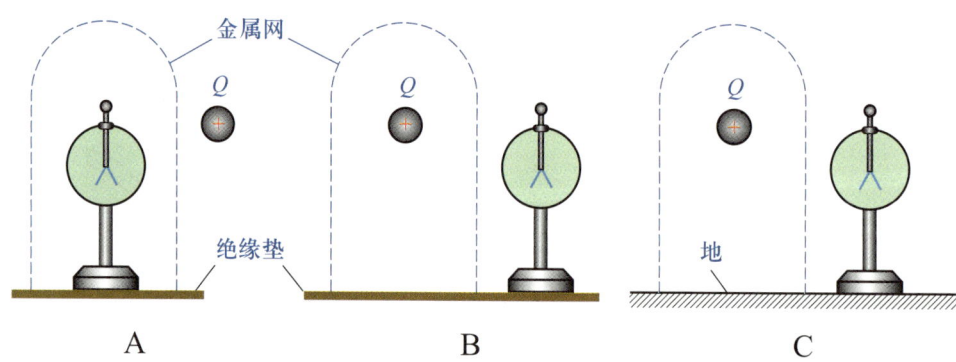

图 10-3-20　验电器的实验

10.4 电容器 电容

观察与思考

两个小小的电池，能让照相机的闪光灯（图 10-4-1）发出一道强烈的"闪电"，在这里起重要作用的，是一种被称为电容器的元件。电容器是电工和电子设备中的重要元件，它广泛使用在电工和无线电设备中。什么是电容器呢？它的电容量如何计算呢？

图 10-4-1　照相机

电容器　顾名思义，电容器就是容纳和储存电荷的装置。任何两个彼此绝缘又互相靠近的导体，都可以看成是一个电容器。两块靠近且互相平行的金属板，就能组成一个最简单的电容器，称为**平行板电容器**。

把平行板电容器的两个极板分别与电源的正、负极相接，可以对电容器充电，如图 10-4-2 所示。充电后，两极板带上等量异种电荷 $+Q$ 和 $-Q$，Q 称为电容器的电荷量；两极板间的电势差 U 称为电容器的电压。充电后，切断与电源的联系，两极板上都保存电荷，两极板间有电场存在。充电过程中由电源获得的电能储存在电场中，称为**电场能**。

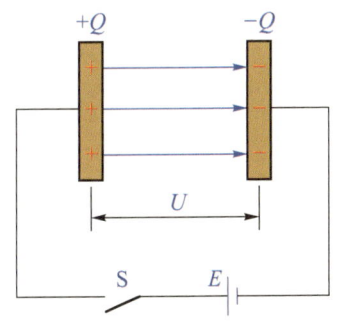

图 10-4-2　电容器充电

充过电的电容器失去电荷，称为电容器**放电**。用导线把刚脱离了电源的电容器两极板连接，往往可以看到放电的火花。利用放电时产生的热量甚至可以熔焊金属，也称"电容焊"，被熔金属所获得的热力学能是由电能转化来的。由此可见，电容器可以储存电能。照相机的闪光灯电路中，充过电的电容器通过线圈放电，在另一个线圈中感应出持续时间很短的高电压，触发闪光灯管发光。

电容　一般来说，不同的电容器，容纳电荷的本领是不同的，我们用电容 C 这个物理量来表示电容器容纳电荷本领的大小。实验指出，对某一电容器来说，

它的电荷量 Q 增加（或减少）时，它的电压 U 也随之升高（或降低），但是比值 $\dfrac{Q}{U}$ 是一个常量。对不同的电容器，这个比值一般不同；在 U 相同的条件下，比值越大的电容器所带的电荷越多。因此，这个比值反映了电容器储存电荷能力的大小。我们把**电容器所带的电荷量 Q 与它的电压 U 的比值**，称为电容器的**电容**，用字母 C 表示，即

$$C = \dfrac{Q}{U}$$

在国际单位制中，电容的单位是 F（法拉），简称法。法拉是一个很大的单位，比如说，假定要使间距为 1 cm 的平行板电容器具有 1 F 的电容，极板所需的面积应高达 10^9 m^2。一般电容器的电容不超过 1 F，所以常用 μF（微法）和 pF（皮法）这两种电容的单位。它们的关系是

$$1 \text{ F} = 10^6 \text{ μF} = 10^{12} \text{ pF}$$

电容 C 的大小反映了电容器储存电荷的能力，其数值由电容器构造决定，而与电容器带不带电或带多少电无关。这就好比图 10-4-3 所示的"水容器"，凭生活经验我们知道，图 10-4-3（c）中的容器储水能力最大，储水能力的大小与目前的储水量无关，而由容器本身的结构决定。

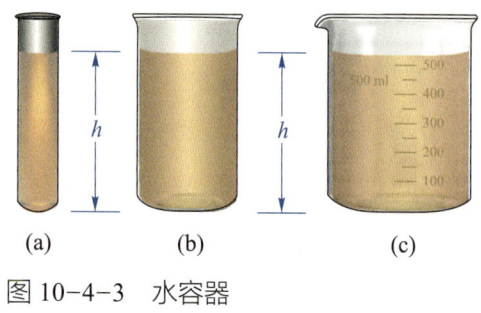

图 10-4-3 水容器

平行板电容器的电容　现在我们研究平行板电容器的电容跟哪些因素有关。

 实验与探究　研究影响平行板电容器电容大小的因素

如图 10-4-4 所示，用静电计测量已经充电的平行板电容器两极板间的电势差 U。（1）保持 Q 和 d 不变，改变两板正对面积 S，观察电势差 U 的变化，判断电容 C 的变化；（2）保持 Q 和 S 不变，改变两板间的距离 d，观察电势差 U 的变化，判断电容 C 的变化；（3）保持 Q、S、d 不变，插入电介质，观察电势差 U 的变化，判断电容 C 的变化。

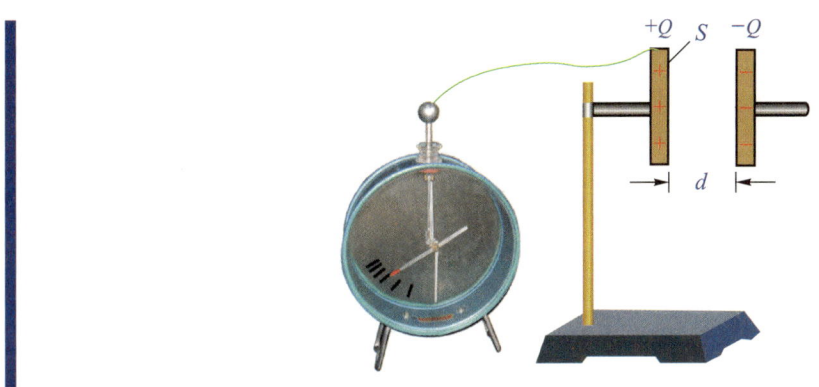

图 10-4-4 研究影响平行板电容器电容大小的因素

在图 10-4-4 所示的实验中可以看到：S 越大，静电计指示的电势差 U 越小，说明电容越大；d 越小，静电计指示的电势差 U 越小，说明电容越大。

理论和实验表明：**平行板电容器的电容与极板的正对面积 S 成正比，而与极板间距离 d 成反比**。两极板间如果是真空，其电容 C_0 可表示为

$$C_0 = \frac{S}{4\pi k d}$$

式中 k 是静电力常量。

由上式可看出，要想增大电容器的电容量，可尽量缩短两极板的间距 d。但由于工艺的困难，这是有限度的；另外可增大两极板的正对面积，不过这势必要增大电容器的体积。有没有更有效的方法呢？

人们发现，往电容器极板间插入像云母、纸等不同的电介质（图 10-4-5），电容器的电容比原来增大了。不同的电介质对电容的影响不同，这种性质可用**相对电容率**（ε_r）来表示。均匀充满某种电介质的电容器，其电容 C 与内部为真空时的电容 C_0 之比，称为这种电介质的**相对电容率**，即

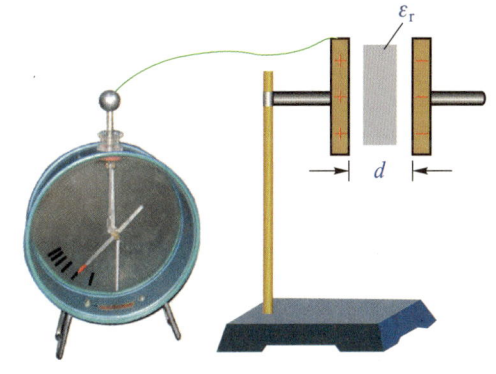

图 10-4-5 电容器极板间插入电介质实验

$$\varepsilon_r = \frac{C}{C_0}$$

ε_r 是一个纯数，空气的 $\varepsilon_r \approx 1$；其他电介质的 ε_r 都大于 1（见表 10-4-1）。

表 10-4-1　几种电介质的相对电容率

电介质	相对电容率	电介质	相对电容率
空气	$1.0006 \approx 1$	瓷	6
石蜡	2	玻璃	4～7
煤油	2～4	云母	6～8
硬橡胶	4	纯水	81

根据上式，均匀充满同一电介质的平行板电容器的电容

$$C = \varepsilon_r C_0 = \frac{\varepsilon_r S}{4\pi k d}$$

思考与讨论

平行板电容器充电后，继续保持电容器的两极板与电源相连接。在这种情况下，如果增大电容器两极板间的距离 d，电容器的电容 C、电容器所带电荷量 Q、电容器两极板间的电压 U 是否改变？怎样改变？

平行板电容器充电后，切断与电源的连接。在这种情况下，如果增大 d，则 C、Q、U 是否改变？怎样改变？

常用电容器　常用的电容器，从构造上看，可分为固定电容器、可变电容器两类。固定电容器（图 10-4-6）的电容是固定不变的，常用的有纸质电容器、云母电容器和电解电容器等。

可变电容器由两组铝片组成，它的电容是可以改变的。固定的一组铝片称为定片，可以转动的一组铝片称为动片。转动动片，使两组铝片的正对面积发生变化，电容就随之改变。图 10-4-7 为收音机里调谐电路（选台）中用的可变电容器。

对于确定的电容器，其电容 C 一定，加在电容器两极板上的电压 U 越大，它储存的电荷量 $Q=CU$ 也越大。但是，U 不能超过某一限度，否则，很高的电压会造成电容器两极板间电场强度过大而使电介质被击穿（失去绝缘性），导

10.4 电容器 电容

图 10-4-6 固定电容器　　　　　　　　图 10-4-7 可变电容器

致电容器损坏。这个极限电压称为**击穿电压**。电容器长期有效工作时的最大电压——**额定电压**（或称**耐压**），应该低于击穿电压。电容器上一般都会标明电容和额定电压的数值。

电容器的应用　　从上式可看出，S、d 和 ε_r 的改变，都将引起电容的变化。在工程技术中，利用此关系可以进行多种测量及信号控制。例如，计算机的键盘（图 10-4-8），它能神奇地将你所按的键"告知"计算机，使其作出相应的反应。目前使用的键盘大多是电容式的，每个键的底部有一层金属膜，与之相对的在底板上有金属极板，这样金属膜与金属极板之间构成一个电容器。当键按下后，金属膜与极板之间的距离缩小，电容增大，电路检测到这种变化后，便知该键已按下。电容随两极板的间距变化规律还可用于厚度测量，电容测厚仪就是根据这一原理工作的。

图 10-4-8 计算机的键盘

电容器也是组成电子电路（图 10-4-9）的基本元件，在电路中所占的比例仅次于电阻。利用电容器充电、放电的特性，在电路中可以用于隔直流、通交流、滤波、组成振荡电路等。

图 10-4-9 电子电路

【例题1】有一空气平行板电容器，它的面积是 10 cm²，两板相距 1.0 mm，使它带上 6.0×10^{-9} C 的电荷，求：（1）两极板间的电压；（2）两极板间的电场强度。

解：空气的相对电容率 $\varepsilon_r\approx1$，平行板电容器的电容

$$C=\frac{\varepsilon_r S}{4\pi kd}=\frac{1\times1.0\times10^{-3}}{4\times3.14\times9\times10^9\times1.0\times10^{-3}}\text{ F}=8.85\times10^{-12}\text{ F}=8.85\text{ pF}$$

（1）由 $C=\dfrac{Q}{U}$ 可知，两极板间的电压

$$U=\frac{Q}{C}=\frac{6.0\times10^{-9}}{8.85\times10^{-12}}\text{ V}\approx6.78\times10^2\text{ V}$$

（2）两极板间的电场强度

$$E=\frac{U}{d}=\frac{6.78\times10^2}{1.0\times10^{-3}}\text{ V/m}=6.78\times10^5\text{ V/m}$$

【例题2】一个电容为 C_0 的空气电容器，充电后与电源脱离，此时电荷量为 Q，电压为 U_0。当极板间充满某种电介质时，测得电压 $U=\dfrac{U_0}{4}$，求这种电介质的相对电容率 ε_r。（这是测定相对电容率的一种方法）

解：电容器与电源脱离，电荷量 Q 保持不变。设充满电介质时电容为 C，则

$$C_0=\frac{Q}{U_0},\quad C=\frac{Q}{U}$$

于是

$$\varepsilon_r=\frac{C}{C_0}=\frac{\dfrac{Q}{U}}{\dfrac{Q}{U_0}}=\frac{U_0}{U}=4$$

 技术应用　超级电容器

超级电容器是20世纪70年代根据电化学原理研发的一种新型电容器，它的出现使电容器的容量得到了巨大的提升。超级电容器（图10-4-10）也称为电化学电容器，是介于传统电容器和充电电池之间的一种新型储能装置，由于其容量很

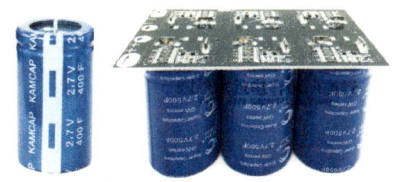

图10-4-10　超级电容器

大，对外表现和电池相同，也被称作"电容电池"。其基本原理和其他种类的双电层电容器一样，都是利用活性炭多孔电极和电解质组成的双电层结构获得超大的容量。比容量为传统电容器的 20~200 倍，比功率一般大于 1 000 W/kg，循环寿命大于 100 000 次，可储蓄的能量比传统电容要高得多，并且充电速度快，充电 10 s~10 min 可达到其额定容量的 95% 以上。由于它们的使用寿命非常长，深度充放电循环使用次数最高可达 50 万次，没有"记忆效应"，可被应用于终端产品的整个生命周期。而且超级电容器对环境无污染，可以说，超级电容器是一种高效、实用、环保的能量储蓄装置。

近年来，由于超级电容器在新能源领域所表现出的朝阳产业趋势，在国内外市场正呈现出前所未有的蓬勃景象。超级电容器主要应用于太阳能能源系统、风力发电系统、新能源汽车、智能电网、建筑领域的通风、空调、给排水系统中，还可以应用于电站、变流以及铁路系统中。

2023 年 4 月，我国研发出的超级电容储能系统成功投运，其采用"5 MW 超级电容 + 15 MW 锂电池"的混合储能模式，充分验证了大容量超级电容储能技术的安全性、可靠性、经济性，填补了我国超级电容储能领域的技术空白。

练习与应用（Ⅰ）

1. 一个平行板电容器，当它带了电荷量 Q 以后，两极板间的电势差为 U。如果它带电量增大为 $2Q$，请问电容器的电容 C 是否会发生变化？为什么？

2. 一电容器标注的是"300 V，5 μF"，则下列说法正确的是（　　）。

A. 该电容器可以在 300 V 以上的电压下工作

B. 电压为 200 V 时电容仍为 5 μF

C. 该电容器只能在 300 V 电压下工作

D. 电压为 200 V 时电容小于 5 μF

3. 一个耐压为 6 V、电容为 100 μF 的电容器，在电压为 3 V 的电池上充电后，此时电容器的电容是多少？带电荷量是多少？如果电容器上所加电压为 6 V，此时所带电荷量又是多少？

4. 一个由圆板制成的平行板电容器，圆板的半径为 3 cm，两板相距 5 mm，中间充以相对电容率为 6 的电介质。求这个电容器的电容。

练习与应用（Ⅱ）

1. 如图 10-4-11 所示，平行板电容器经开关 S 接在直流电源的两极，开关是闭合的。当增大电容器两极板间的距离时，电容器的电容＿＿＿＿，电容器两极板间的电势差＿＿＿＿，电容器上的电荷量＿＿＿＿，电容器两极板间的电场强度＿＿＿＿；若它充电后与电源脱离连接，当电容变化时，两极板间的电势差＿＿＿＿（以上填"增大""减小"或"不变"）。

2. 电容式加速传感器常用于触发汽车安全气囊等系统，如图 10-4-12 所示。极板 M、N 组成的电容器可视为平行板电容器，M 固定，N 可左右运动，通过测量电容器两极板间的电压的变化来确定汽车的加速度。当汽车减速时，极板 M、N 间的距离减小，若极板上的电荷量不变，则该电容器（　　）。

A. 电容减小
B. 极板间的电压变大
C. 极板间的电场强度不变
D. 极板间的电场强度变大

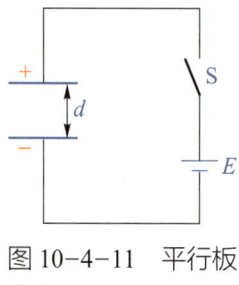

图 10-4-11　平行板电容器

图 10-4-12　汽车电容式加速传感器原理

3. 心室纤颤是一种可能危及生命的疾病。心脏除颤器通过一个充电的电容器对心颤患者皮肤上的两个电极板放电，让部分电荷通过心脏，使心脏完全停止跳动，再刺激心颤患者的心脏恢复正常跳动。图 10-4-13 是一次心脏除颤器的模拟治疗，该心脏除颤器的电容器电容为 15 μF，充电至 9.0 kV 电压，如果电容器在 2.0 ms 时间内完成放电，这次放电有多少电荷量通过人体组织？

4. 上海世博会中稳定运营的 36 辆超级电容客车吸引了众多观光者的眼球。据介绍，电容车在一个站点充电 30 s 到 1 min 后，空调车可以连续运行 3 km，不开空调则可以坚持行驶 5 km，最高时速可达 44 km，超级电容器可以反复充放电数十万次，其显著优点有：容量大、功率密度高、充放电时间短、循环寿命长、工作温度范围宽。如图 10-4-14 所示为某汽车用的超级电容器，规格为"48 V、3 000 F"，放电电流为 1 000 A，漏电电流为 10 mA，充满电所用时间为 30 s，下列说法不正确的是（　　）。

A. 充电电流约为 4 800 A

B. 放电能持续的时间超过 10 min

C. 所储存电荷量是手机锂电池 "4.8 V，1 000 mAh" 的 40 倍

D. 若汽车一直停在车库，则电容器完全漏完电，所需时间将超过 100 天

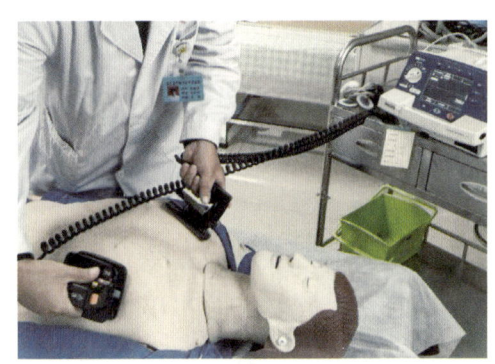

图 10-4-13　心脏除颤器的模拟治疗

图 10-4-14　超级电容器

10.5　带电粒子在电场中的运动

观察与思考

在科研、医疗、仪器检修中，示波器（图 10-5-1）已成为不可缺少的工具，它可以用来观察电信号随时间变化的情况。示波器的核心部件——阴极射线管就是利用电场来控制带电粒子运动的实例。那么，电子枪发射的电子是如何被加速的，又是如何偏转的？

带电粒子在电场中加速　在图 10-5-2 中，两块平行金属板，它们的电势差为 U，两极板间产生匀强电场。有一电荷量为 $+q$ 的带电粒子，从正极板沿着电场强度方向运动至负极板，则电场力做正功。根据动能定理，粒子的动能不断增加，也就是说粒子做加速运动。设粒子的质量为 m，初速度为 v_0，到达负极板的速度为 v，在此过程中，电场力做功 $W=qU$，由动能定理得

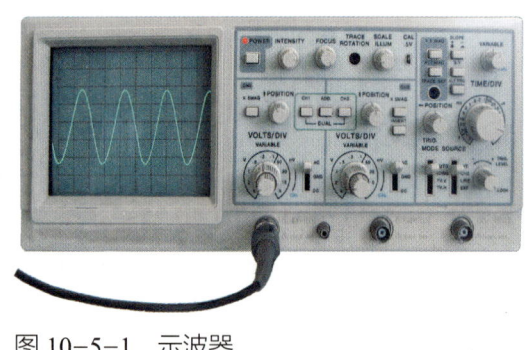

图 10-5-1　示波器

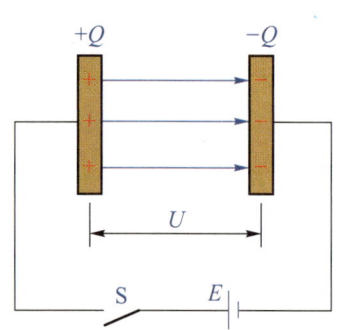

图 10-5-2　平行金属板间的匀强电场

$$qU = \frac{1}{2}mv^2 - \frac{1}{2}mv_0^2$$

从上式可看出，改变电压 U（称为**加速电压**）可使带电粒子获得不同的速度，U 越大，粒子获得的速度越大。对于电子，从负极板向正极板运动的过程中被加速，它的速度也越来越大。静电加速器、电子枪就是利用这一原理工作的。

在电场中，电子经过 1 V 电压加速后，电场力对电子所做的功 $W=1.6\times10^{-19}\times 1$ J$=1.6\times10^{-19}$ J，电子就获得这一动能。在研究微观粒子时，为了方便，往往就把这个能量称为 1 电子伏，用 eV 表示，而不再换算成焦耳。注意"电子伏"不是电势差的单位，而是能量的单位，即

$$1 \text{ eV} = 1.6\times10^{-19} \text{ J}$$

【**例题 1**】实验表明，炽热的金属丝可以发射电子。在炽热金属丝和金属板间加以电压 $U=2\,500$ V，从炽热金属丝发射出的电子在真空中被加速后，从金属板的小孔穿出，如图 10-5-3 所示。求电子穿出后的速度有多大？

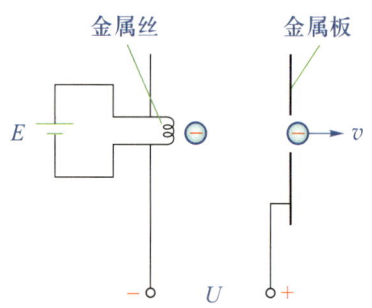

图 10-5-3　炽热的金属丝发射电子

分析： 设电子刚从金属丝射出时的速度 $v_0=0$。电子的质量 $m=9.1\times 10^{-31}$ kg，电子的电荷量 $e=1.6\times 10^{-19}$ C。金属丝和金属板间的电场虽然不是匀强电场，但仍可用动能定理求出电子穿出后的速度 v。

解： 由动能定理 $qU=\dfrac{1}{2}mv^2-\dfrac{1}{2}mv_0^2$ 得

$$v=\sqrt{\dfrac{2qU}{m}}=\sqrt{\dfrac{2\times 1.6\times 10^{-19}\times 2500}{9.1\times 10^{-31}}}\text{ m/s}\approx 2.96\times 10^7\text{ m/s}$$

带电粒子在电场中的偏转 如图 10-5-4 所示，两块间距为 d 的平行金属板水平放置，加上电压 U，产生竖直向下的匀强电场，电场强度大小为 $E=\dfrac{U}{d}$。设一个质量为 m、电荷量为 $+q$ 的粒子，以水平初速度 v_0 垂直进入电场。在电场中，带电粒子受到与 v_0 方向垂直的电场力的作用，它的运动类似于力学中讨论的平抛运动。即带电粒子在水平方向做匀速运动，在竖直方向做初速度为零的匀加速运动。带电粒子将在电场作用下发生偏转。现在我们来计算带电粒子在电场中偏转的距离。

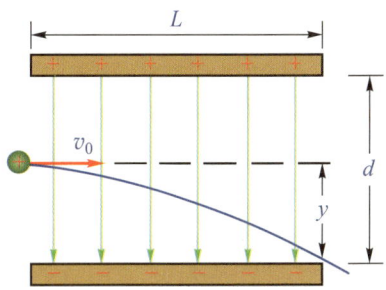

图 10-5-4 平行金属板间产生匀强电场

设极板长为 L，带电粒子在水平方向看作匀速运动，穿越电场的时间 $t=\dfrac{L}{v_0}$；带电粒子在竖直方向做初速度为零的匀加速运动，粒子所受电场力的大小为 $F=qE=q\dfrac{U}{d}$，由牛顿第二定律可知，电场力产生的加速度大小为

$$a=\dfrac{F}{m}=\dfrac{qE}{m}=\dfrac{qU}{md}$$

带电粒子离开电场时，在竖直方向偏转的距离为

$$y=\dfrac{1}{2}at^2=\dfrac{qE}{2m}\left(\dfrac{L}{v_0}\right)^2=\dfrac{qU}{2md}\left(\dfrac{L}{v_0}\right)^2$$

对于确定的带电粒子，在 L、d、v_0 一定的情况下，偏转电压 U 越大，偏转距离 y 越大。若垂直进入电场的是带负电的粒子，则它将向正极板偏转，其运动规律与正电荷相同。

【例题 2】 如图 10-5-5 所示，一对长 6.0 cm、相距 1.0 cm 的平行金属板，加上 2.0 V 的电压，产生一个匀强电场。一个速度为 $5.0×10^6$ m/s 的电子，以平行于极板的方向进入电场。求电子离开电场时，偏离原来方向的距离有多大？

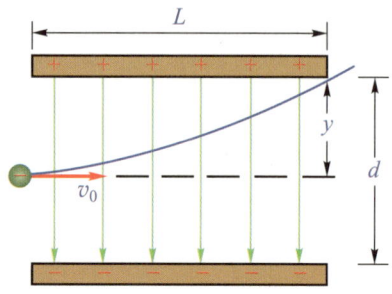

图 10-5-5 平行金属板间的匀强电场

分析： 由于电子在水平方向做匀速运动，所以通过极板需要的时间 t 可以由极板的长度 L 和电子进入电场时的速度 v_0 求出 $\left(t=\dfrac{L}{v_0}\right)$。电子在竖直方向做初速度为零的匀加速运动，由 $y=\dfrac{1}{2}at^2$，可求出电子离开电场时偏离原方向的距离。

解： 电子离开电场时，偏离原方向的距离为

$$y=\frac{qU}{2md}\left(\frac{L}{v_0}\right)^2=\frac{1.6×10^{-19}×2.0}{2×9.1×10^{-31}×1.0×10^{-2}}×\left(\frac{0.06}{5.0×10^6}\right)^2 \text{ m}=2.5×10^{-3} \text{ m}$$

阴极射线管 利用电子射线使荧光物质发光，曾经是最重要的显示手段。阴极射线管是示波器、老式电视机、雷达等显示设备的关键部件，分为电偏转式和磁偏转式两大类。电偏转式阴极射线管的结构如图 10-5-6 所示。它是一支高真空的玻璃泡，由电子枪、水平偏转板、竖直偏转板和荧光屏等组成。

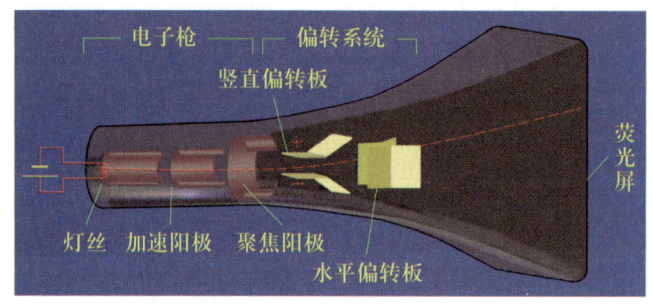

图 10-5-6 阴极射线管的结构

电子枪的作用是发射一束很细的高速电子流，即**阴极射线**（也称**电子射线**）。电流通过灯丝，使灯丝加热而发射电子，电子在加速电压的作用下，向加速阳极飞奔。穿过加速阳极中间小孔的电子束，将沿直线打到荧光屏中央，形

成一个光点。调节控制栅极的电压，可以控制到达荧光屏的电子数目，以达到控制光点明暗程度（亮度）的目的。

如给一对竖直偏转板加上电压，电子束通过时将在竖直方向上向带正电的极板偏转，荧光屏上的亮点将向上或向下偏移。如果加速电压不变，即进入偏转电场的初速度不变，亮点偏移的大小跟偏转电压成正比。

如果在竖直偏转板上加上快速变化的周期性电压，亮点上下往复移动会很快，看起来就形成一条竖直亮线。同样，在水平偏转板上加上不同的偏转电压，荧光屏上的亮点将在水平方向上向原位置的左方或右方偏移。如果在水平偏转板和竖直偏转板上同时加不同的偏转电压，可将电子束打到荧光屏上不同的位置。

示波器　示波器是一种用途十分广泛的电子测量仪器，它能把肉眼看不见的电信号转换成看得见的图像，便于人们研究各种电现象的变化过程。示波器利用狭窄的、由高速电子组成的电子束，打在涂有荧光物质的屏面上，就可产生细小的光点（这是传统的模拟示波器的工作原理）。在被测信号的作用下，电子束就好像一支笔的笔尖，可以在屏面上描绘出被测信号的瞬时值的变化曲线。

目前使用较多的是数字示波器（图 10-5-7），它是利用数据采集、A/D 转换、软件编程等一系列的技术制造出来的高性能示波器，是设计、制造和维修电子设备不可或缺的工具，具有波形触发、存储、显示、测量、数据分析处理等功能。

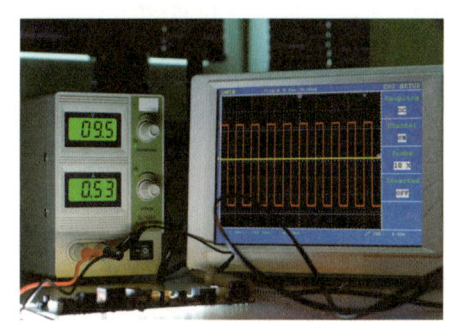

图 10-5-7　数字示波器

练习与应用（Ⅰ）

1. 示波器是电子技术中不可缺少的测量仪器，查阅资料，了解示波器的种类和用途。

2. 电子束焊接通常采用 25～300 kV 高压电场对电子进行加速，被加速的电子撞击在焊件的接缝处，如果采用 120 kV 高压，电子撞击在焊件接缝处时的速度是多少（电子的质量为 9×10^{-30} kg，电荷量为 1.6×10^{-19} C）？

3. 有一静电加速器，能使质子从静止加速获得 2.5×10^4 eV 的动能，该加速器的加速电压多大？

4. 某些肿瘤可以用"质子疗法"进行治疗。在这种疗法中，质子先被加速到具有较高的能量，然后被引导轰击肿瘤，杀死其中的恶性细胞，如图 10-5-8 所示。若质子的加速路径长度为 4.0 m，要使质子由静止被加速到 1.0×10^7 m/s，加速匀强电场的电场强度应是多少？

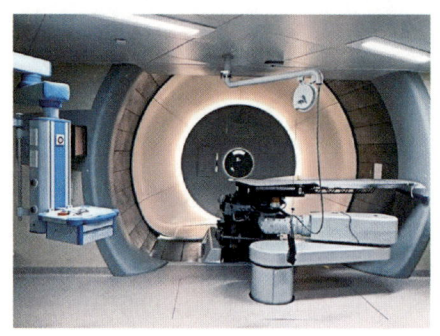

图 10-5-8 质子治疗仪

练习与应用（Ⅱ）

1. 一个初速度为零的电子，在电场强度 $E=9.1\times10^3$ V/m 的匀强电场中被加速，求电子通过 0.02 m 的距离后获得的动能和速度大小是多少？

2. 电子以 1.0×10^6 m/s 的速度，垂直进入一匀强电场，该电场的电场强度为 500 V/m。已知偏转板的长度为 6 cm，求电子离开该电场时偏移的距离。

3. 在真空中，两块带等量异种电荷的平行金属板 A、B 相距 1 cm，极板间形成匀强电场，一质量为 6.4×10^{-27} kg、电荷量为 3.2×10^{-19} C 的 α 粒子，由静止从 A 板运动到 B 板时的速度为 2.0×10^5 m/s，求：（1）A、B 两板间的电势差；（2）两板间电场强度的大小和方向。

4. 如图 10-5-9 所示，一束电子流在经 $U=5\,000$ V 的加速电压加速后，在与两极板等距处垂直进入平行板间的匀强电场，若两极板间距 $d=1.0$ cm，板长 $l=5.0$ cm，那么，要使电子能从平行板间飞出，两极板上最多能加多大电压？

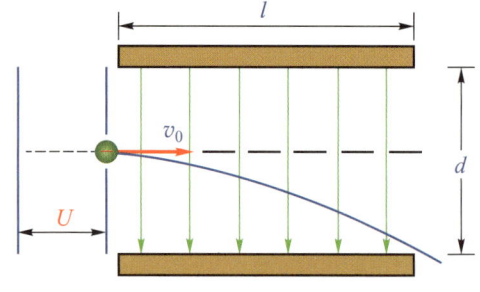

图 10-5-9 一束电子流从平行板间飞出

本章思维导图

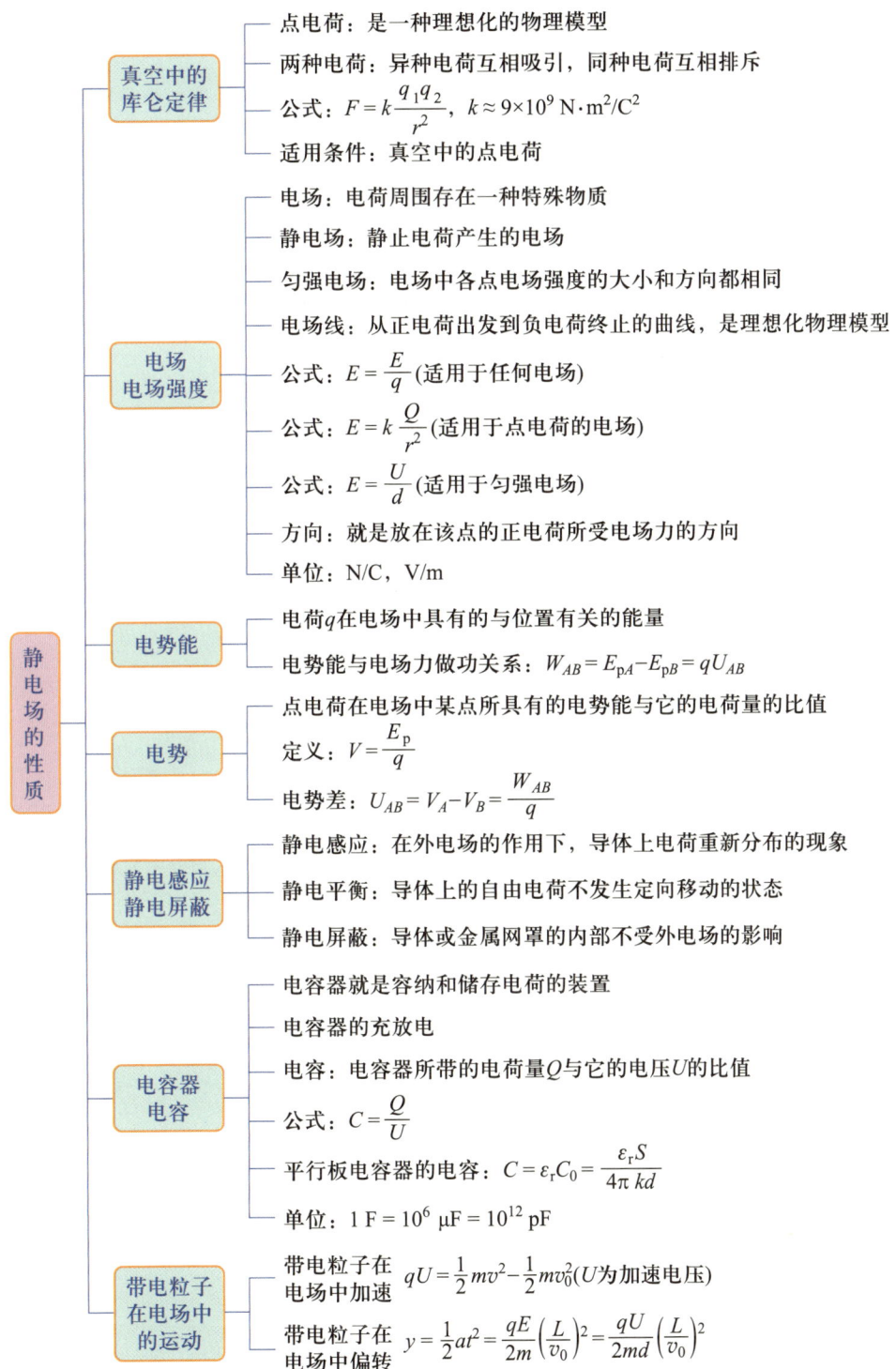

第十一章 磁场的作用规律

早在公元前 6 世纪，人们就发现了磁石吸铁、磁石指南以及摩擦生电等现象。春秋战国时期，我国就有"上有慈石（磁石）者，下有铜金"和"慈石召铁"等许多文字记载；东汉王充在《论衡》中所描述的"司南勺"被公认是最早的磁性指南器具。

人们虽然很早就认识了磁现象和电现象，但一直把电和磁看作是两种独立的自然现象。直到 1820 年，丹麦科学家奥斯特发现了电流的磁效应，人们才逐渐认识到电和磁之间是密不可分的。在现代技术、科学研究和日常生活中，大至发电机、电动机、变压器等电力装置，小到手机和各种电子设备，无不与磁现象有关。

本章在初中物理知识的基础上，进一步研究磁场的基本性质、基本规律以及其在科学技术中的应用。

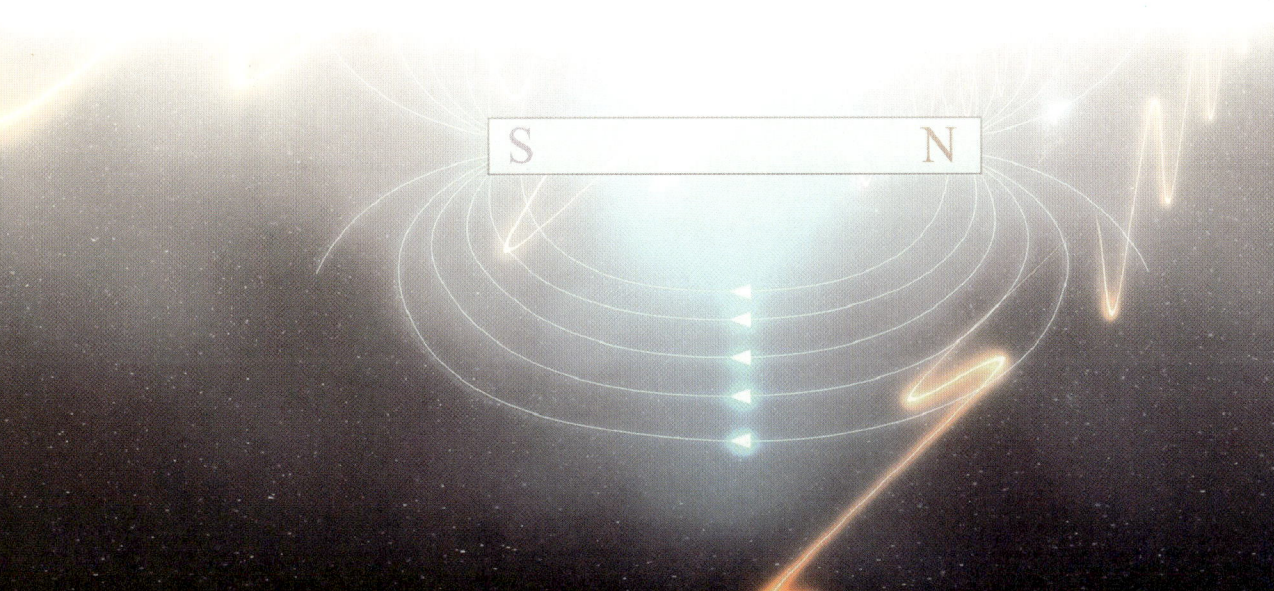

第十一章 磁场的作用规律

学习目标

了解磁感应强度、磁感线、安培力、洛伦兹力等概念，进一步巩固磁场是特殊形态物质的观念。理解安培定律，能用右手螺旋定则判断通电导线的磁场方向。理解磁场对通电直导线、矩形线圈和运动电荷的作用，能用左手定则判断安培力和洛伦兹力的方向，并进行有关计算。了解磁电式仪表的结构和工作原理，知道磁电式仪表在电子技术中的应用。了解洛伦兹力在回旋加速器等中的应用，并了解其在生产、生活中的应用。

建构磁感线、匀强磁场等物理模型，理解其在研究物理问题中的重要作用。运用模拟法探究磁体周围的磁场。运用类比法、比值定义法定义磁感应强度。

通过观察磁体周围的磁场分布、电流磁场的空间分布等实验和动手制作电磁秋千等实践活动，提升操作技能、合作交流、探究设计等核心素养。

通过了解领先世界的磁体技术、洛伦兹力等在现代科技和工程领域的重要应用，提升技术运用的核心素养，增强民族自豪感和自信心。通过了解安培及他的科学研究方法，培养坚持不懈、精益求精的工匠精神。

11.1 电流的磁场

观察与思考

1820 年，奥斯特在大学讲课时，他把连接电池组的导线沿南北方向平行地放在小磁针的上方，当他给导线通电时，磁针立即发生偏转，转向东西方向（图 11-1-1）。他意识到，使磁针偏转的磁场是导线中的电流产生的，即电流产生了磁场。磁场与电场一样，是看不见、摸不着的特殊形态的物质，那么，如何判断电流的磁场方向？

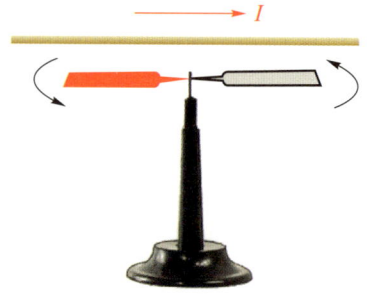

图 11-1-1　电流的磁效应实验

磁场　如果把一个条形磁铁靠近铁屑，就会发现大量铁屑被吸附在条形磁铁的两端（图 11-1-2）。这个现象表明，条形磁铁两端的磁性最强，被称为磁铁的**磁极**。任何磁体都有两个磁极——N 极和 S 极。把磁铁的 N 极靠近磁针的 N 极，它们相互排斥；把磁铁的 N 极靠近磁针的 S 极，它们相互吸引（图 11-1-3）。这表明**同名磁极相互排斥，异名磁极相互吸引**。磁极间的相互作用是通过什么传递的呢？大量实验表明，在磁体的周围，存在着一种特殊的物质，这种物质称为**磁场**。磁场的基本性质是能对磁场中的磁体有力的作用，磁极间的相互作用就是通过磁体在周围空间产生的磁场而相互作用。所有磁体周围都有磁场，磁体通过自己的磁场对别的磁体施加作用力，这种作用力称为**磁场力**，简称磁力。

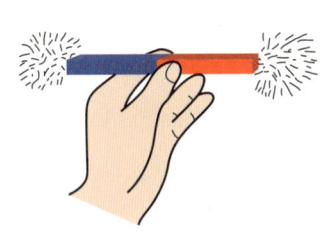

图 11-1-2　条形磁铁吸引铁屑

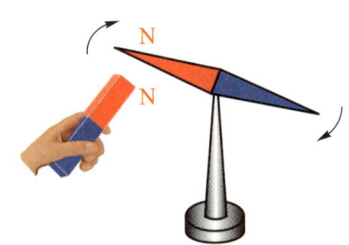
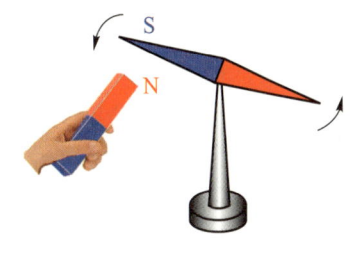

图 11-1-3　磁极相互作用

磁场的方向　可以自由转动的小磁针静止时，都是一端指南，一端指北。若把小磁针放在磁体周围的磁场中，静止时，小磁针 N 极的指向一般各不相同，如图 11-1-4 所示。这是由于磁场中各处磁针受到的磁场作用力方向不同。由此可见，磁场是有方向的。人们规定：放在磁场中某一点的可以自由转动的小磁针，它静止时 N 极所指的方向为该点磁场的方向。

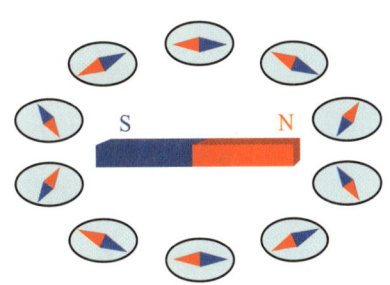

图 11-1-4　磁场中各处磁针的方向

磁感线　磁场和电场一样虽然看不见、摸不着，但是也是客观存在的一种特殊形态的物质，如何形象地描述磁场中各点的磁场强弱和方向？

实验与探究 观察磁体周围的磁场分布

将一薄玻璃板放在条形磁铁的上方,再将铁屑均匀撒在玻璃板上,细铁屑就在磁场里磁化成了"小磁针"。轻敲玻璃板,细铁屑就会有规则地排列起来,观察条形磁铁周围铁屑分布情况;利用同样的方法也可观察蹄形磁铁周围铁屑分布情况。我们可以观察到条形磁铁和蹄形磁铁磁场分布如图 11-1-5、图 11-1-6 所示。

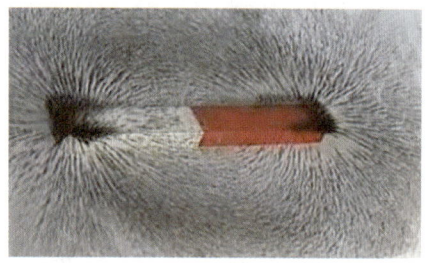

图 11-1-5 条形磁铁周围磁场分布示意图

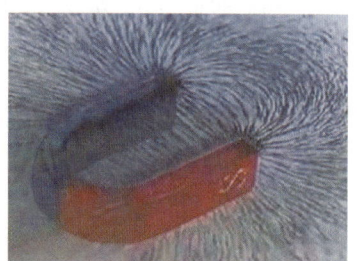

图 11-1-6 蹄形磁铁周围磁场分布示意图

为了形象地描绘磁场,根据铁屑在磁场中的排列情况,我们在磁场中画一些带箭头的曲线,使曲线上每一点的切线方向与该点的磁场方向一致,这些曲线就称为**磁感线**(图 11-1-7)。图 11-1-8 是蹄形磁铁周围磁场的磁感线,图 11-1-9 是条形磁铁周围磁场的磁感线。

图 11-1-7 磁感线

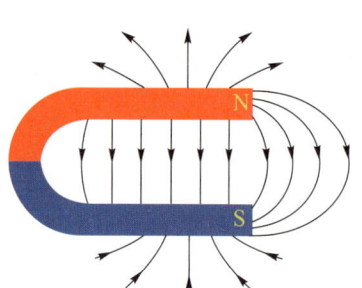

图 11-1-8 蹄形磁铁周围的磁感线

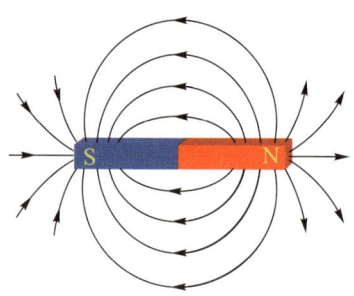

图 11-1-9 条形磁铁周围的磁感线

磁感线的疏密,反映了磁场的强弱。磁感线密的地方,磁场强;反之,磁感线疏的地方,磁场弱。从图 11-1-8 和图 11-1-9 可以看出,靠近磁极的地方，磁场较强；而远离磁极的地方，磁场较弱。

磁感线和电场线有共同之处，比如，磁感线不相交，因为磁场中各点的磁场只有一个确定的方向。磁感线与电场线也有区别。电场线不闭合，而磁感线却是闭合的，在磁体外部，磁感线从 N 极出来，绕到 S 极；在磁体内部，磁感线从 S 极指向 N 极。注意：磁感线只是用来描绘磁场的一些假想的线，实际上并不存在。

电流的磁场　19 世纪以前，人们把电和磁一直当作是两种独立的自然现象，直到 1820 年奥斯特发现了电流的磁效应后，人们才认识到电和磁的内在联系。**这种电流能产生磁场的现象**称为**电流的磁效应**。磁场的方向和电流方向在空间上有什么位置关系？

实验与探究　观察三种常见的电流磁场的空间分布

将细铁屑均匀地撒在薄玻璃板上，接通电源，轻敲玻璃板，仔细观察通电直导线（图 11-1-10）、环形电流（图 11-1-11）、通电螺线管（图 11-1-12）周围的铁屑分布情况，归纳三种常见的电流磁场的空间分布特点和规律。

图 11-1-10　通电直导线

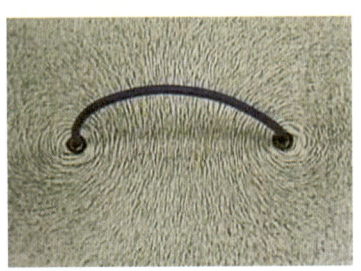

图 11-1-11　环形电流

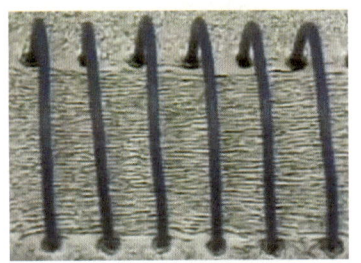

图 11-1-12　通电螺线管

右手螺旋定则　法国物理学家安培对电流的磁效应进行了深入细致的研究，给出了判断电流周围磁场方向的方法，称为**右手螺旋定则**，也称**安培定则**。右手螺旋定则可以判断直线电流、环形电流及通电螺线管的磁场方向。

（1）**直线电流的磁场**　用右手握住直导线，让垂直于四指的拇指指向电流方向，弯曲的四指所指的就是磁感线的方向（图 11-1-13）。可以看出直线电流磁场的磁感线都是环绕直导线的闭合曲线，磁感线在垂直于导线的平面内，是一系列同心圆（图 11-1-14）。

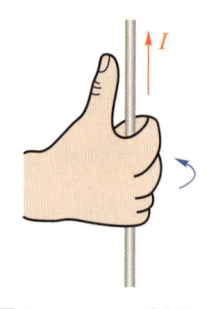
图 11-1-13　判断直线电流的磁场方向

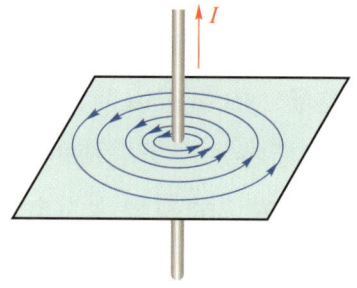
图 11-1-14　电流方向与磁感线环绕方向

（2）**环形电流的磁场**　用右手握住圆环，让弯曲的四指指向电流方向，则与四指垂直的大拇指所指的方向，就是圆环内磁感线的方向（图 11-1-15）。磁感线分布如图 11-1-16 所示。

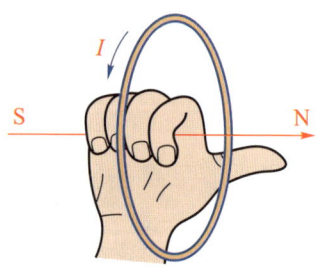
图 11-1-15　判断环形电流的磁场方向

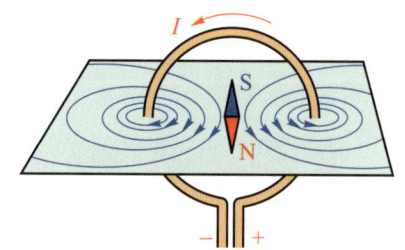
图 11-1-16　电流方向和磁感线环绕方向

（3）**通电螺线管的磁场**　用右手握住螺线管，让弯曲的四指指向电流方向，则与四指垂直的拇指所指的方向，就是通电螺线管内部磁感线的方向（图 11-1-17）。

通电螺线管的磁场与条形磁铁的磁场很相似。螺线管的一端相当于条形磁铁的 N 极，另一端相当于 S 极。螺线管外部的磁感线是从 N 极到 S 极；螺线管内部的磁感线与螺线管中心轴线平行，方向由 S 极指向 N 极，并和外部的磁感线相接，形成闭合曲线。长直通电螺线管内部的磁场可以近似视为匀强磁场（图 11-1-18）。

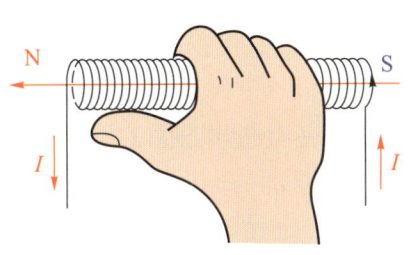

图 11-1-17　判断通电螺线管的磁场方向

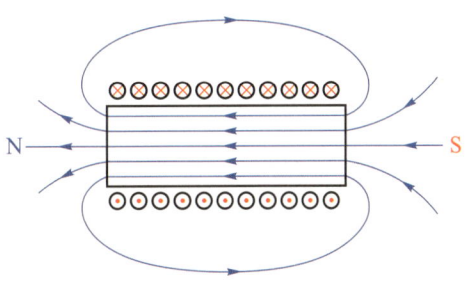

图 11-1-18　电流方向和磁感线环绕方向

与天然磁体的磁场相比，电流磁场的强弱容易控制，因而在实际中有很多重要的应用。电磁起重机、电动机、发电机，以及在自动控制中普遍应用的电磁继电器等，都离不开电流的磁场。

近些年来，随着超导、新材料等技术的运用，人们可以较方便地获得大电流和强磁场。利用磁场与电流之间的相互作用，人们发明了磁悬浮列车、电磁弹射装置等。

巨匠与创新　安培及他的科学研究方法

安培（1775—1836）是法国物理学家（图 11-1-19），1775 年 1 月诞生在法国里昂。他从小就酷爱读书，在念中学的时候，他经常去里昂图书馆，几乎浏览了图书馆的全部数学书籍。他对物理、化学、植物学和哲学等方面的知识也很感兴趣。青少年时代的刻苦学习和广泛阅读，为他后来从事的科学研究工作奠定了牢固的基础。

图 11-1-19　安培

安培既是一位实验大师，又是一位思想家。1820 年，他在巴黎科学学会上听到了丹麦物理学家奥斯特发现电流磁效应的消息，他敏锐地预感到奥斯特的发现必将对电学的发展产生深远的影响。他暗暗地下了决心，要在奥斯特发现的基础上,架起一座连接电和磁的桥梁,让电和磁以一个统一的整体出现在人们的面前。在这以后的几年里,他不但通过实验确定了判断电流磁场方向的右手螺旋定则、磁场对电流作用的安培定律等,而且在人们对原子结构还毫无所知的情况下,根据环形电流的磁性与磁铁相似的特点,提出了著名的分子电流假说,揭示了磁现象的电本质。

安培是近代物理学史上功绩显赫的科学家。他在电磁学方面的贡献尤为卓著。从1814年参加科学学会开始,在以后的二十多年中,他发现了一系列的重要定律、定理,推动了电磁学的迅速发展。1827年,安培在发表的《电动力学理论》著作中总结了已知的电磁现象,得出磁场的安培环路定理等。书中还阐述了他处理电磁现象的方法,将一切物理现象归纳为粒子间吸引或排斥的现象,并将它们用数学形式表达。安培把牛顿力学引入电学,从而创立了电动力学,麦克斯韦称他为"电学中的牛顿"。为了纪念他对电学的发展所做出的重要贡献,人们把电流的单位命名为安培。

安培在一生中能取得这样杰出的成就,除了和他在青少年时代刻苦学习有关外,还和他的科学研究方法以及始终兢兢业业、锲而不舍地努力工作分不开。安培的科学研究方法有几个明显特点是值得大家借鉴的:(1)安培善于接受他人的成果和意见,具有敏捷的物理思想;(2)他善于深入研究他所发现的各种规律,并且善于应用数学理论进行定量分析;(3)他精通实验,能以巧妙的实验来检验自己的设想,擅长把实验研究的成果上升到理论的归纳和总结。

练习与应用(Ⅰ)

1. 磁场中某点的磁场方向是怎样规定的?它与可自由转动的小磁针静止时N极所指的方向是否相同?

2. 磁的应用非常广泛,不同的人对磁应用的分类也许有不同的方法。请查阅资料,对磁的应用进行分类,并每类举一个例子。

3. 磁感线与电场线相比,其相同之处是磁感线在任一点的切线方向可表示_____；磁感线的疏密表示_____；其不同之处在于磁感线是_____；在磁体的外部磁感线是从___极指向___极；在磁体的内部磁感线从___极指向___极。

4. 给通电螺线管通以如图 11-1-20 所示的电流时，螺线管 A 端为___极。在螺线管内部磁感线从___指向___。把一个小磁针放在螺线管内部，小磁针的 N 极指向___。

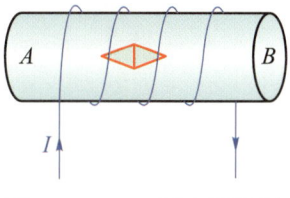

图 11-1-20　通电螺线管

练习与应用（Ⅱ）

1. 把小磁针放入如图 11-1-21 所示的匀强磁场中，小磁针将怎样转动以及停在哪个方向？

2. 如图 11-1-22 所示，当电流通过线圈时，磁针的 N 极指向读者。试确定线圈中电流的方向。

3. 试确定图 11-1-23 中电源的正极和负极。

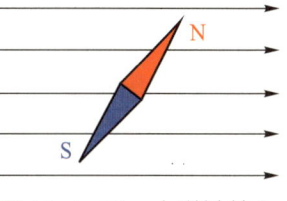

图 11-1-21　小磁针放入匀强磁场中

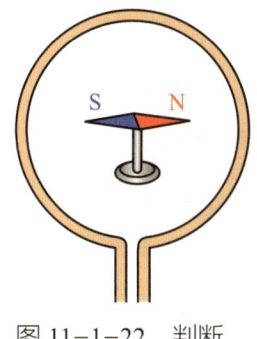

图 11-1-22　判断线圈中电流的方向

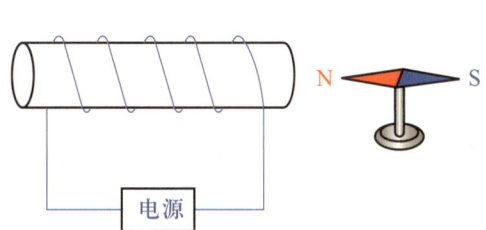

图 11-1-23　判断电源的正负极

4. 为解释地球的磁性，安培假设：地球的磁场是由绕过地心的轴的环形电流 I 引起的。在图 11-1-24 中，正确表示安培假设中环形电流方向的是哪一个？请简述理由。

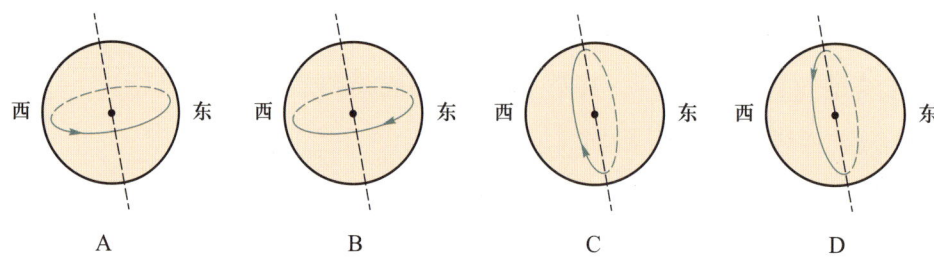

图 11-1-24　判断环形电流的方向

11.2　磁场对通电直导线的作用

观察与思考

大型电磁起重机一次可以吊起几吨甚至几百吨钢材（图 11-2-1），而小的磁铁只能吸起小铁钉，这说明磁场有强有弱。我们用什么物理量来描述磁场的强弱呢？

图 11-2-1　电磁起重机吊起钢材

磁感应强度　电场的基本性质是能对其中的电荷有电场力的作用，研究电场强弱的时候，我们从分析电荷在电场中的受力情况着手，用电场强度这个物理量来表示电场的强弱。磁场的基本性质是能对其中的电流产生磁场力的作用，研究磁场的强弱，我们可以从分析电流在磁场中的受力情况着手，找出表示磁场强弱的物理量。

对于放在磁场中的一小段通电导线，人们发现，如果导线方向与该处的磁场方向一致时，通电导线不受磁场力的作用，磁场力为零；当导线方向跟该处的磁场方向垂直时，所受的磁场力最大。当导线方向与磁场方向成某一角度时，所受的磁场力介于零和最大值之间。下面我们着重研究通电导线方向与磁场方向垂直、导线受到磁场力最大的情况。

如图 11-2-2 所示，通过实验可以发现，垂直放入磁场的通电导线所受的磁场力不仅与其中的电流有关，而且与导线的长短有关。导线长度一定时，电流 I 越大，导线受到的磁场力 F 越大；电流一定时，导线 L 越长，导线受到的磁场力 F 越大。

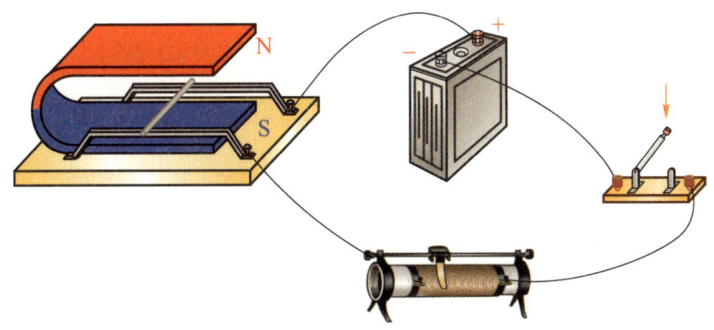

图 11-2-2 探究磁场力的实验

进一步实验表明：通电导线受到的磁场力 F 与通过的电流 I 和导线的长度 L 成正比，或者说，F 与乘积 IL 成正比。在导线与磁场方向垂直时，比值 $\dfrac{F}{IL}$ 与乘积 IL 无关，是一个恒量。将导线放在不同的磁场中做实验，会发现这个比值一般是不同的。这个比值越大，说明此处的磁场越强。因此，可以用这个比值来表示磁场的强弱。

在磁场中垂直于磁场方向的通电导线，所受的磁场力 F 与电流 I 和导线长度 L 的乘积 IL 的比值称为通电导线所在处的磁感应强度。 用 B 表示磁感应强度，有

$$B = \dfrac{F}{IL}$$

在国际单位制中，磁感应强度的单位是 T（特斯拉，简称特）。
地球磁场在地面附近的磁感应强度约为 5×10^{-5} T；永久磁铁两极附近的磁

感应强度为 0.4～0.7 T；在电机或变压器的铁心中，磁感应强度为 0.8～1.4 T；大型电磁铁附近的磁感应强度约为 2 T。

磁感应强度为矢量，我们把磁场中某一点的磁场方向定义为该点磁感应强度的方向，这样磁感应强度就可以全面地反映磁场的性质。

匀强磁场　在磁场中的某一区域，如果各处磁场的强弱和方向都相同，这个区域的磁场就称为**匀强磁场**。如图 11-2-3 所示，两个相距很近的异名磁极间的磁场，除了边缘部分之外，可以近似看作匀强磁场。与匀强电场的电场线相似，用来描绘匀强磁场的磁感线也是疏密均匀、互相平行的直线。匀强磁场是最简单又最重要的磁场，它在电磁仪器和科学实验中常常被用到。

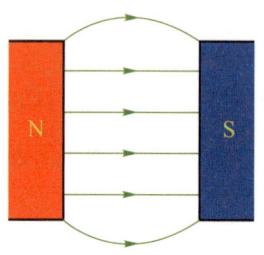

图 11-2-3　匀强磁场的磁感线

磁通量　非匀强磁场中各点磁场的强弱一般不同。如图 11-2-4 所示，把条形磁铁指向单匝线圈，磁铁离线圈较远时，线圈所在处的磁场较弱，只有少数几条磁感线穿过线圈。当线圈靠近磁铁时，线圈所在处的磁场较强，有较多的磁感线穿过线圈。在如图 11-2-5 所示的匀强磁场中，线圈的面积 S 越大，穿过的磁感线条数也越多。由此可见，穿过线圈的磁感线数目与磁场的强弱和线圈的面积大小有关。人们把**穿过某一面积的磁感线条数**，称为穿过该面积的**磁通量**（$\varPhi$），简称磁通。若匀强磁场的磁感应强度为 B，线圈平面的面积为 S，则垂直穿过这个平面的磁通量为

$$\varPhi = BS$$

在国际单位制中，磁通量的单位是 Wb（韦伯，简称韦）。

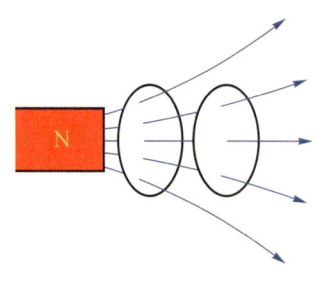

图 11-2-4　条形磁铁的磁感线

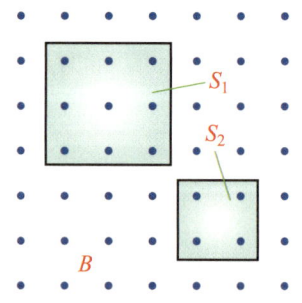

图 11-2-5　穿过不同面积的磁感线

如图 11-2-6 所示，将平面 S 放入匀强磁场中，可以看出，当平面 S 与磁场方向平行时，没有磁感线穿过该平面，即穿过该平面的磁通量为零；当平面 S 与磁场方向垂直时，穿过该平面的磁感线最多，磁通量最大。

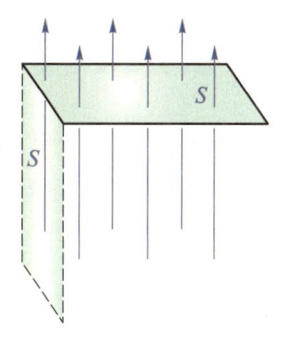

图 11-2-6 平面与磁场的方向示意图

【例题 1】 已知某匀强磁场的磁感应强度 B 为 0.5 T，在该磁场中有一面积为 0.02 m² 的矩形线圈，当线圈平面与磁感线垂直或平行时，穿过线圈的磁通量各是多少？

解： 当线圈平面与磁感线垂直时穿过线圈的磁通量

$$\Phi = BS = 0.5 \times 0.02 \text{ Wb} = 0.01 \text{ Wb}$$

当线圈平面与磁感线平行时穿过线圈的磁通量

$$\Phi = 0$$

左手定则 把一段直导线水平放在竖直方向的磁场中（图 11-2-7），当导线中通过电流时，观察到导线发生运动。实验发现，改变导线中电流的方向或改变磁场的方向，导线运动方向也随之改变。这说明导线受力的方向与电流的方向、磁场的方向有关。这三个方向之间的关系，可以用**左手定则**来判断：**伸开左手，使拇指与四指在同一平面内且互相垂直，让磁感线垂直穿入手心，四指指向电流的方向，则拇指所指的方向就是通电导线受力的方向**，如图 11-2-8 所示。

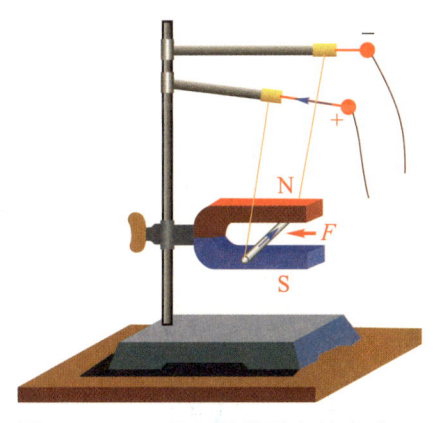

图 11-2-7 观察导线受力的方向

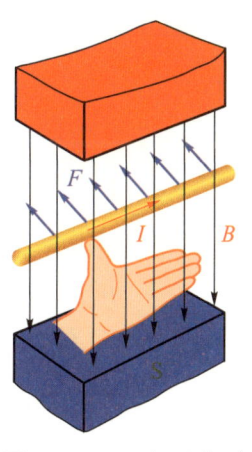

图 11-2-8 左手定则

思考与讨论

如图 11-2-9 所示，两根平行直导线彼此靠得较近放置，有同学认为，"根据同名磁极相互排斥，异名磁极相互吸引的原理，当两根导线通同向电流时会相互排斥，通反向电流时会相互吸引"，他说的是否正确？为什么？

图 11-2-9　两根平行通电直导线的相互作用

安培定律　通电导线放在磁场中要受到磁场力的作用，我们把**磁场对电流的作用力**称为**安培力**。通过大量实验，安培总结出计算安培力大小的公式。在匀强磁场中，当通电直导线与磁感线垂直时，直导线受到的安培力最大，其大小为导线中的电流 I、导线的长度 L、磁感应强度 B 这三者的乘积，即

$$F = ILB$$

这就是**安培定律**。应该指出，当通电直导线不与磁感线垂直［图 11-2-10（b）］时，它受到的安培力，比导线与磁感线垂直［图 11-2-10（a）］时所受到的安培力小；当通电导线与磁感线平行［图 11-2-10（c）］时，导线不受安培力作用。

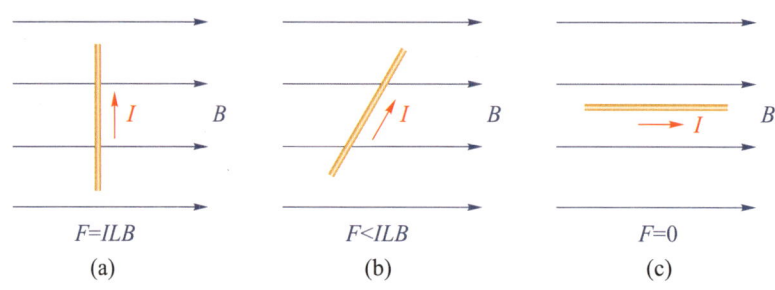

图 11-2-10　通电导线放在磁场不同位置的受力情况

【例题 2】 如图 11-2-11 所示，在磁感应强度 $B=0.20$ T 的匀强磁场中，有一段长 $L=0.50$ m，并与磁感线成 $\theta=30°$ 放置的直导线。当直导线中有 $I=3.0$ A 的电流通过时，直导线所受的磁场力有多大？方向如何？

分析：电流方向与磁场方向的夹角为 θ，可将 B 分解为垂直和平行于电流方向的两个分量，即 $B_\perp = B\sin\theta$ 和 $B_{//} = B\cos\theta$。由于电流方向与磁场方向平行时，不受磁场力作用，所以分量 $B_{//}$ 对电流不产生作用力；磁场对电流的作用力就是 $B_\perp$ 对电流的作用力，所以 $F = ILB_\perp = ILB\sin\theta$。

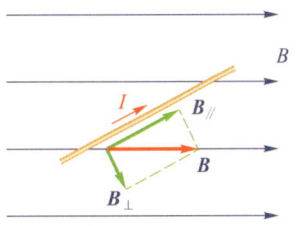

图 11-2-11 通电直导线放在匀强磁场中

判断磁场力 F 的方向仍用左手定则，只是让 $B_\perp$ "穿过"掌心。这时，F 的方向垂直纸面向里，仍与电流方向及 B 的方向垂直。

解：通电直导线受到的磁场力为

$$F = ILB_\perp = ILB\sin\theta = 3 \times 0.50 \times 0.20 \times \sin 30° \text{ N} = 0.15 \text{ N}$$

F 的方向垂直纸面向里。

 实践与探索　颤动的灯丝

找来一块 U 形磁铁，把它慢慢接近发光的白炽灯（图 11-2-12），灯丝会颤动起来。做做看，想想这是什么道理。注意：磁铁不能太靠近灯泡，以免灯泡因灯丝颤动幅度太大而损坏。

图 11-2-12　U 形磁铁接近白炽灯

 技术应用　电磁起重机

利用电磁铁来搬运钢铁材料的装置称为电磁起重机。电磁起重机的主要部分是电磁铁，通电后软铁被磁化形成软磁体产生磁场，进而产生磁力，利用电磁力吸引物体，把钢铁物品牢牢吸住（图 11-2-13），吊运到指定的地方。切断电流，磁性消失，钢铁物品就放下来了。电磁起重机的特点在于线圈匝数越多，磁力越大，磁极可以随意改变，电流越大，磁力也越大。电磁起重机的应用，让物体的搬运变得更加简单快捷，但缺陷在于电磁起重机只能够搬运钢铁物品。

大型的吊车吊起货物需要达到几百安的电流，工人师傅直接用手控制是不安全的，但是按下电磁继电器（图 11-2-14）的低压开关就可以了，这是因为通电线圈产生的磁场把衔铁吸下来使右边高压工作电路闭合。电磁铁断电时失去磁性，弹簧把衔铁拉起来，切断工作电路。用电磁继电器控制电路的好处是用低电压控制高电压，可以实现远距离控制和自动控制。

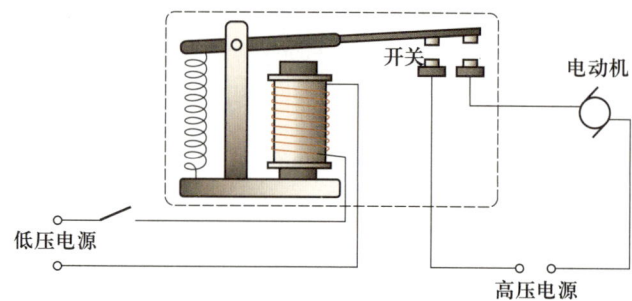

图 11-2-13　电磁铁吸引钢材　　图 11-2-14　电磁继电器

起重机工作时，只要电磁铁线圈里电流不停，被吸起的重物就不会落下，看不见的磁力比坚固的链条更可靠。如果因某种原因断了电，就会造成事故，因而有的电磁起重机上装有钢爪，待运送的重物被提起后，坚固的钢爪就自动落下来紧紧地扣住它们。起重机不能搬运灼热的铁块，因为高温的钢铁不能磁化。大型电磁起重机能提起近百吨重物。

练习与应用（Ⅰ）

1. 查阅资料，了解古今中外科学家对静电学的研究和应用，撰写科学小论文，并在课堂上交流。

2. 在图 11-2-15 中，标出了磁场方向和通电直导线的电流方向，试标出导线的受力方向，并指出哪种情况导线不受力（图中"·"表示磁感线垂直于纸面向外；"×"表示磁感线垂直于纸面向里；"⊙"表示电流垂直于纸面向外；

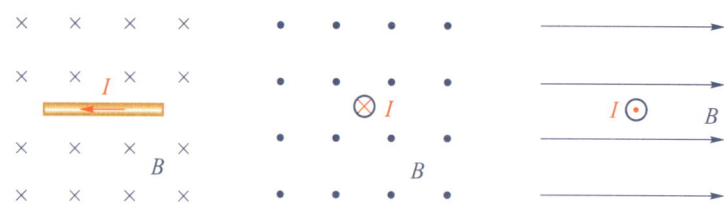

图 11-2-15　导体在磁场中运动

"⊗"表示电流垂直于纸面向里）。

3. 图 11-2-16 表示一根放在磁场中的通电直导线，导线与磁场方向垂直。图中已分别标明电流方向、磁场方向和导线受力方向中的两个方向，试标出另一个的方向。

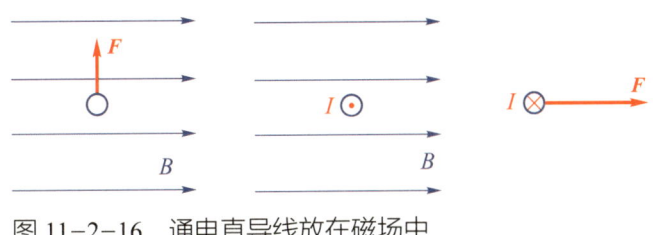

图 11-2-16　通电直导线放在磁场中

4. 把长 20 cm、通有 3 A 电流的直导线放入磁感应强度为 1.2 T 的匀强磁场中。当电流方向与磁感线方向成 0°、30°、90°时，导线所受的安培力各是多大？

练习与应用（Ⅱ）

1. 在磁感应强度为 0.4 T 的匀强磁场里，有一条和磁场方向成 60°、长 10 cm 的通电直导线 ab（图 11-2-17）。磁场对通电导线的作用力是 0.02 N，力的方向垂直于纸面向外，求导线中电流的大小和方向。

2. 学校走廊的消防应急灯，平时是不亮的，一旦停电，两盏应急灯就亮了。根据它的工作原理示意图（图 11-2-18），你能解释其中的原理吗？

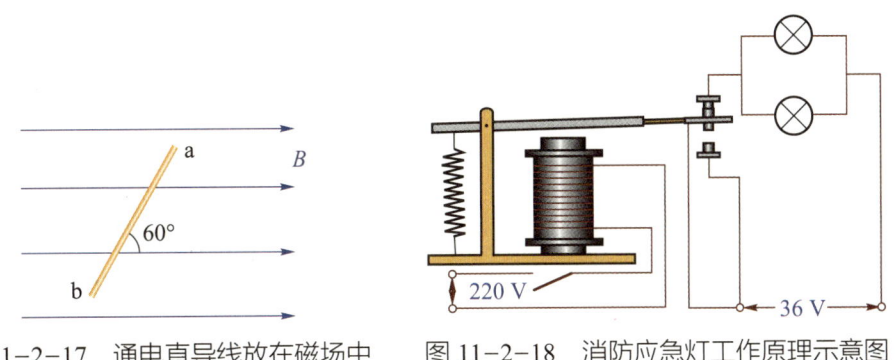

图 11-2-17　通电直导线放在磁场中　　图 11-2-18　消防应急灯工作原理示意图

3. "雪龙"号考察队员在地球南极附近用弹簧测力计竖直悬挂一个未通电螺

线管（图 11-2-19 所示）。如果将 A 端接电源正极，B 端接电源负极，弹簧测力计示数（表示拉力大小）将如何变化？

4. 图 11-2-20 所示为电流天平，可以用来测量匀强磁场的磁感应强度。它的右臂挂着矩形线圈，匝数为 n，线圈的水平边长为 l，处于匀强磁场内，磁感应强度 B 的方向与线圈平面垂直。当线圈中通过电流 I 时，调节砝码使两臂达到平衡。然后使电流反向，大小不变。这时需要在左盘中增加质量为 m 的砝码，才能使两臂再达到新的平衡。（1）推导出用 n、m、l、I 表示磁感应强度 B 的表达式。（2）当 $n=9$，$l=10.0$ cm，$I=0.10$ A，$m=8.78$ g 时，磁感应强度是多少？

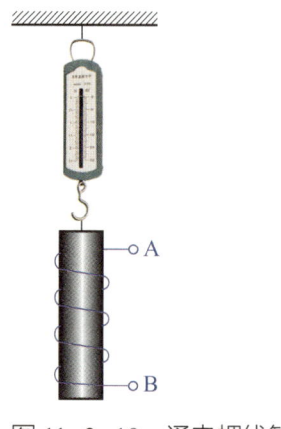

图 11-2-19　通电螺线管

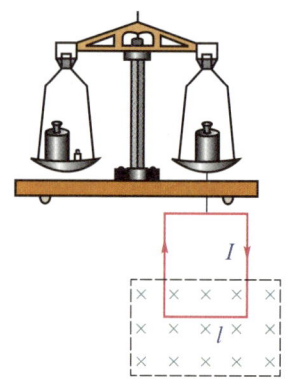

图 11-2-20　电流天平

11.3　磁场对通电平面线圈的作用

观察与思考

如图 11-3-1 所示，科技馆里的电磁秋千（座椅下有永磁铁，地面上有线圈）。不用人推，为什么电磁秋千能自动前后摆动？

匀强磁场对通电平面线圈的作用力矩　电

图 11-3-1　科技馆里的电磁秋千

流表、电动机等仪器设备中都有线圈，电流通过时，线圈会在磁场中转动。如图 11-3-2 所示，有一磁感应强度为 B 的匀强磁场，磁场中有一单匝线圈 $CDGH$，边长 $CD=HG=L_1$，$CH=DG=L_2$，线圈平面与磁感线平行，线圈可绕轴 OO' 自由转动，当电流 I 在线圈中沿顺时针方向流动时，由于 CH、DG 上的电流方向与磁感线平行，所以 CH、DG 边不受安培力的作用。

CD、HG 边受的安培力方向如图 11-3-3 所示（俯视图），CD 边和 GH 边所受的安培力分别为 $F_{CD}=IBL_1$，$F_{GH}=IBL_1$，这两个力大小相等，方向相反，但不在同一直线上，因而产生了等值同向的力矩，使线圈绕 OO' 轴转动。从图中看出，它们的力矩分别为

$$M_1 = F_{CD}\frac{L_2}{2} = \frac{1}{2}IBL_1L_2$$

$$M_2 = F_{GH}\frac{L_2}{2} = \frac{1}{2}IBL_1L_2$$

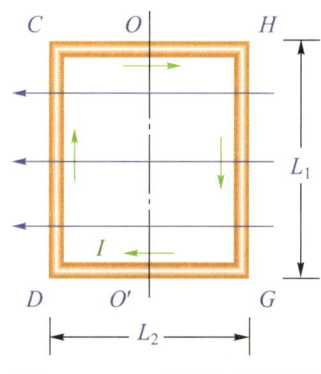

图 11-3-2　磁场中的线圈

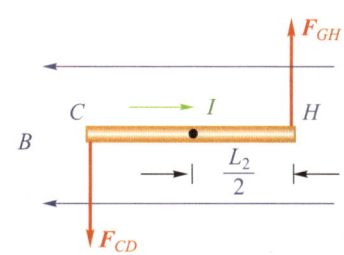

图 11-3-3　线圈的受力情况

合力矩为

$$M = M_1 + M_2 = IBL_1L_2 = IBS$$

式中 $S=L_1L_2$ 是线圈的面积。由磁力形成的力矩称为**磁力矩**。由于受到这种磁力矩的作用，从图中可以看出，线圈将逆时针转动。进一步分析表明，随着线圈的转动，磁力矩会减小。

当线圈平面与磁感线垂直时，由图 11-3-4 不难看出，线圈受的磁力矩为零。因此，上式中的 M

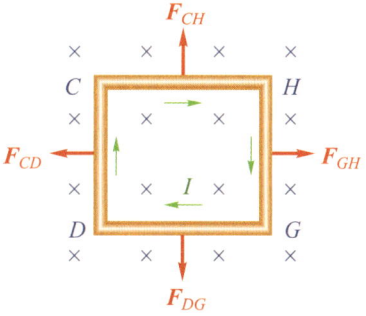

图 11-3-4　线圈的受力情况

是线圈平面与磁场方向平行时所受的最大磁力矩。若线圈有 N 匝，则其所受到的最大磁力矩为

$$M = NIBS$$

磁电式仪表　利用永久磁铁的磁场来使通电线圈偏转的仪表称为**磁电式仪表**（图11-3-5）。电流表和电压表就是由它改装而成的。这种仪表的构造如图11-3-6所示，在一个很强的磁铁两极间有一个固定的圆柱形铁心，铁心外面套一个可以绕轴转动的铝制框架，铝框上绕有线圈，铝框转轴的两端各装有一根游丝弹簧，轴的一端还固定一根指针，线圈的两端分别接在这两根弹簧上，被测电流就是通过这两根弹簧流入或流出线圈的。这种仪表巧妙的设计是：一对磁场很强的异名磁极做成半圆形，使得线圈不管转到什么位置，它的平面都与磁感线平行（图11-3-7）。线圈做成后，匝数 N 和面积 S 是固定的，于是，线圈转动时所受的磁力矩为 $M=NBIS$。由于 NBS 为定值，所以我们就可以利用 $M \propto I$ 的性质来测量 I 了。

图 11-3-5　磁电式仪表

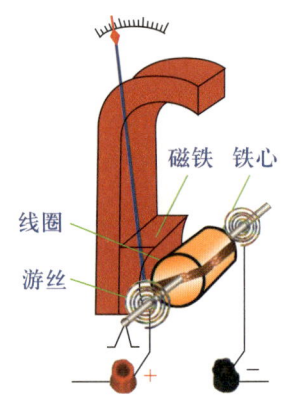

图 11-3-6　仪表的构造示意图

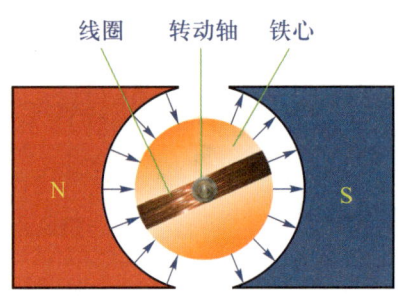

图 11-3-7　磁极与线圈的关系

当被测电流通过线圈时，线圈因受磁力矩 M 作用而带动轴一起转动，使游丝弹簧发生弹性形变，产生一个阻碍线圈偏转的力矩 M'，M' 随偏转角度的增大而增大。当 $M=M'$ 时，线圈不再偏转，固定于转轴上的指针通过刻度盘指示就可以读出电流的大小。通过电流越大，线圈导线安培力就越大，线圈带动指针转过的角度也就越大。

直流电动机的工作原理 把直流电能转化为机械能的电动机称为**直流电动机**。直流电动机（图 11-3-8）最突出的优点是，通过改变电源电压，很容易调节它的转速。因此，需要调速的设备，如生产机械（龙门刨床、可调速的轧钢、高炉装料系统、矿井提升设备等）、无轨电车和电气机车，一般采用直流电动机作为动力。录音机、录像机等电器中，安装的也是直流电动机。

图 11-3-9 是一种简单的直流电动机结构的示意图，直流电动机主要由转子、换向器和定子三部分组成。当电流通过线圈时，线圈受磁力矩作用而顺时针旋转。两个相互绝缘的金属半圆环组成换向器，它们分别与线圈的 ab、cd 边焊接在一起转动。换向器通过固定的电刷顺次刷过两个半圆环。这样，线圈每旋转半圈，ab、cd 上的电流方向就改变一次，使作用于线圈上的磁力矩总在同一个方向，从而使线圈不断地旋转。

图 11-3-8 直流电动机

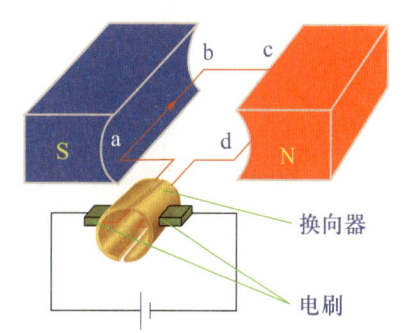

图 11-3-9 直流电动机结构的示意图

电磁秋千（电磁摆）是利用了同名磁极相互排斥的原理。将线圈放在磁场中，通电后线圈会受到安培力的作用而发生偏转，在重力和惯性作用下来回摆动，秋千就荡起来了。

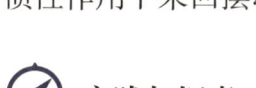

实践与探索

查阅资料，用小木板（雪糕棍）、铜线、小磁铁、漆包线、绕线圈用的瓶子、鳄鱼夹、橡皮筋、回形针、2 节 5 号电池盒、胶水、双面胶等器材制作一个简易的电磁秋千，如图 11-3-10 所示。

图 11-3-10 电磁秋千示意图

技术·中国　领先世界的磁体技术

超高场人体全身磁共振成像超导磁体　2022年5月，中国科学院电工研究所成功研制出 9.4 T 超高场人体全身磁共振成像超导磁体（图 11-3-11），这是高端医疗超高场磁共振成像设备的核心组成部分。这项成果打破了国外核心技术的垄断。

稳态强磁场　2022年8月，由中国科学院强磁场科学中心研制的国家实验装置（图 11-3-12）产生了 45.22 T 的稳态磁场，刷新了同类型磁体的世界纪录，成为目前全球范围内可支持科学研究的最高稳态磁场，这是我国科学实验极端条件建设乃至世界强磁场技术发展的重要里程碑。

图 11-3-11　全身磁共振成像超导磁体　　　图 11-3-12　国家强磁场实验装置

练习与应用（Ⅰ）

1. 在匀强磁场中，通电线圈在什么情况下受到的磁力矩最大，在什么情况下受到的磁力矩最小？

2. 如图 11-3-13 所示，把通电线圈放在匀强磁场中，图中已分别标明磁场方向、线圈中的电流方向和线圈的转动方向中的两个方向，试标出第三个方向。

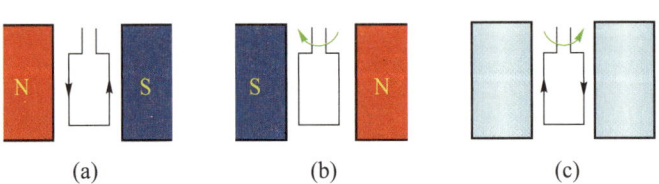

图 11-3-13　通电线圈在匀强磁场中

3. 通电矩形线圈放入匀强磁场中，下列说法正确的是（　　）。

A. 当线圈平面平行于磁感线时，所受磁力矩为零

B. 当线圈平面平行于磁感线时，所受磁力矩最大

C. 当线圈平面与磁感线垂直时，所受磁力矩最大

D. 当线圈平面垂直于磁感线时，不受磁场力的作用

4. 一个边长为 10 cm，通有 2.0 A 电流的正方形线圈，放在磁感应强度为 0.8 T 的匀强磁场中，磁场方向与线圈平面平行，求线圈在该位置时受到的磁力矩。

练习与应用（Ⅱ）

1. 电动机在工作时，通电线圈在＿＿＿＿中受力作用会发生＿＿＿＿，当线圈平面与磁感应线方向＿＿＿＿的时候，此时线圈受到＿＿＿＿力的作用，所以这个位置称为＿＿＿＿位置，但由于自身的惯性，线圈会向前转过一个角度，但最终会停在这个位置上，在电动机中，要使线圈不停地转动下去，就要设法改变线圈中的＿＿＿＿方向，所以在电动机上要安装一个＿＿＿＿，以实现上述目的。

2. 通电矩形导线框 abcd 与无限长通电直导线 MN 在同一平面内，电流方向如图 11-3-14 所示，ab 边与 MN 平行。关于 MN 的磁场对线框的作用，下列叙述正确的是（　　）。

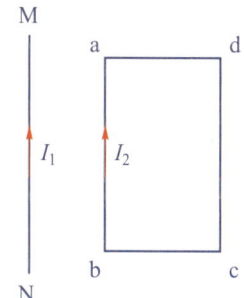

图 11-3-14　通电矩形导线框与直导线

A. 线框有两条边所受的安培力方向相同

B. 线框有两条边所受的安培力大小相同

C. 线框所受安培力的合力朝左

D. 线框所受安培力的合力为零

3. 如图 11-3-15 所示，固定螺线管 M 右侧有一正方形线框 abcd，线框内通有恒定电流，其流向为 abcd，当闭合开关 S 后，线框运动情况应为（　　）。

A. ab 向外，cd 向里转动且向 M 靠近

B. ab 向里，cd 向外转动且远离 M

C. ad 向外，bc 向里转动且向 M 靠近

D. ad 向里，bc 向外转动且远离 M

4. 如图 11-3-16 所示，上海磁悬浮列车是 T 形轨道，利用异名磁极相互吸引的原理悬浮，在图中画出轨道下方的车厢线圈绕线。绿色的轨道线圈下端为 N 极，在右侧放大的图中画出轨道下方的橙色车厢线圈绕线。

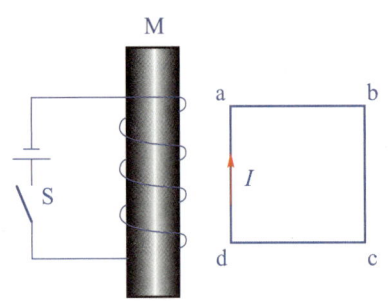

图 11-3-15　螺线管右侧有一正方形线框

图 11-3-16　上海磁悬浮列车悬浮原理示意图

11.4　磁场对运动电荷的作用

观察与思考

如图 11-4-1 所示是一个阴极射线管，从阴极发射出的电子束，经电场加速后，射到荧光屏上激发出荧光。借助荧光屏，可以观察到电子束运动的轨迹。我们在阴极射线管两极间加上高电压，阴极射线管发出的电子束是沿直线前进的；如果将 U 形磁铁靠近射线管，可以看到电子束的运动径迹发生了弯曲（图 11-4-2）。这是为什么？

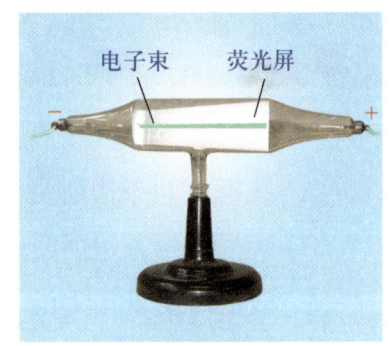

图 11-4-1　射线管中阴极发射电子束

洛伦兹力　实验表明，在没有外加磁场时，电子束是直线前进的，如果把阴

11.4 磁场对运动电荷的作用

极射线管放在 U 形磁铁的两极间，从荧光屏上可以观察到，电子束的运动轨迹发生了弯曲（图 11-4-2）。可见，在磁场中电子束受到了力的作用。**磁场对运动电荷的作用力**称为**洛伦兹力**。

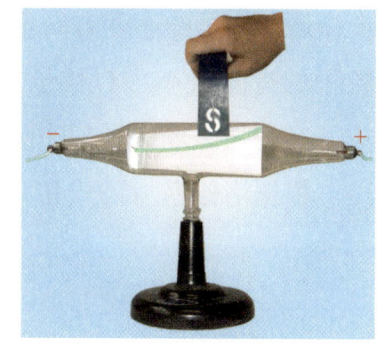

图 11-4-2 电子束在磁场中发生偏转

前面讲过，磁场对电流有作用力，由于电流是电荷定向运动形成的，因此，磁场对电流的安培力，不过是作用在运动电荷上的洛伦兹力的宏观表现，洛伦兹力是安培力的微观本质。

与安培力一样，洛伦兹力的方向也可以用左手定则来确定。不过要注意是，四指所指的方向是正电荷运动的方向（图 11-4-3）。若运动的是负电荷，则四指所指的方向应当与负电荷的运动方向相反。

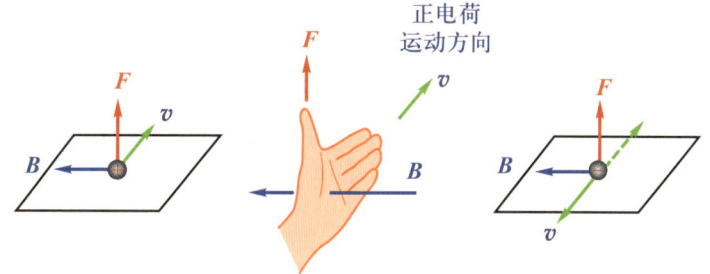

图 11-4-3 用左手定则判断洛伦兹力的方向

理论和实验可以证明，当电荷在垂直于磁场的方向上运动时，磁场对运动电荷的洛伦兹力的大小为

$$F = qvB$$

式中 q、v 和 B 分别是电荷的电荷量、运动速度和磁感应强度。

当电荷的运动方向与磁场方向一致时，电荷不受磁场的作用力。

带电粒子垂直进入匀强磁场的运动 如图 11-4-4 所示，设一质量为 m、电荷量为 q 的粒子，以速度 v 垂直进入磁感应强度为 B 的匀强磁场中，带电粒子所受洛伦兹力 $F = qvB$。根据左手定则，无论粒子运动到什么位置，洛伦兹力

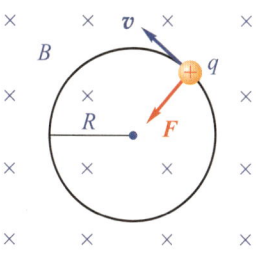

图 11-4-4 带电粒子在匀强磁场的运动

103

F 总是与粒子的速度方向垂直。因此，洛伦兹力只改变粒子的运动方向，不改变粒子的速度大小。对粒子的运动来说，洛伦兹力起了向心力的作用，因此带电粒子在匀强磁场中做匀速圆周运动。

根据洛伦兹力公式和向心力公式，可推导得出带电粒子运动半径为

$$R = \frac{mv}{qB}$$

上式表明，当 m、q 和 B 均为恒量时，带电粒子运动半径 R 与粒子的速度 v 成正比。

将上式代入匀速圆周运动的周期公式可得

$$T = \frac{2\pi R}{v} = \frac{2\pi m}{qB}$$

上式表明，带电粒子在匀强磁场中做匀速圆周运动时，周期 T 与带电粒子的速度 v 和轨道半径 R 无关。

【例题1】正离子以速度 v 垂直进入磁感应强度为 B 的匀强磁场中（图 11-4-5），从照相底片上量得离子做匀速圆周运动的半径 R，求离子的电荷量 q 与其质量 m 之比（称为比荷，又称荷质比，是研究微观粒子的一个重要物理量）。

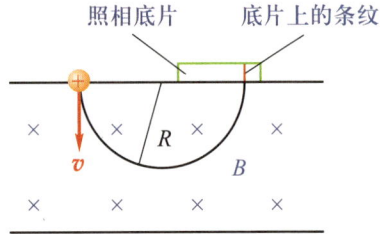

图 11-4-5 正离子在匀强磁场中运动

解：根据 $R = \dfrac{mv}{qB}$，有

$$\frac{q}{m} = \frac{v}{RB}$$

讨论：图 11-4-5 示意的是一种称为**质谱仪**的装置，它通常还配置一个"选速器"，以使垂直进入匀强磁场的各个离子，均具有相同的速度。如果离子的电荷量相同，而质量不同，它们的运动半径就不同，打在照相底片的位置也不同，从而形成若干线状细条，称为质谱线。从谱线的位置可知运动半径，再由已知的电荷量就可计算出它们的质量。

【例题2】有一个电子以 1.0×10^7 m/s 的速度垂直进入磁感应强度为 1.1×10^{-3} T 的匀强磁场中，电子在磁场中沿半圆由 C 点运动到 D 点，如图 11-4-6 所示。问：（1）C、D 两点间距离是多少？（2）电子从 C 点运动到 D 点需多少时间？

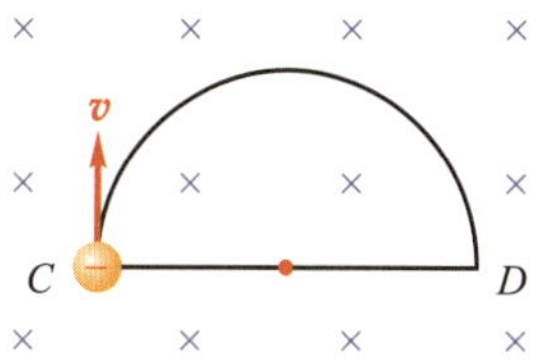

分析：由于电子的速度方向与磁场方向垂直，电子在磁场中做匀速圆周运动，向心力由洛伦兹力提供。C、D两点间距离是圆的直径。

解：（1）电子做匀速圆周运动，由向心力公式 $F=qvB=m\dfrac{v^2}{R}$ 得

图 11-4-6 电子在匀强磁场中运动

$$R=\dfrac{mv}{qB}=\dfrac{9.1\times10^{-31}\times1.0\times10^7}{1.6\times10^{-19}\times1.1\times10^{-3}}\text{ m}\approx0.05\text{ m}$$

C、D 两点间的距离为 $d=2R=0.1$ m。

（2）电子从 C 到 D 所需时间为半个周期

$$t=\dfrac{1}{2}T=\dfrac{1}{2}\times\dfrac{2\pi R}{v}=\dfrac{\pi R}{v}=\dfrac{3.14\times0.05}{1.0\times10^7}\text{ s}=1.57\times10^{-8}\text{ s}$$

思考与讨论

带电粒子在磁场中运动时，洛伦兹力对带电粒子是否做功？说明理由。带电粒子在匀强磁场中做匀速圆周运动时，为什么运动周期 T 与带电粒子的速度 v 和轨道半径 R 无关？

技术应用　回旋加速器的原理及应用

在现代物理学中，为了深入到原子核内部，进一步研究物质的微观结构和相互作用规律，人们要用能量很高的带电粒子去轰击各种原子核，观察它们的变化情况。例如，要从原子核中把中子或质子打出来，就要用 8 MeV 的质子；为了探索质子的内部结构，就要使用 2×10^{11} eV 的电子去轰击质子。怎样才能在实验室大量产生这样高能量的带电粒子呢？这就要用一种新的实验设备——加速器。

我们知道，利用电场可以使带电粒子加速。早期制造的加速器，就是用高电压来加速带电粒子的。英国的两位物理学家就是利用这种加速器把质子加速到具有 0.7 MeV 的能量，在历史上首次用人工加速的粒子实现了核反应。但是，这种类型的加速器获得的能量并不太高，只能达到几十万到几兆电子伏。1932 年，美国物理

学家劳伦斯发明了回旋加速器（图 11-4-7），很巧妙地克服了这个困难。这种回旋加速器不是利用高电压使粒子一次得到巨大的速度，而是用电压较低的高频电源，使粒子每隔一定的时间受到一次加速，经过多次加速后达到巨大的速度。

图 11-4-7　回旋加速器

回旋加速器的工作原理如图 11-4-8 所示。放在 A 处的粒子源发出一个带正电的粒子，它以某一速度 v_0 垂直进入匀强磁场中，在磁场中做匀速圆周运动。经过半个周期，带电粒子在缝隙间受到电场的加速，速度由 v_0 增加到 v_1，然后粒子以速度 v_1 在磁场中做匀速圆周运动。由于带电粒子在匀强磁场中做匀速圆周运动的周期 $T = \dfrac{2\pi m}{qB}$ 与运动速度 v 和轨道半径 R 无关，只要带电粒子的质量、电荷量以及磁感应强度不变，做匀速圆周运动的周期是始终不变的。因此，只要控制狭缝处交变电场的周期，使之与粒子做圆周运动的周期相等，粒子每次通过狭缝时都得到加速，速度将越来越大，粒子的能量也越来越大。

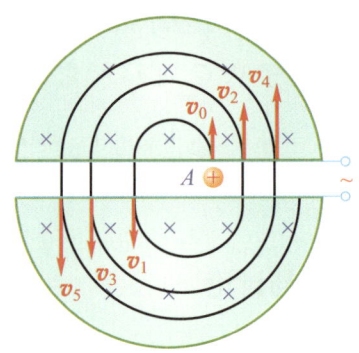

图 11-4-8　回旋加速器工作原理

回旋加速器的核心部分是两个 D 形的金属扁盒（图 11-4-9），这两个 D 形盒就像是沿着直径把一个圆形的金属扁盒切成的两半。两个 D 形盒之间留一个窄缝，在中心附近放有粒子源，D 形盒装在真空容器中，整个装置放在巨大电磁铁的两极之间，磁场方向垂直于 D 形盒的底面。把两个 D 形盒分别接在高频电源的两极上，如果高频电源的周期与从粒子源发出的带电粒子在 D 形盒中的运动周期相同，那么，带电粒子就可以像图 11-4-11 所示的那样不断地被加速了。在一个磁场直径为 1.2 m 的回旋加速器

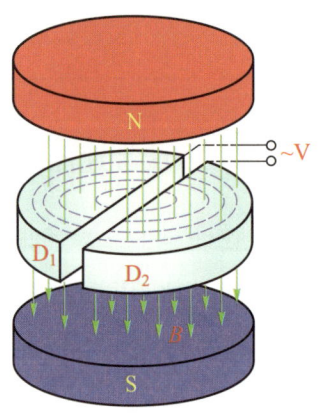

图 11-4-9　D 形金属盒

中，质子经过大约百万分之一秒的加速，在 D 型盒里跑了几十圈，就可获得 7 MeV 的能量。

为了把带电粒子加速到更高的能量，以适应高能物理实验的需要，人们制造了各种类型的新型加速器，如同步加速器、电子感应加速器、对撞机等。这些加速器可以把带电粒子加速到几十亿电子伏以上。

练习与应用（Ⅰ）

1. 如图 11-4-10 所示，带电粒子以速度 v 垂直射入匀强磁场，试分别标出带电粒子所受洛伦兹力的方向。

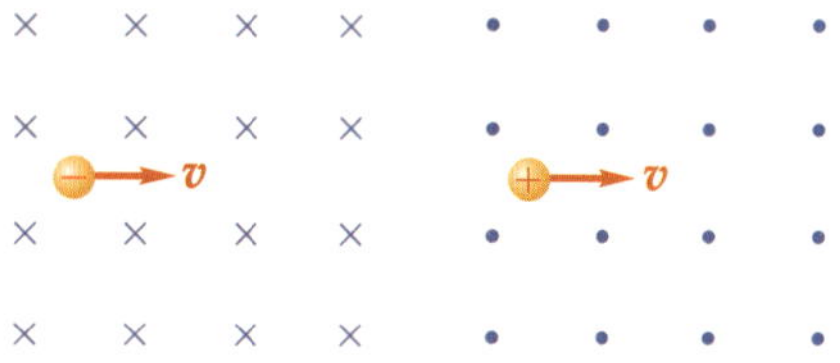

2. 电子垂直磁感线射入匀强磁场时，对于电子的运动来说，下列说法正确的是（ ）。

图 11-4-10 带电粒子的运动

A. 做匀速圆周运动 B. 速度不变
C. 加速度不变 D. 洛伦兹力不变

3. 一个 α 粒子和一个质子以相同的速度垂直于磁场方向进入匀强磁场，已知 α 粒子的质量是质子质量的 4 倍，电荷量是质子电荷量的 2 倍，它们运动轨迹的半径之比是（ ）。

A. 8∶1 B. 4∶1 C. 2∶1 D. 1∶2

4. 电荷量为 $3.2×10^{-19}$ C 的 α 粒子（即氦原子核）以 $3×10^7$ m/s 的速度垂直进入磁感应强度为 2 T 的匀强磁场中，求 α 粒子所受洛伦兹力的大小。

练习与应用（Ⅱ）

1. 如图 11-4-11 所示，一电子束在阴极射线管中从右向左运动，手拿条形磁铁上端，让条形磁铁的下端靠近阴极射线管，电子束发生向下偏转，则图中条形磁铁的下端是 _____ 极（填 "N" 或 "S"）。

2. 磁流体发电机的发电原理如图 11-4-12 所示，平行金属板 A、B 之间有强磁场，将一束等离子体（含有大量正、负带电粒子）喷入磁场，A、B 两板之间便产生电压。如果把 A、B 与外电路断开，要增加 A、B 两板间的电压，下列措施可行的是（　　）。

　　A. 增加喷入磁场的等离子的数量　　B. 增大喷入磁场的等离子的速度
　　C. 增强金属板 A、B 间的磁场　　　D. 减小金属板 A、B 间的距离

图 11-4-11　电子束在磁场中发生偏转

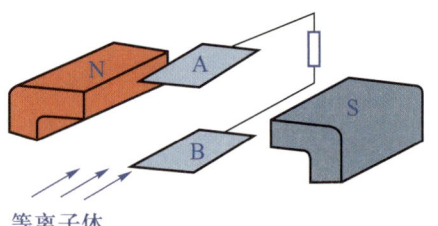

图 11-4-12　磁流体发电机的发电原理示意图

3. 选速器（图 11-4-13）用来选择具有特定速度的带电粒子，它里面有匀强电场 E 和匀强磁场 B。从狭缝 S_1 进入的带正电的粒子具有各种不同的速度，问：（1）具有多大速度的粒子，才能沿直线前进从狭缝 S_2 飞出？（2）若需要另一种速度的粒子，应怎么办？

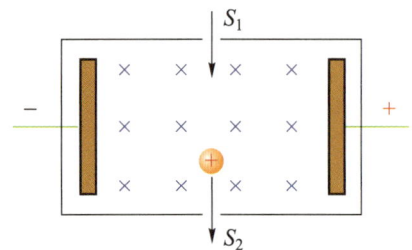

图 11-4-13　选速器示意图

4. 有一质子以 5.0×10^6 m/s 的速度垂直进入磁感应强度为 2.0 T 的匀强磁场。已知质子的质量为 1.67×10^{-27} kg，电荷量为 1.60×10^{-19} C。问：（1）该质子在磁场中将做什么样的运动？（2）该质子运动的轨道半径多大？（3）该质子运动的周期多长？

本章思维导图

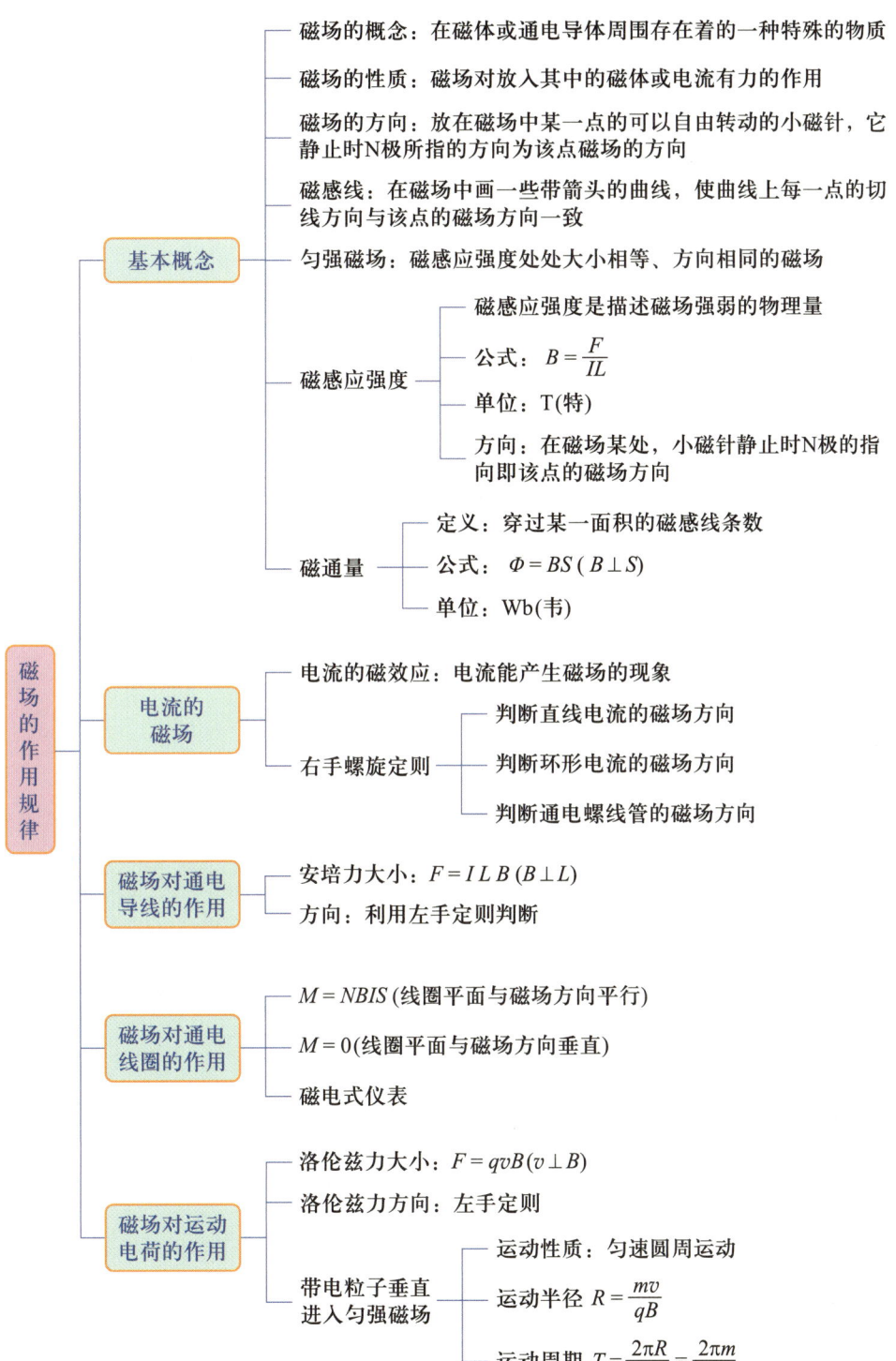

第十二章 电磁感应 电磁波

1820 年，奥斯特发现了电流能够产生磁场，揭示了电和磁之间存在着相互联系。受这一发现的启发，人们开始思考：既然电流能够产生磁场，反过来，利用磁场是不是能够产生电流呢？不少科学家进行了这方面的探索，但是在相当长的时间里都没有得到电流。英国物理学家法拉第经过十多年坚持不懈地努力，终于在 1831 年取得重大突破，发现利用磁场能够产生电流。他总结出电磁感应定律，并制造了历史上第一台感应发电机，开创了人类利用电能的新纪元，引发了电能在科学技术领域、生产实践及现实生活中的广泛应用。可以这样说，现在人类离开电能几乎寸步难行。

19 世纪 60 年代，英国物理学家麦克斯韦，总结了前人关于电磁现象的研究成果，深入地研究电磁振荡中电场和磁场的转化规律，从而建立了完整的电磁场理论，成功地预言了电磁波的存在。现在从设计电机、电子设备到光学仪器都离不开麦克斯韦的基本理论。

本章将着重研究电磁感应的规律及其应用，讨论互感和自感现象，交流发电机的工作原理、变压器和日光灯的工作原理等。另外，还将对电磁振荡、电磁场理论、电磁波的性质、电磁波的发射和接收进行定性分析。

学习目标

了解电磁感应、自感、互感、电磁振荡、电磁场、电磁波等概念，理解右手定则、楞次定律和电磁感应定律；掌握产生感应电流的条件，能运用右手定则和楞次定律来判定感应电流的方向，运用电磁感应定律、自感电动势的公式进行有关计算，解释其在生产、生活中的应用。了解交流发电机、变压器和日光灯的工作原理。理解交流电的变化规律、麦克斯韦电磁场理论的两个基本论点。知道电磁波的基本特点，电磁波在真空中的传播速度，进一步巩固电场、磁场是特殊形态的物质观念、相互作用和能量观念等。

通过探究产生感应电流的条件和影响感应电动势大小的相关因素的实验过程，体验运用控制变量法、归纳推理法得出物理规律的科学方法，提高科学论证的能力。了解法拉第探索磁生电历程、麦克斯韦预言电磁波存在的思维过程和赫兹发现电磁波的实验方法，进一步提升假设推理、质疑创新等核心素养。

通过电磁感应、自感、电磁振荡等实验，增强操作技能，提高实验观察、操作技能、探究设计的能力。了解电磁感应、自感和互感等在工程技术、生产生活中的应用实例，提高技术运用等核心素养。

了解电磁感应在工程机械中的应用等，关注科技创新与社会发展的关系，增强民族自信心、自豪感、社会责任意识。结合安全用电知识，养成安全用电行为习惯，提高安全意识和自我保护能力。

12.1 电磁感应 电磁感应定律

观察与思考

图 12-1-1 是法拉第做的实验。他把线圈 A 和线圈 B 绕在一个铁环上，线圈 A 通过开关 S 与电源连接，线圈 B 接入灵敏电流计。实验发现，当开关 S 闭合或断开时，线圈 B 中电流计的指针就发

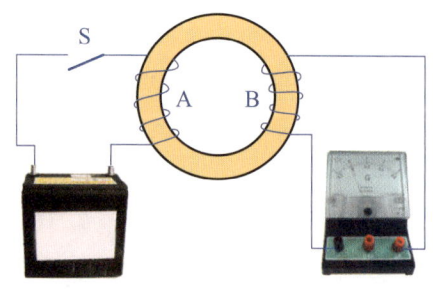

图 12-1-1 法拉第电磁实验示意图

生偏转，说明线圈 B 中产生了感应电流。为什么只有在线圈 A 中通电或断电的瞬间，线圈 B 中才有电流，一旦线圈 A 中电流不变时，就不会在线圈 B 中产生感应电流？你能解释其中的道理吗？

电磁感应　1820 年，奥斯特发现电流的周围空间存在磁场，那么能否用磁场来产生电流呢？英国物理学家法拉第经过十多年不懈地研究，终于在 1831 年第一次观察到，利用磁场能在闭合回路中产生电流。下面我们来做一系列实验，用不同的方式证实电磁感应现象的存在及其规律。

 实验与探究

实验一　如图 12-1-2 所示，把导体 AB 的两端接在灵敏电流计的两个接线柱上，组成闭合回路。当导体 AB 在磁场中向左或向右运动切割磁感线时，灵敏电流计的指针发生偏转，说明闭合回路中产生了电流。

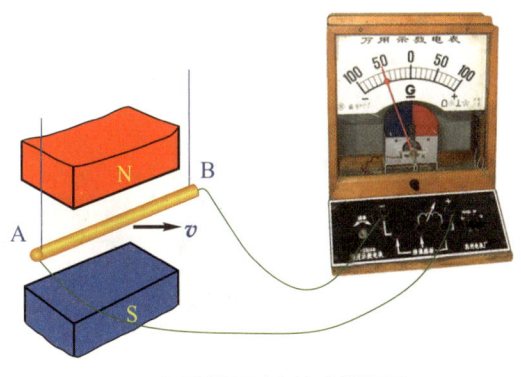

图 12-1-2　直导线切割磁感线运动

 实验与探究

实验二　如图 12-1-3 所示，把线圈的两端接在灵敏电流计上，组成闭合回路。当向线圈中插入或拔出磁铁时，灵敏电流计的指针发生偏转，说明闭合回路中产生了电流。

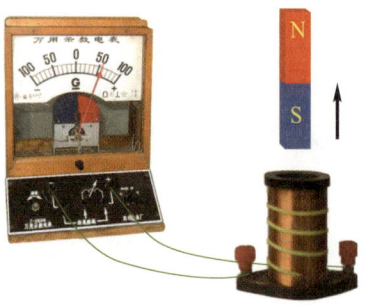

图 12-1-3　条形磁铁和大线圈相对运动

 实验与探究

实验三　如图 12-1-4 所示,把线圈 A 插在线圈 B 中,当开关接通或断开线圈 A 的电路时,可以看到线圈 B 中有电流产生。如果在接通 A 的电路后,用变阻器改变线圈 A 中的电流大小时,也可以看到线圈 B 中有电流产生。

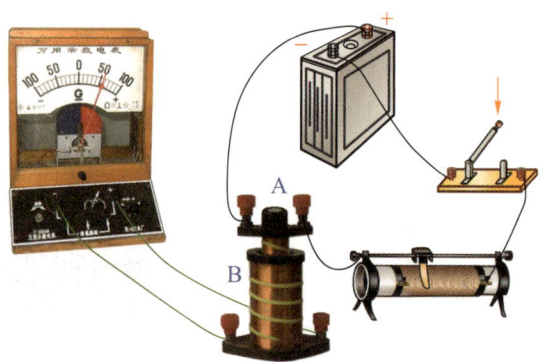

图 12-1-4　大小线圈相对运动

利用磁场使闭合回路中产生电流的现象称为**电磁感应**,所产生的电流称为**感应电流**。

 思考与讨论

上述三个实验中是哪些物理量发生了变化,从而使闭合回路中产生了感应电流?

产生感应电流的条件 在实验一中，当闭合回路中的导体 AB 向左或向右做切割磁感线运动时，闭合回路所包围的面积发生变化（图 12-1-5），因而穿过这个面积的磁通量也发生了变化，产生了感应电流。在实验二中，当向线圈中插入磁铁时，穿过线圈的磁通量增大；从线圈中拔出磁铁时，穿过线圈的磁通量减小，从而产生了感应电流。同样，在实验三中，由于穿过线圈 B 的磁通量发生了变化而产生感应电流（请同学们自己分析一下磁通量是如何变化的）。

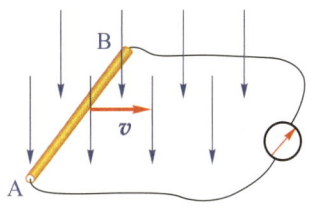

图 12-1-5 导体切割磁感线运动

综合上述实验，可以得出这样的结论：**只要穿过闭合回路的磁通量发生变化，闭合回路中就会产生感应电流**。这就是产生感应电流的条件。

右手定则 在上述实验中可以观察到，当穿过闭合回路的磁通量发生变化时，电路中灵敏电流计的指针有时偏向这边，有时偏向那边。这表明在不同的情况下，感应电流的方向是不同的。那么，怎样确定感应电流的方向呢？

在图 12-1-6 中，导体 CD 向左或向右运动时，电流计指针的偏转方向不同，这表明感应电流的方向与导体运动的方向有关。如果保持导体运动的方向不变，而把两个磁极对调过来，即改变磁感线的方向，可以看到，感应电流的方向也改变。由此可见，感应电流的方向与导体运动的方向和磁感线的方向都有关系。感应电流的方向可以用右手定则来判定：**伸开右手，使大拇指与四指垂直，并且都在一个平面内，让磁感线垂直穿入手心，大拇指指向导体运动的方向，那么其他四指所指的方向就是感应电流的方向。**

右手定则和判断安培力方向的左手定则，它们所反映情况的对比如图 12-1-7 所示。

楞次定律 闭合回路中的磁通量发生变化时，回路中感应电流的方向有何规律呢？实验发现，当把磁铁的 N 极插入闭合线圈时，穿过线圈的磁通量从无到有，不断增加。此时感应电流的方向如图 12-1-8 所示。根据右手螺旋定则可以知道感应电流产生的磁场方向（用蓝线表示）与线圈中原磁场的方向（用红线表示）相反。这表明感应电流产生的磁场是阻碍线圈中原来磁通量增加的。当把磁铁的 N 极抽出闭合线圈时，穿过线圈的磁通量从有到无，不断减少。此时感应电流的方向如图 12-1-9 所示。根据右手螺旋定则可以知道感应电流产生的磁场方向与线圈中原磁场的方向相同。这表明感应电流产生的磁场是阻碍线圈中原来磁通量减少的。

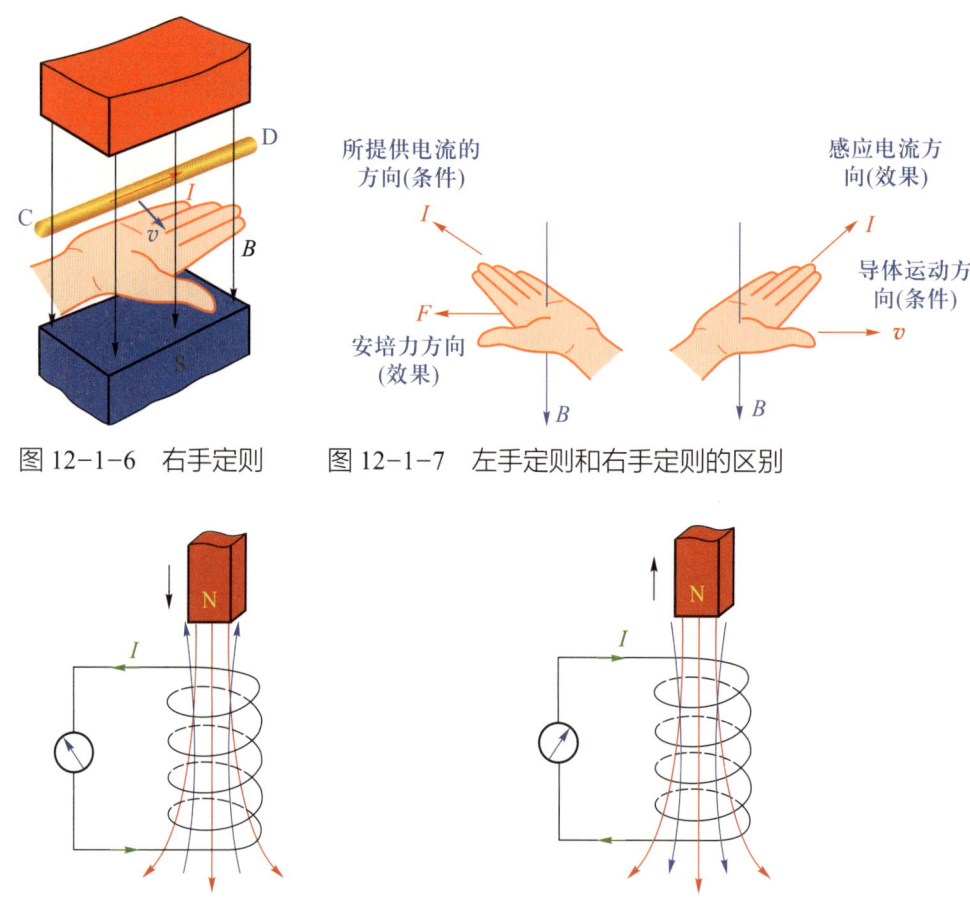

图 12-1-6　右手定则　　图 12-1-7　左手定则和右手定则的区别

图 12-1-8　磁铁 N 极插入闭合线圈　　图 12-1-9　磁铁 N 极抽出闭合线圈

物理学家楞次概括了有关电磁感应现象的实验结果后，得出如下结论：**闭合回路中感应电流的方向，总是使它所产生的磁场阻碍引起感应电流的原磁通量的变化**，这就是**楞次定律**。

 实践与探索　归纳推理

归纳推理是从一类事物的部分对象所具有的某种属性出发，推理出这类事物的所有对象都具有共同属性的推理方法，也就是由具体结论推理出一般规律的方法。

> 楞次定律的得出就运用了归纳推理。通过研究不同磁极插入和拔出线圈等的实验现象，逐步归纳推理得出反映感应电流方向的规律。与演绎推理不同的是，归纳推理是从物理现象出发研究问题，而演绎推理则是由已知物理规律出发研究问题。

对于楞次定律，我们可以这样理解：当闭合回路中的磁通量增加时，感应电流的磁场方向和原磁场方向相反；当闭合回路中的磁通量减少时，感应电流的磁场方向和原磁场方向相同。楞次定律是一个具有普遍意义的定律，它可用来判断各种电磁感应现象中的感应电流的方向。

应用楞次定律判断感应电流方向时，要按照以下步骤进行：
（1）确定线圈所在处的原磁场方向；
（2）分析穿过线圈的原磁通量是增加还是减少；
（3）根据楞次定律（"增反减同"）确定感应电流的磁场方向；
（4）利用右手螺旋定则确定感应电流的方向。

实践与探索

如图 12-1-10，用绳吊起一个铝环，用磁体的任意一极去靠近铝环，会产生什么现象？把磁极从靠近铝环处移开，会产生什么现象？解释发生的现象。

图 12-1-10　磁极靠近或远离铝环

【例题 1】如图 12-1-11 所示，abcd 是一个金属框架，框架平面与磁场方向垂直。当拉动金属棒 EF 向右滑动时，请分别用右手定则和楞次定律来确定 EF 中感应电流的方向。

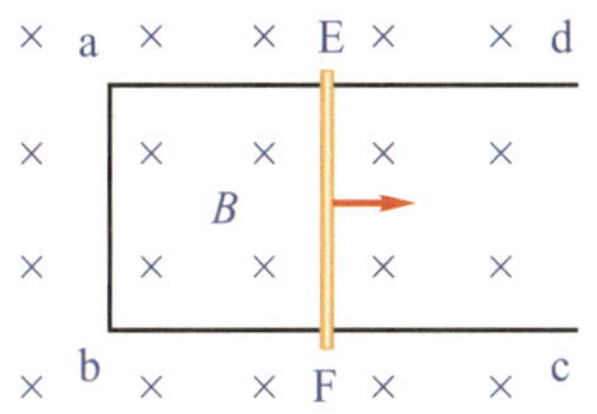

解：当金属棒 EF 在框架上向右做切割磁感线运动时，用右手定则可确定感应电流的方向是由 F 指向 E。

当金属棒 EF 向右滑动时，穿过 abFE 电路的磁通量在增加。根据楞次定律，感应电流产生的磁场将阻碍原来磁通量的增加，所以它的方向与原磁场方向相反，即垂直纸面向外。

图 12-1-11　金属棒向右滑动

根据右手螺旋定则可知,感应电流的方向由 F 指向 E。

讨论:由本例可知,用楞次定律来判断感应电流的方向和用右手定则来判断的结果是一致的。判断闭合回路中一部分导体切割磁感线而产生感应电流的方向时,用右手定则比用楞次定律方便。

【**例题 2**】如图 12-1-12 所示,当滑动变阻器滑片向右滑动时,灵敏电流计中有无感应电流?如果有,方向如何?

分析:当滑动变阻器的滑片向右滑动时,电阻值增大,线圈 L_1 中的电流 I_1 减小,I_1 产生的磁场减弱,穿过线圈 L_2 的磁通量减少,L_2 中有感应电流。

解:(1)由右手螺旋定则可知,L_1 中的电流产生的磁场使螺线管的 b 端为 N 极(图 12-1-13);(2)因变阻器滑片向右滑动,通过 L_1 的电流减小,使它产生的磁场穿过 L_2 线圈的磁通量减少;(3)由楞次定律判定,线圈 L_2 中感应电流的磁场方向与原磁场方向一致;(4)根据右手螺旋定则,通过电流计的感应电流方向从 C 到 D。

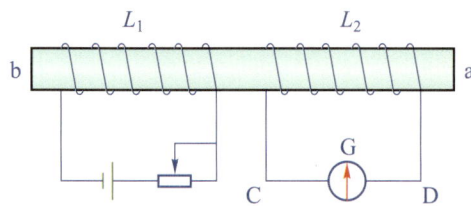
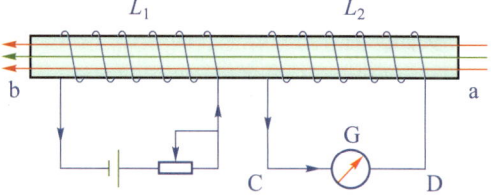

图 12-1-12　滑动变阻器滑片向右滑动　　图 12-1-13　电流的变化产生感应电流

 **思考与讨论**

> 闭合回路中有电动势才会有电流。电磁感应现象中闭合回路内有电流产生,说明这个电路中必定有电动势存在,其大小与哪些因素有关呢?

感应电动势　在电磁感应现象中产生的电动势称为**感应电动势**。产生感应电动势的那段导体,如切割磁感线的导线、磁通量变化的线圈等,相当于电源。

感应电动势的方向和感应电流的方向相同,仍用右手定则或楞次定律来判断。在电磁感应现象中,当电路不闭合时,虽然电路中没有感应电流,但感应电动势还是存在的。

电磁感应定律　在图 12-1-2 的实验中，导线切割磁感线的速度越大，穿过闭合回路包围面积的磁通量变化得越快，感应电动势和感应电流就越大；在图 12-1-3 的实验中，磁铁相对于线圈运动得越快，穿过线圈的磁通量变化得越快，感应电动势和感应电流也越大。实验表明，感应电动势的大小与磁通量变化的快慢有关。磁通量变化的快慢，可用磁通量的变化 $\Delta\Phi$ 和发生这个变化所用的时间 Δt 的比值来表示，这个比值称为**磁通量的变化率**。

法拉第从实验中得出：**单匝线圈中感应电动势的大小与穿过线圈的磁通量的变化率成正比**，这就是**法拉第电磁感应定律**。可写成

$$E = k\frac{\Delta\Phi}{\Delta t}$$

式中 k 为比例恒量，它的数值取决于式中各量的单位。在国际单位制中，E、Φ、t 分别用 V、Wb、s 作单位，此时 $k=1$。于是，法拉第电磁感应定律可表示为

$$E = \frac{\Delta\Phi}{\Delta t}$$

为了获得较大的感应电动势，可采用多匝线圈。如果线圈的匝数为 N，穿过每匝线圈的磁通量变化率都相同，则线圈中的感应电动势就是单匝线圈感应电动势的 N 倍。即

$$E = N\frac{\Delta\Phi}{\Delta t}$$

【**例题 3**】如图 12-1-14 所示，在 $B=0.5$ T 的匀强磁场中，放一个面积为 0.01 m² 的多匝线圈，其匝数为 200，在 0.1 s 内，线圈平面从平行于磁感线的方向转过 90°，转到与磁感线垂直的位置，求线圈中感应电动势的平均值。

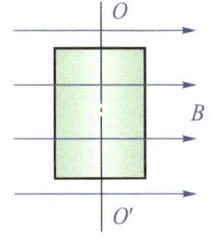

图 12-1-14　线圈在匀强磁场中运动

分析：在线圈转动的过程中，穿过线圈的磁通量变化率是不均匀的，所以，不同时刻感应电动势的大小也不相等，只能根据穿过线圈的磁通量的平均变化率来求得感应电动势的平均值。

解：在 0.1 s 时间内，线圈转过 90°，穿过它的磁通量从 0 变成

$$\Phi = BS = 0.5 \times 0.01 \text{ Wb} = 0.005 \text{ Wb}$$

根据电磁感应定律，线圈的感应电动势的平均值为

$$E = N\frac{\Delta \Phi}{\Delta t} = 200 \times \frac{0.005-0}{0.1} \text{ V} = 10 \text{ V}$$

导体切割磁感线时的感应电动势 由法拉第电磁感应定律，可以推导出导体垂直切割磁感线运动时感应电动势的大小。设在磁感应强度为 B 的匀强磁场中，有一个与磁感线垂直的金属框 CDGH（图 12-1-15），长为 L 的金属棒 CD 以速度 v 向右匀速运动，速度方向与磁感线垂直。在 Δt 时间内，金属棒 CD 移到 C′D′，闭合回路面积增加 $\Delta S = Lv\Delta t$，于是磁通变化量 $\Delta \Phi = B\Delta S = BLv\Delta t$，产生的感应电动势为

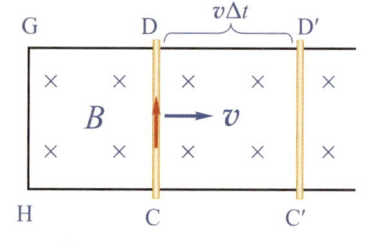

图 12-1-15 金属棒向右匀速运动

$$E = \frac{\Delta \Phi}{\Delta t} = \frac{BLv\Delta t}{\Delta t} = BLv$$

根据楞次定律，感应电动势 E 的方向由 C 到 D。

请注意，使用上式是有条件的，B、v 及导体放置方向三者必须相互垂直。若 B 与 v 不垂直，所产生的感应电动势将小于 BLv。

实验表明，在图 12-1-15 中，即使金属框不闭合，甚至没有金属框，金属棒 CD 单独地垂直磁场方向做切割磁感线的运动，在 CD 上仍将产生大小为 BLv 的感应电动势，其方向同样由 C 到 D。

电磁感应现象中的能量转换 从图 12-1-8 和图 12-1-9 中可以看出：当磁铁靠近线圈时，线圈靠近磁铁的一端出现与磁铁同名的磁极；当磁铁远离线圈时，线圈靠近磁铁的一端出现与磁铁异名的磁极。由于同名磁极相排斥，异名磁极相吸引，所以，无论使磁铁靠近还是远离线圈，都必须克服它们之间的阻力做功。做功的结果是消耗了其他形式的能，在线圈中产生了感应电流，也就是获得了电能。由此可见，在电磁感应现象中，不同形式的能量相互转化时，也符合能量守恒定律。

思考与讨论

高频焊接时将线圈中通以高频变化的电流，待焊接的金属工件放在线圈中，如

图 12-1-16 所示。为什么工件焊缝处金属能熔化,从而焊接在一起?在其他条件不变的情况下,为什么交变电流的频率越高,焊接越快?

图 12-1-16 高频焊接

【例题 4】如图 12-1-17 所示,在磁感应强度 $B=0.20$ T 的匀强磁场中,长 $L=0.40$ m 的金属棒 CD 以 $v=5.0$ m/s 的速度向右匀速运动。(1)判断 CD 上感应电流的方向;(2)求 CD 上感应电动势的大小;(3)设 CD 运动时,电路中的电阻保持为 $R=0.20$ Ω,求感应电流的大小。

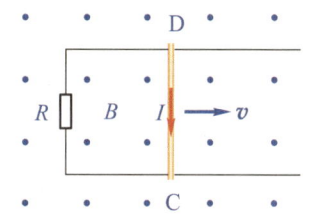

图 12-1-17 金属棒向右匀速运动

解:(1)根据右手定则,CD 上感应电流的方向是由 D→C。

(2)感应电动势大小为

$$E = BLv = 0.20 \times 5.0 \times 0.40 \text{ V} = 0.40 \text{ V}$$

(3)感应电流的大小为

$$I = \frac{E}{R} = \frac{0.40}{0.20} \text{ A} = 2.0 \text{ A}$$

 技术应用　电磁感应在工程机械中的应用

高频焊接　高频焊接是利用电磁感应产生热量进行焊接的一种常用方法,原理如图 12-1-18 所示。线圈中通以高频变化的电流时,待焊接的金属工件中就产生感应电流,感应电流通过焊缝产生大量热量,将金属熔化,把工件焊接在一起。

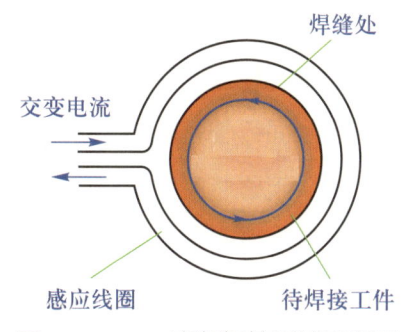

图 12-1-18 高频焊接原理示意图

根据法拉第电磁感应定律，在其他条件不变的情况下，交变电流的频率越高，产生的感应电动势越大，流经金属工件的电流越大，焊缝处的电阻比非焊接部分电阻大，根据焦耳定律，焊缝处温度升得越高，焊接速度越快。因此，焊接过程中，焊缝处已被熔化而零件的其他部分并不很热。

真空电磁悬浮熔炼 真空电磁悬浮熔炼技术是当代先进的材料制备技术之一，用于制备国防和高科技产业材料。它是利用感应线圈通过高频电流后产生快速变化的磁场，金属原材料在磁场中产生的感应电流的磁场方向与线圈产生的磁场相反，产生一个斥力使金属导体悬浮于空间（图 12-1-19），电流流经金属而发热，最终将金属完全悬浮起来并熔化，悬浮熔炼几乎没有污染问题，所制备的材料纯度更高。我国创造性地将"磁悬浮"技术和"定向凝固精密铸造"技术两项尖端技术相结合，世界首创"磁悬浮真空定向凝固精密铸造炉"，为解决我国第五代战机歼-20 高温叶片量产难题奠定了基础。

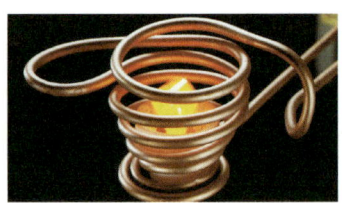

图 12-1-19　真空电磁悬浮熔炼

光伏高速公路给电动汽车充电 2017 年 12 月，由我国完全自主知识产权研发与铺设的全球首段光伏高速公路在山东济南亮相，如图 12-1-20 所示。这条光伏高速公路晒晒太阳就能发电，下雪后还能自行融化路面积雪。最神奇的地方在于，电动汽车在上面行驶就能充电，这段光伏路面提前预留了电磁感应线圈，将受电线圈安装在电动汽车的底盘上，将产生强磁场的供电线圈安装在地面上，当电动汽车行驶到供电线圈正上方时，供电线圈中有交变电流通过，通过

图 12-1-20　光伏高速公路给电动汽车充电

电磁感应在受电线圈中产生一定的电流给电动汽车充电。

练习与应用（Ⅰ）

1. 试用右手定则确定导线怎样运动时，才能产生如图 12-1-21 所示的感应电流？

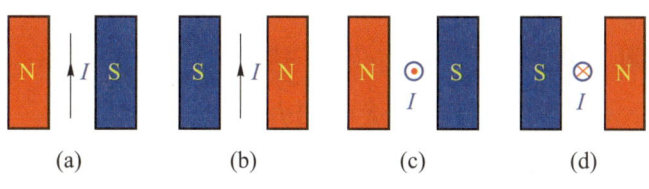

图 12-1-21　导线运动产生感应电流

2. 如图 12-1-22 所示，把磁铁的 S 极接近金属环或从金属环中离开时，试用楞次定律确定金属环中感应电流的方向。

3. 一个矩形线圈匀速通过一个匀强磁场（图 12-1-23），它处于 A、B、C 三个位置时有感应电流吗？若有，把方向标出来。

4. 把图 12-1-24 中的磁铁向左移动，使它从线圈的右端插入。试分析在磁铁插入过程中，线圈里有没有感应电流，为什么？

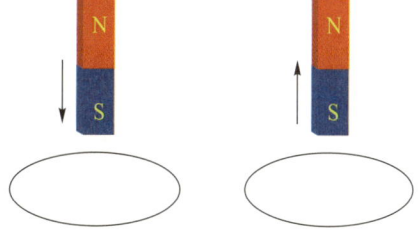

图 12-1-22　磁铁接近或移开金属环

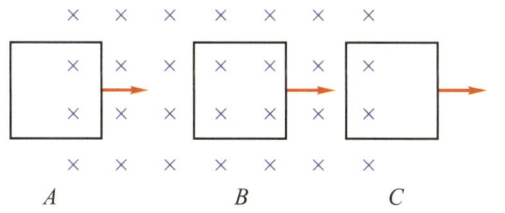

图 12-1-23　矩形线圈匀速通过匀强磁场

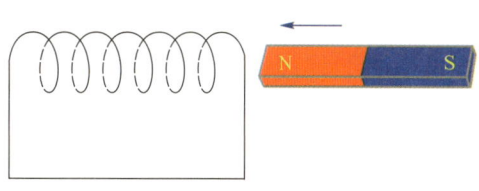

图 12-1-24　磁铁向左移动

练习与应用（Ⅱ）

1. 有一个 $N=100$ 匝的线圈，在 0.2 s 内穿过它的磁通量从 2.0×10^{-2} Wb 增

加到 8.0×10^{-2} Wb，求线圈中的感应电动势。如果线圈和总电阻 $R_0 = 10\ \Omega$ 的用电器串联后，闭合回路中的感应电流有多大？（线圈的电阻可忽略不计）

2. 在磁感应强度为 0.50 T 的匀强磁场中，把一个面积为 0.090 m^2、匝数为 100 的线圈，从线圈平面与磁感线平行的位置转过 90°需要 0.30 s，求这段时间内线圈中的平均感应电动势。

3. 在图 12-1-25 中，设匀强磁场的磁感应强度 B 为 0.10 T，切割磁感线的导线 AB 的长度为 40 cm，AB 向右匀速运动的速度 v 为 5.0 m/s，电阻 R 为 0.50 Ω，其他电阻忽略不计，试求：（1）感应电动势的大小；（2）感应电流的大小和方向；（3）AB 所受磁场力的大小和方向。

4. 如图 12-1-26 所示，在磁感应强度为 0.5 T 的匀强磁场中，让长 0.2 m 的导体 AB 在金属框上以 5 m/s 的速度向右滑动，如果 $R_1 = R_2 = 2\ \Omega$，其他导线上的电阻可忽略不计，试求：（1）R_1、R_2 和 AB 中的电流各是多大？（2）外力做功的功率多大？（3）在电阻 R_1 和 R_2 上消耗的电功率多大？

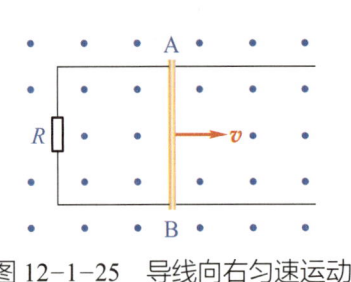

图 12-1-25　导线向右匀速运动

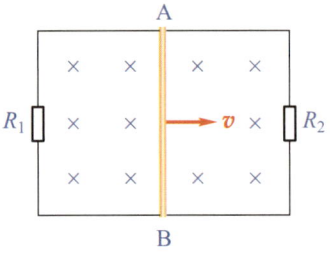

图 12-1-26　导体 AB 向右匀速滑动

12.2　交流电及安全用电

观察与思考

如图 12-2-1 所示，将手摇发电机和灵敏电流计、开关相连组成闭合回路，当匀速转动手柄，观察灵敏电流计指针如何变化，有什么规律？

12.2 交流电及安全用电

图 12-2-1 手摇发电机组成的闭合回路

交流发电机的工作原理 发电机是把机械能转化为电能的机器。它主要由定子（图12-2-2）和转子（图12-2-3）两部分组成，包括磁极、线圈、铜环、电刷等。发电机的线圈在发动机的带动下，在磁场中转动。与线圈一起转动的还有与线圈两端相连的两个铜环，紧贴着铜环的是一对固定的电刷，发电机产生的电流就是通过电刷送到外电路的。

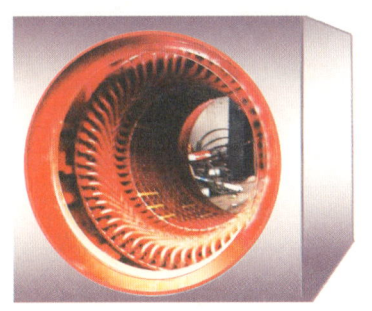

图 12-2-2 发电机的定子

图 12-2-3 发电机的转子

下面来研究发电机产生的电流有什么特点。如图12-2-4所示，使矩形线圈 *abcd* 在匀强磁场中匀速转动。可以看到电流表的指针随着线圈的转动而摆动，并且线圈每转一周，指针左右摆动一次。这表明转动的线圈里产生了大小和方向都随时间做周期性变化的交流电。

矩形线圈在匀强磁场中匀速转动，线

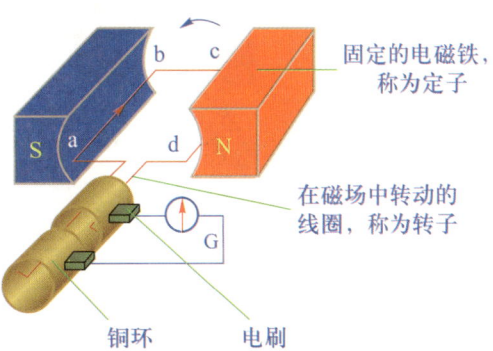

图 12-2-4 矩形线圈在匀强磁场中转动

125

圈里产生的感应电流为什么是交变电流呢？下面从理论上进行分析。如图 12-2-5（a）所示，在线圈平面垂直于磁感线时，各边都不切割磁感线，线圈中没有感应电流，这样的位置称为**中性面**。当线圈 abcd 在磁场中越过中性面，则线圈的 ab 边和 cd 边切割磁感线产生感应电动势，在电路中产生感应电流 i。线圈平面从垂直磁感线方向转动到平行磁感线的过程中，感应电流 i 逐渐增大。当线圈转动到图 12-2-5（b）所示位置时，它的 ab 边和 cd 边垂直切割磁感线时，在线圈中产生感应电动势最大，因而在电路中产生感应电流 i 也最大（电流方向 a→b→c→d）。

当线圈继续转动时，i 又逐渐减小，当线圈转至图 12-2-5（c）所示中性面时，$i=0$。接着 ab 边向右、cd 边向左切割磁感线运动时，i 不断增大，但电流已改变方向，当线圈 abcd 转到图 12-2-5（d）所示位置时，i 最大（电流方向 d→c→b→a）。往后电流 i 又逐渐减小，当线圈再一次处于中性面［图 12-2-5（e）］

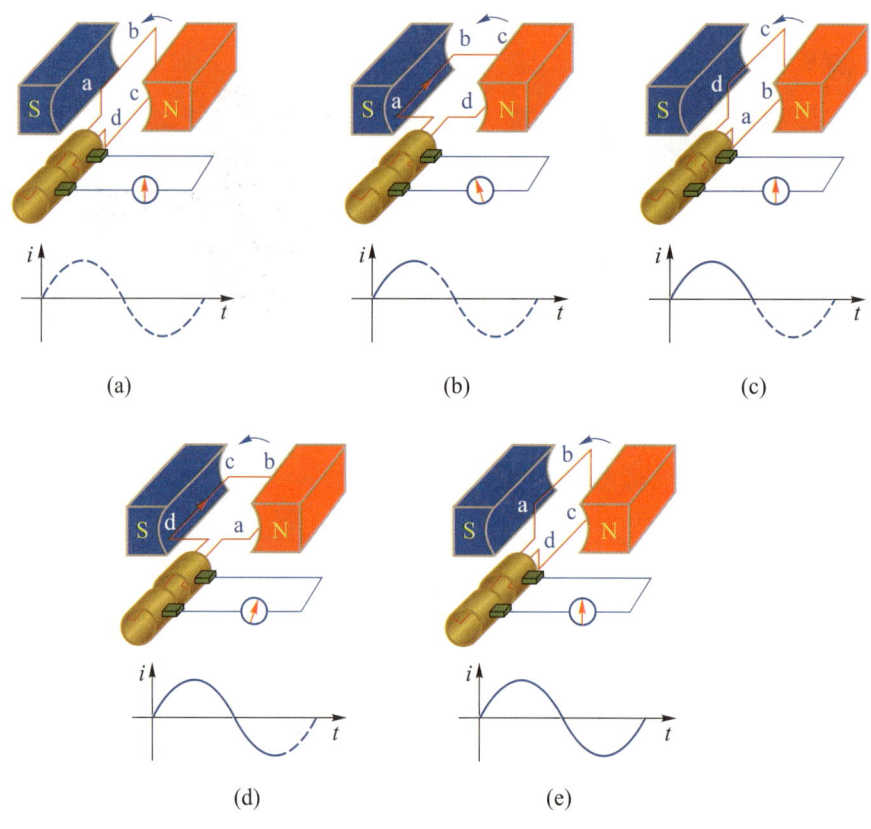

图 12-2-5　产生交流电的示意图

时，$i=0$。线圈又回到最初的位置。线圈不断转动，不断重复上述过程，就产生了大小和方向都随时间做周期性变化的**交流电**。

交流电的变化规律 以上分析表明，线圈每旋转一周，电流的大小和方向都经历了一个完整的变化过程。交流电的也要用周期或频率来表示它的变化快慢，我们把**交流电完成一次周期性变化所需的时间**称为交流电的**周期**，用 T 表示，单位是 s（秒）。**交流电在 1 s 内完成周期性变化的次数**称为交流电的**频率**，用 f 表示，单位是 Hz（赫兹）。根据定义，周期和频率的关系为

$$T = \frac{1}{f} \quad \text{或} \quad f = \frac{1}{T}$$

我国工农业生产和生活用的交流电，周期是 0.02 s，频率是 50 Hz。

实验证明，交流发电机产生的感应电动势是按照正弦规律变化的，因而电路中的感应电流及输出的电压也是按正弦规律随时间变化的。在任一时刻，电流 i 或电压 u 的数值称为**瞬时值**，电流 i 或电压 u 所能达到的最大值 I_m 或 U_m 称为**最大值**。交变电流 i 和电压 u 随时间 t 变化的表达式分别为

$$i = I_m \sin(2\pi f t)$$
$$u = U_m \sin(2\pi f t)$$

交变电流 i 和电压 u 随时间 t 变化的图像如图 12-2-6 所示。

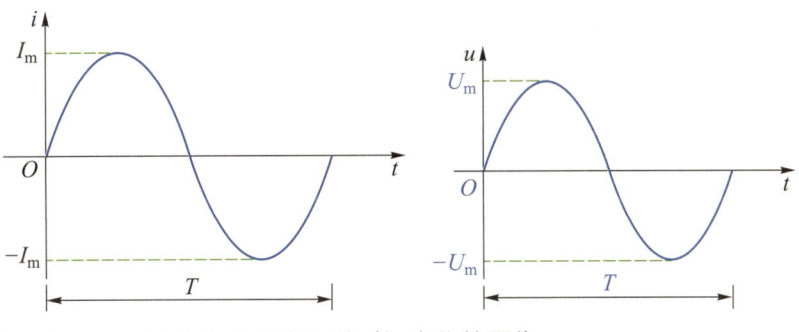

图 12-2-6　交变电流和电压随时间变化的图像

交流电的最大值（I_m，U_m）是交流电在一个周期内所能达到的最大数值，可以用来表示交流电的电流强弱或电压高低，在实际中有重要意义。例如，把电容器接在交流电路中，就需要知道交变电压的最大值。电容器所能承受的电压要高于交变电压的最大值，否则电容器可能被击穿。但是，交流电的最大值不

适于用来表示交流电产生的效果。在实际中通常用有效值来表示交流电的大小。

交流电的有效值是根据电流热效应来规定的。让交流电和直流电通过相同阻值的电阻,如果它们在交流电的一个周期的时间内产生的热量相等,就把这个直流电的数值称为这个交流电的**有效值**。计算表明,正弦交流电的有效值与最大值的关系是

$$I = \frac{1}{\sqrt{2}}I_m \approx 0.707 I_m$$

$$U = \frac{1}{\sqrt{2}}U_m \approx 0.707 U_m$$

通常说家庭所用的交流电压是 220 V,便是指有效值。各种使用交流电的电气设备上所标的额定电压和额定电流的数值,一般交流电流表和交流电压表测量的数值,也都是有效值。以后提到交流电的数值,凡没有特别说明的,都是指有效值。对纯电阻电路可用交流电的有效值来计算交流电的电功率,即 $P=UI$;对于其他电路,如带有电容或电感的电路,就不能用 UI 来计算电功率了。

【例题】 照明用交流电的电压是 220 V,动力供电线路的电压是 380 V,频率为 50 Hz,则它们的有效值、最大值各是多少?

解: 照明用交流电的电压是 220 V,则有效值 $U=220$ V,

最大值为

$$U_m = \sqrt{2}U \approx 1.414 \times 220 \text{ V} \approx 311 \text{ V}$$

动力供电线路的电压是 380 V,则有效值 $U'=380$ V,

最大值为

$$U'_m = \sqrt{2}U' \approx 1.414 \times 380 \text{ V} \approx 537.3 \text{ V}$$

触电现象 随着电气化程度的提高,电能的使用越来越广泛,人们接触电气设备的机会日益增多。人体因触及高压带电体而承受过大的电流,以致引起死亡或局部受伤的现象称为**触电**。

当电流通过人体时,电流的热效应能使触电者烧伤甚至造成局部机体炭化。电流的化学反应引起人体内部组织发生电解作用,最为严重的是电流对人体生理性质的伤害。电流的强烈刺激会使人体的内部组织机能受到破坏,引起心室

颤动或呼吸停止，使触电者因大脑缺氧而迅速死亡。

思考与讨论

50 mA 交流电流通过人体持续 1 s，就可能造成生命危险，一般情况下，人体电阻为 800～1 000 Ω，估算一下造成生命危险的交流电压是多少伏？我国把接触安全电压的值限定为多少？为什么？

触电方式 触电的方式有以下几种：

（1）**单相触电** 人体触及一根火线或触及与火线相接的其他带电体（包括绝缘损坏或漏电的电器外壳）就形成了单相触电（图 12-2-7）。

（2）**两相触电** 当人体不同部位（如双手）同时触及三相供电系统中任意两根火线时（图 12-2-8），人体承受电源的线电压，这是最严重的触电事故。通过人体的电流将远远超过人体能够耐受的数值，在 0.1 s 左右的时间内就可能致命。

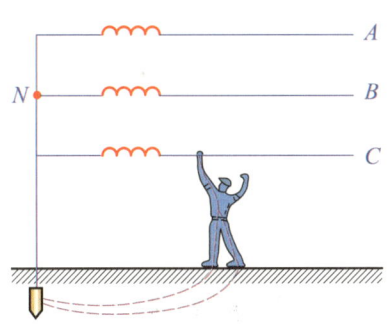
图 12-2-7 单相触电示意图

图 12-2-8 两相触电示意图

（3）**跨步电压触电** 由于外力（如雷电、大风等）的破坏等原因，电气设备、避雷针的接地点，或者导线断落地点附近，将有大量的扩散电流向大地流入，而使周围地面上分布着不同电位，如图 12-2-9 所示。跨步电压是指人的双脚同时踩在不同电位的地面时，而具有的电位差。

图 12-2-9 跨步电压触电示意图

思考与讨论

为了防止触电,人们通常都远离高压电线,但我们却经常可以看到一些鸟儿能安然无恙地站在几万伏甚至几十万伏的高压线上,这是为什么?

触电急救 急救的当务之急是切断电源,然后施救。无法切断电源时,可以用木棒、竹竿等将电线挑离触电者身体。切忌用手直接去拉触电者。

若触电者神志清醒,呼吸心跳均自主,应使其就地平卧,严密观察,暂时不要站立或走动,防止继发休克或心衰;若呼吸、心跳都停止,丧失意识,应一面进行抢救,一面立即叫救护车,并尝试唤醒伤者;对于呼吸停止,心搏存在者,就地平卧解松衣扣,通畅气道,立即口对口人工呼吸;对于心搏停止,呼吸存在者,应立即进行胸外心脏按压。

在患者脱离危险后,送医院前应将电灼伤的创口用盐水棉球洗净,用凡士林或油纱布(或干净毛巾等)包扎好并稍加固定。

防止触电的保护措施 发生触电事故的原因主要有:缺乏安全用电知识,违反操作规程;维护检修不及时,接触年久失修的电源、电线和漏电设备;电气设备安装不合理等。为确保安全用电,必须加强用电管理和安全教育,设置安全标志(图 12-2-10),有完善的安全措施,保护接地和保护接零,使用漏电开关(图 12-2-11)、漏电保护断路器等。

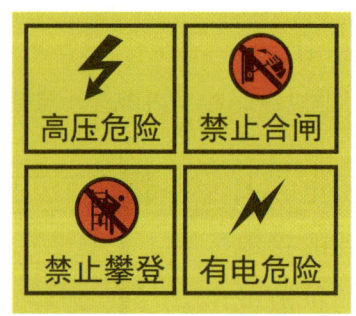

图 12-2-10 设安全标志

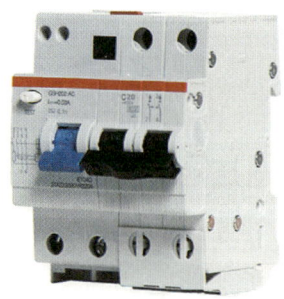

图 12-2-11 漏电开关

技术应用　家庭安全用电

在家庭安全用电中，如何防止触电伤亡、烧坏家用电器和火灾事故的发生，应做好以下几个方面的工作。

1. 不超负荷用电。家庭使用的用电设备总电流不能超过电度表和电源线的最大额定电流。

2. 安装保护器。家庭用电一定要在自家电度表的出线侧安装一只漏电流过电压双功能保护器，以使在家电设备漏电、人身触电、供电电压太高或太低时自动跳闸切断电源，保护人身和设备的安全。

3. 用电设备外壳要可靠接零。三芯插座的接地插孔，一定要接零（地）线连接，三芯插头的接地桩头，一定要与用电设备的铁外壳做可靠的连接，以防用电设备的绝缘击穿或因外壳带电发生人身触电。

4. 把好产品质量关。家庭用电设备要选用国家指定厂家生产、并经技术质检合格的产品。

5. 安装布线符合要求。电源插座安装时要高于地面 1.6 m，临时用电不能胡拉乱接，用完后应立即拆除。

6. 严禁使用代用品。不能用铜丝、铝丝、铁丝代替保险丝；不能用信号传输线代替电源线；不能用医用白胶布代替绝缘黑胶布；不能用漆包线代替电热丝；不能使用自制电热褥等代用品。

7. 发现异常立即断电。用电设备在使用中，发现电压异常升高，或发现用电设备有异常的响声、气味、温度、冒烟、火光，要立即断开电源，再进行检查或灭火抢救。

8. 要养成好习惯。做到人走断电，停电断开关。

9. 家庭进行电气设备安装检修时，应断开电源，非电气工作人员严禁带电作业。

10. 请持有国家相关部门颁发的《特种作业人员操作证》的电工定期维护检修，发现故障及时排除。

练习与应用（Ⅰ）

1. 有人说，在图 12-2-5 中，线圈平面转到中性面的瞬间，穿过线圈的磁通量最大，因而线圈中的感应电动势最大；线圈平面跟中性面垂直的瞬间，穿过线圈的磁通量为零，因而线圈中的感应电动势为零。这种说法对不对？为什么？

2. 鸟儿两脚站在输送 1 000 V 的一根裸铜线上，它不会触电致死，是因为（　　）。

　A. 它的脚是干燥的　　　　　　B. 它的身体绝对没有电流通过

　C. 它的两脚间电压太低　　　　D. 鸟的身体是极好的绝缘体

3. 下列做法符合安全用电的是（　　）。

　A. 换用较粗的保险丝更保险

　B. 使用测电笔时，只要接触测电笔上的金属体就行

　C. 可以在家庭电路的零线上晾晒衣服

　D. 家用电器的金属外壳要接地线

4. 下列说法正确的是（　　）。

　A. 家庭电路中的熔丝熔断，一定是发生了短路

　B. 有金属外壳的家用电器，一定要插在三孔插座上

　C. 家用电能表上的示数显示了家庭用电的总功率

　D. 电扇工作时，消耗的电能全部转化为机械能

练习与应用（Ⅱ）

1. 查阅电气火灾的防范措施。检查自家电器的使用情况，根据安全用电的基本常识，找出存在安全隐患的地方，并对自家的用电安全进行评价。

2. 一台发电机产生的正弦交流电流瞬时值的表达式为 $i=3\sin(314t)$。则电路中电流的最大值是多少？交流电的频率和周期分别是多少？

3. 图 12-2-12 是一个正弦交流电的电流图像。根据图像求出它的周期、频率和电流的最大值。

4. 照明用交流电的电压是 220 V，动力供电线路的电压是 380 V，它们的有效值、最大值各是多少？我国生产和生活用的交流电的频率是 50 Hz，那么交流电的周期是多少？

12.3 变压器和日光灯的工作原理

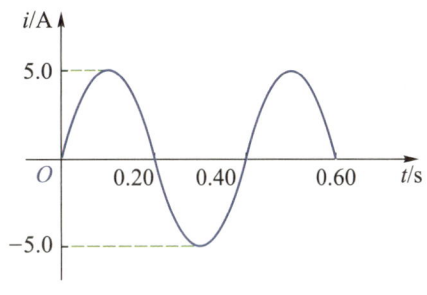

图 12-2-12 正弦交流电流图像

观察与思考

大型发电机发出的交流电压有几万伏，而远距离输电（图 12-3-1）却需要高达几十万伏的电压。各种用电设备所需的电压也不相同，电冰箱、电饭锅、洗衣机等家用电器需要 220 V 的电压，机床上照明灯需要 36 V 的安全电压，半导体收音机的电源电压一般只需要 3～6 V。如何改变电压，以适应各种不同的需要？变压器就是改变交变电压的设备。你知道变压器是怎样升压和降压的吗？

图 12-3-1 输电线路

互感 如图 12-3-2 所示，当线圈 A 中的电流变化时，线圈 B 中的磁通量发生变化，在线圈 B 中就会产生感应电动势。同样，如果线圈 B 中的电流变化时，线圈 A 的磁通量发生变化，在线圈 A 中也会产生感应电动势。这种**由于一个线圈中的电流变化，而使邻近另一个线圈中产生感应电动势的现象**，称为**互感**。变压器、感应圈都是利用互感原理制成的。

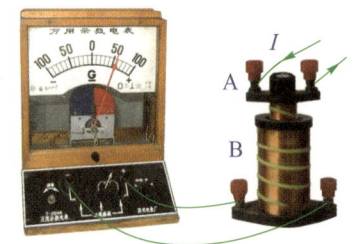

图 12-3-2 线圈电流的变化

变压器 变压器（图 12-3-3）是用来改变交流电压大小的电气设备。它是根据电磁感应的原理，以相同的频率，在两个或更多的绕组之间，变换交流电压和电流而传输电能的静止电气设备。图 12-3-4 是变压器的原理图，跟电源连接的线圈称为**一次线圈**，跟负载连接的线圈称为**二次线圈**。两个线圈都是用绝缘导线绕制而成的，铁心由涂有绝缘漆的硅钢片叠合而成。

图 12-3-3 变压器

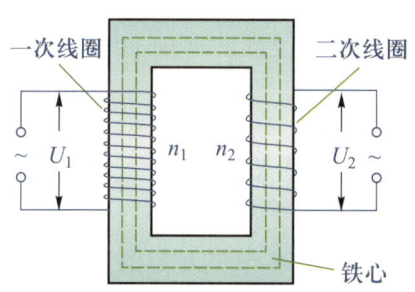

图 12-3-4 变压器的原理图

设一次、二次线圈的匝数分别为 n_1 和 n_2，在一次线圈上加交变电压 U_1，一次线圈中就有交变电流通过，在铁心中产生变化的磁通量。这个变化的磁通量穿过二次线圈，会在二次线圈中引起感应电动势。把用电器接在二次线圈两端时，电路就会有电流通过。此时加在用电器上的电压就是二次线圈两端的电压 U_2。实验证明，**变压器一次、二次线圈两端的电压与它们的匝数成正比**，即

$$\frac{U_1}{U_2} = \frac{n_1}{n_2}$$

如果 $n_2 > n_1$，则 $U_2 > U_1$，这种变压器称为**升压变压器**；如果 $n_2 < n_1$，则 $U_2 < U_1$，这种变压器称为**降压变压器**。

变压器一次、二次线圈的电流 I_1、I_2 之间又有什么关系呢？变压器工作的时候，输入的功率一部分从二次线圈输出，另一部分消耗在发热上。但是消耗的功率一般不大，特别是大型变压器效率可达 97%～99.5%。所以一般可以将它们认为是理想变压器，它们输入的电功率 I_1U_1 等于输出的电功率 I_2U_2。即

$$I_1U_1 = I_2U_2$$

由 $\frac{U_1}{U_2} = \frac{n_1}{n_2}$ 可知

$$\frac{I_1}{I_2} = \frac{n_2}{n_1}$$

可见，**变压器工作时，一次线圈和二次线圈中的电流跟它们的匝数成反比**。变压器的高压线圈匝数多而通过的电流小，可用较细的导线绕制；低压线圈匝数少而通过的电流大，应当用较粗的导线绕制。

 实验与探究　观察两个灯泡的发光情况

> 如图 12-3-5 所示，合上开关 S，调节变阻器 R，使两个同样规格的灯泡 A_1 和 A_2 达到相同的亮度，再调节变阻器 R_1，使两个灯泡都正常发光，然后断开电路。当重新接通电路时，会出现什么现象呢？

自感现象　由图 12-3-5 的实验可以看出：接通电路时，与变阻器 R 串联的电灯 A_2 立刻达到了正常的亮度，而与带铁心的线圈 L 串联的电灯 A_1，却较慢地达到正常的亮度。因为在电路接通的瞬间，通过线圈 L 的电流增大，线圈中的磁通量也随着增加，在线圈 L 中产生了感应电动势。由楞次定律可知，这个电动势要阻碍线圈的电流增强，所以灯泡 A_1 较慢地达到正常亮度。

 实验与探究　观察开关断开时灯泡的亮度

> 如图 12-3-6 所示，把灯泡 A 和带铁心的线圈 L 并联后接在直流电源上。当断电时可以看到什么现象？为什么？

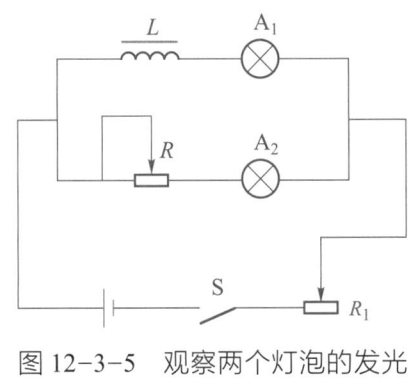

图 12-3-5　观察两个灯泡的发光情况

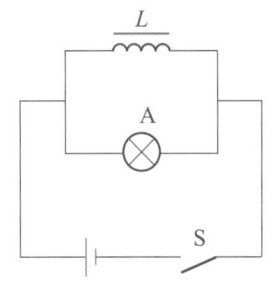

图 12-3-6　观察开关断开时灯泡的亮度

由图 12-3-6 的实验可以看出：当断电时，灯泡并不马上熄灭，甚至会闪亮一下才熄灭。这是因为在切断电路的瞬间，通过线圈的电流快速减少，线圈中的磁通量也快速减少，在线圈 L 中产生了感应电动势。由楞次定律可知，这个电动势要阻碍线圈中电流的减少；又因为这时线圈和灯泡组成了闭合回路，这个电路中有感应电流通过，所以断电后灯泡会闪亮一下才熄灭。

由以上实验可以看出：当线圈中电流发生变化时，线圈本身就会产生感应电动势，这个电动势总是阻碍线圈中原来电流的变化。这种**线圈由于自身电流的变化而产生感应电动势的现象**称为**自感现象**，简称自感。在自感现象中产生的电动势称为**自感电动势**，通常用 E_L 表示。

自感电动势　自感电动势与所有感应电动势一样，是与线圈中磁通量的变化率成正比的。但是在自感现象中，磁场是由线圈中的电流产生的，线圈中磁通量的变化率与通过线圈的电流的变化率成正比。因此，自感电动势 E_L 与电流的变化率 $\frac{\Delta I}{\Delta t}$ 成正比，即

$$E_L = L\frac{\Delta I}{\Delta t}$$

式中 L 是比例系数，称为线圈的**自感系数**。线圈的自感系数是由其本身的特性决定的。线圈的匝数越多，面积越大，自感系数越大；有铁心的线圈的自感系数比没有铁心的大得多。

在国际单位制中，自感系数的单位是 H（亨利，简称亨）。自感的常用单位还有 mH（毫亨）和 μH（微亨），它们的关系是

$$1\ H = 10^3\ mH = 10^6\ \mu H$$

自感现象在电工和无线电技术中具有广泛的应用。日光灯的整流器、自耦变压器等都是利用自感原理制成的。

自感现象也有不利的一面，在自感系数很大而电流又很强的电路（如大型电动机的定子绕组）中，在切断电路的瞬间，由于电流强度在很短的时间内发生很大的变化，会产生很高的自感电动势，使开关的闸刀和固定夹片之间的空气电离而变成导体，形成电弧，不仅会烧坏开关，甚至危及工作人员的安全。因此，切断这类电路时必须采用特制的安全开关。常见的安全开关是将开关放在绝缘性能良好的油中，防止电弧的产生，保证安全。

日光灯的工作原理 日光灯是最常用的照明灯具，日光灯的启动正是一个利用线圈自感现象的例子。日光灯主要由灯架、灯管、镇流器和启辉器四部分组成。图 12-3-7 为日光灯的灯管。灯管的两端各有一个灯丝，灯管内充有微量的氩和稀薄的水银蒸气，灯管内壁上涂有荧光粉。当水银蒸气导电时，就发出紫外线，使涂在管壁上的荧光粉发出柔和的白光。管内所充气体不同，管壁所涂的荧光粉不同，发光的颜色也就不同。

图 12-3-7 灯管

镇流器（图 12-3-8）是一个带铁心的电感线圈，自感系数很大。通交流电时，产生一定的电感阻抗，起限流和降压作用。在断路的瞬间，产生一个很高的自感电动势。启辉器的构造如图 12-3-9 所示，它是一个充有氖气的小玻璃泡，里面装上两个电极，一个固定不动的静触片和一个用双金属片制成的 U 形触片。

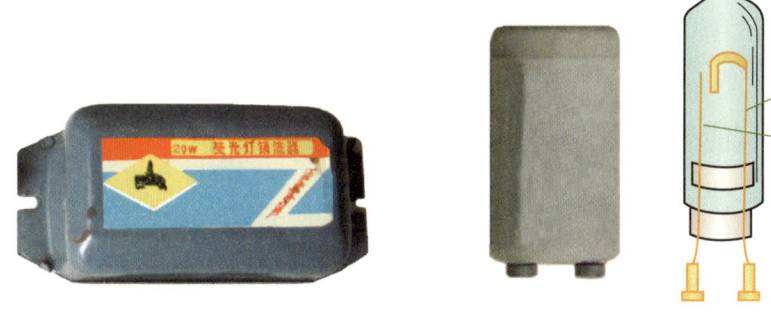

图 12-3-8 镇流器　　　　图 12-3-9 启辉器

图 12-3-10 是日光灯的电路图，它主要是由灯管、镇流器和启辉器组成的。由于激发水银蒸气导电所需的电压较高，日光灯在开始点燃时需要一个高出电源电压很多的瞬时电压。日光灯点燃后正常发光时，灯管的电阻变得很小，只允许通过不大的电流，电流过强就会烧毁灯管，这时又要使加在灯管上的电压低于电源电压。这两方面的要求都是利用与灯管串联的镇流器来达到目的的。

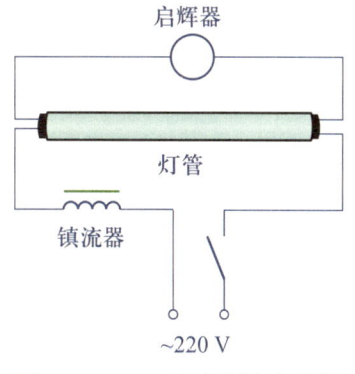

图 12-3-10 日光灯的电路图

当开关闭合时，电源把电压加在启辉器的两极之间，使氖气放电而发出辉光。辉光产生的热量使 U 形触片膨胀伸长，跟静触片接触而使电路接通。于是镇流器的线圈和灯管的灯丝中就有电流通过。电路接通后，启辉器中的氖气停止放电，U 形触片冷却收缩，两个触片分离，电路自动断开。在电路突然断开的瞬间，在镇流器两端产生一个瞬时高电压，这个电压和电源电压一起加在灯管两端，使灯管中的水银蒸气开始放电，于是日光灯开始发光。

日光灯使用的是交变电流，电流的大小和方向都不断地变化。在日光灯正常发光时，由于交变电流不断通过镇流器的线圈，线圈中就会产生自感电动势阻碍电流的变化。这时镇流器就起着降压限流的作用，保证日光灯的正常工作。

思考与讨论

日光灯的启辉器是装在专用插座上的，当日光灯正常发光后，取下启辉器，会影响灯管发光吗？为什么？如果启辉器丢失，作为应急措施可以用一小段绝缘外皮的导线启动日光灯吗？怎样做？请解释其中的道理。

技术应用　智能手机无线充电

目前，手机等便携式电子设备进行充电主要采用的是一端连接交流电源，另一端连接便携式电子设备充电电池的传统充电方式。这种方式有很多不利的地方，如频繁的插拔很容易损坏接头，也可能带来触电的危险等。

因此，非接触式感应充电器应运而生。凭借其携带方便、成本低、无须布线等优势迅速受到各界关注。现在兴起的智能手机无线充电（图 12-3-11）主要是运用电磁感应技术，当电源的交流电通过充电底座中的金属线圈产生变化的磁场，带有金属线圈的智能手机靠近该变化的磁场，就能感应出变化的电流，再通过整流电路变成直流电，实现充电过程（图 12-3-12）。

图 12-3-11　智能手机无线充电

目前少数智能手机已自带无线充电功能，但大部分手机还是不支持无线充电，或者需要增加无线充电接收片才能体验无线充电的便利。电磁感应式的优点是传输效率较高，易于制作，线圈容易达到谐振，且制作成本低，能安全、快速地充电。缺点是送电线圈与接收线圈必须完全吻合，稍有错位，传输效率就会明显下降。

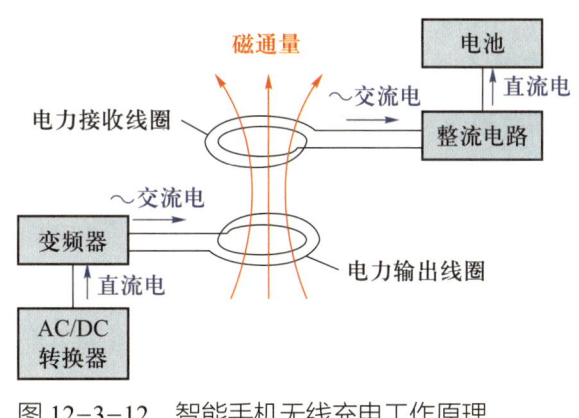

图 12-3-12　智能手机无线充电工作原理

练习与应用（Ⅰ）

1. 为了安全，机床上照明电灯用的电压是 36 V，这个电压是把 220 V 的电压降压后得到的。如果变压器的一次线圈是 1 140 匝，二次线圈是多少匝？

2. 图 12-3-13 中，可以将电压升高供给电灯的变压器是（　　　）。

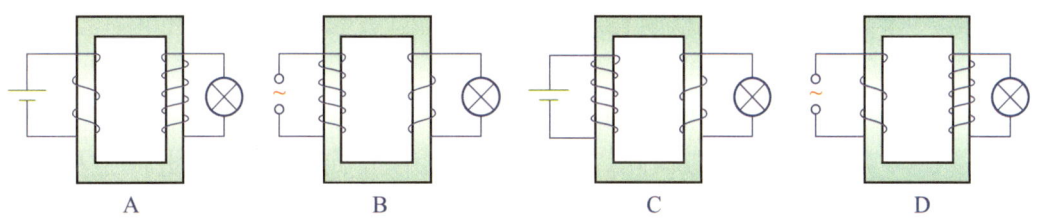

图 12-3-13　变压器电路

3. 有一个线圈，它的自感系数是 1.5 H，当通过它的电流在 0.01 s 内由 1.0 A 增加到 5.0 A 时，线圈中产生的自感电动势是多少？

4. 有一个线圈，当接通电路时，电流变化率为 5.0 A/s，产生的自感电动势是 2.0 V；当断开电路时，电流变化率为 1.0×10^4 A/s，这时的自感电动势多大？线圈的自感系数是多少？

练习与应用（Ⅱ）

1. 当变压器的一个线圈的匝数已知时，可以用下面的方法测量其他线圈的匝数：把被测线圈作为一次线圈，用匝数已知的线圈作为二次线圈，通入交变电流，测出两线圈的电压，就可以求出被测线圈的匝数。已知二次线圈有 400 匝，把一次线圈接到 220 V 的交流电路中，测得二次线圈的电压是 55 V，求一次线圈的匝数。

2. 如图 12-3-14 所示，电路中 L 是自感系数较大的电感器。当滑动变阻器的滑片 P 从 A 端迅速滑向 B 端过程中，通过 AB 的中点 C 时，回路中的电流为 I_1；当滑片 P 从 B 端迅速滑向 A 端过程中通过 C 点时，回路中的电流为 I_2；当滑片固定在 C 点时，回路中的电流为 I_3，则下列关系正确的是（　　）。

A. $I_1=I_2=I_3$
B. $I_1>I_3>I_2$
C. $I_1<I_3<I_2$
D. $I_1=I_2>I_3$

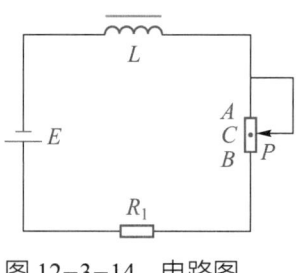

图 12-3-14　电路图

3. 如图 12-3-15 所示的电路中，灯 A_1、A_2 完全相同，带铁心的线圈 L 的电阻可忽略。（1）S 闭合的瞬间，两灯能否同时发光？（2）S 闭合至稳定后，两灯能否同时发光？（3）S 闭合至稳定后再断开的瞬间，会出现什么现象？

4. 图 12-3-16 是街头变压器通过降压给用户供电的示意图。变压器的输入电压是市区电网的电压，负载变化时输入电压不会有大的波动。输出电压通过输电线输送给用户，两条输电线的总电阻用 R_0 表示，变阻器 R 代表用户用电器的总电阻，当用电器增加时，相当于 R 的值减小（滑片向下移）。如果变压器上的能量损失可以忽略，当用户的用电器增加时，电路中各表的读数如何变化？

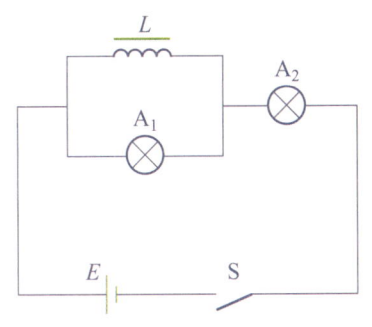
图 12-3-15 带铁心线圈的电路

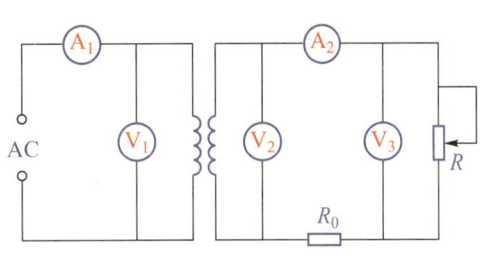
图 12-3-16 变压器供电示意图

12.4 电磁场 电磁波

观察与思考

1887年，德国物理学家赫兹证实了电磁波的存在（图 12-4-1）。从此，电磁场理论作为无线电学的基础，使无线电技术得到了迅速发展。那么，什么是电磁波？电磁波是怎样产生的？它有哪些性质？

图 12-4-1 赫兹在研究电磁波

电磁场理论 19 世纪 60 年代，英国物理学家麦克斯韦，在法拉第等人研究电磁现象成果的基础上，建立起完整的电磁场理论，并根据这一理论预言了电磁波的存在。1887 年，电磁波被德国物理学家赫兹用实验证实。这个理论已成为现代电子技术的理论基础，下面简单介绍麦克斯韦电磁场理论的两个基本论点。

（1）**变化的磁场产生电场**　我们知道，处在变化磁场中的闭合回路，会产生感应电流，如图 12-4-2 所示。电路里有了电流，这表明导体内有电场存在。麦克斯韦指出：这个电场是由变化的磁场产生的。事实上，无论有无导体存在，只要磁场变化，就会在其周围空间产生电场。这种电场不同于静电场，它的电场线是无头无尾的闭合曲线，如图 12-4-3 所示。

变化的磁场所产生的电场，是由磁场的变化情况决定的。如果磁场是均匀变化的，那么所产生的电场就是恒定的；如果磁场的变化是不均匀的，那么所产生的电场就是变化的。

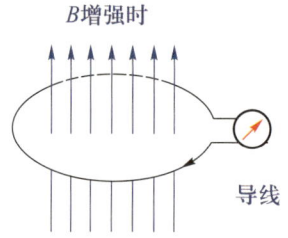
图 12-4-2　变化的磁场产生感应电流

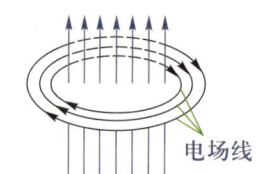
图 12-4-3　变化的磁场产生电场

（2）**变化的电场产生磁场**　我们知道，电流的周围存在着磁场。麦克斯韦研究了电现象和磁现象的联系，从理论上预言了：既然变化的磁场可以在周围空间产生电场，那么，变化的电场也可以在周围空间产生磁场。

根据麦克斯韦理论，在给电容器充电时，不仅导体中的电流要产生磁场，而且在电容器两极板间变化着的电场在其周围空间也要产生磁场（图 12-4-4）。如果电场是均匀变化的，则它所产生的磁场就是恒定的；如果电场的变化是不均匀的，它所产生的磁场就是变化的。

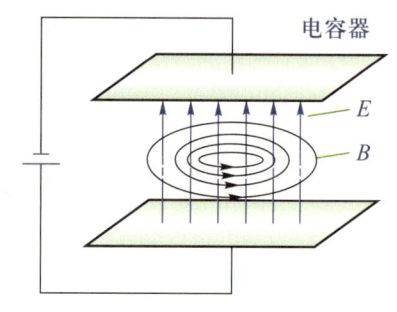
图 12-4-4　变化的电场产生磁场

电磁波　麦克斯韦根据自己的理论进一步预言，如果在空间某区域中有周期性变化的电场，那么，这个变化的电场就在它周围空间产生周期性变化的磁场；这个变化的磁场又在它周围空间产生新的周期性变化的电场……可见，变化的电场和变化的磁场是相互联系的，形成一个不可分离的统一体，这就是**电磁场**。这种变化的电场和变化的磁场总是交替产生，并且由发生的区域向周围空间传播（图 12-4-5）。电磁场从它发生的区域由近及远向外传播，就形成了**电磁波**。

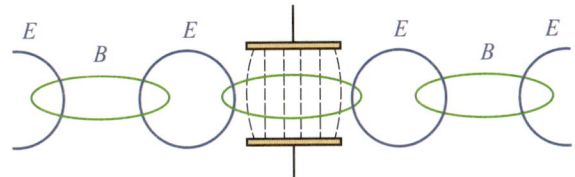

图 12-4-5　变化的电场和磁场形成电磁波

与机械波不一样的是，由于电磁场的形成不需要介质，所以电磁波在真空中也能传播。麦克斯韦还从理论研究中发现，在真空中电磁波的传播速度与光速相等，即任何电磁波在真空中传播的速度都是 $c = 3 \times 10^8$ m/s，电磁波在空气中的传播速度近似等于真空中的速度。

电磁波的波长、波速、周期（频率）间的关系为

$$\lambda = cT \quad \text{或} \quad c = \lambda f$$

由于各种电磁波在真空中的传播速度都是 c，频率不同的电磁波的波长不同，例如一种频率为 15.58 MHz 的电磁波，它的波长为

$$\lambda = \frac{c}{f} = \frac{3 \times 10^8}{15.58 \times 10^6} \text{ m} \approx 19.26 \text{ m}$$

无线电波　无线电技术中应用的电磁波，称为**无线电波**。它的波长范围为 1 mm～30 000 m。根据波长不同，常把无线电波划分为许多波段。表 12-4-1 列出的是各波段的波长和频率范围，以及它们的主要用途。

表 12-4-1　无线电波的波段划分及主要用途

波段	波长	频率	主要用途
长波	30 000～3 000 m	10～100 kHz	超远程无线电通信和导航
中波	3 000～200 m	100～1 500 kHz	无线电广播和电报通信
中短波	200～50 m	1 500～6 000 kHz	
短波	50～10 m	6～30 MHz	
超短波	10～1 m	30～300 MHz	无线电广播、电视、雷达

续表

波段		波长	频率	主要用途
微波	分米波	10～0.1 dm	300～3 000 MHz	电视、雷达、导航
	厘米波	10～1 cm	3 000～30 000 MHz	
	毫米波	10～1 mm	30 000～300 000 MHz	

实验与探究　观察振荡电路中电流的变化

把自感线圈 L、电容器 C、灵敏电流计 G、电池组 E 和单刀双掷开关 S 连成如图 12-4-6 所示的电路。先把开关扳到电池组一边，给电容器充电，充电后再把开关扳到线圈一边，让电容器通过线圈放电。观察电流计的指针如何摆动。

电磁振荡　通过实验可以看到电流计的指针左右摆动，这表明电路里产生了大小和方向随时间做周期性变化的电流。这种**大小和方向都随时间做周期性变化的电流**称为**振荡电流**。能够产生振荡电流的电路称为**振荡电路**。图 12-4-6 中自感线圈和电容器组成的电路，就是一种简单的振荡电路，也称 **LC 振荡电路**。振荡电流也是一种交变电流，只是在无线电技术中需要的振荡电流的频率，要比照明用的交变电流的频率高得多，这种高频振荡电流，要用振荡电路来产生。

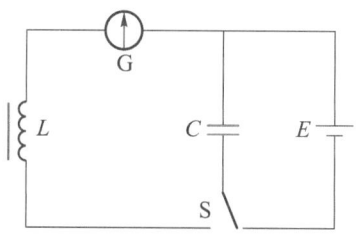

图 12-4-6　振荡电路

在振荡电路中，振荡电流是怎样产生的呢？把开关扳到电池一边，给电容器充电，在电容器充电而未开始放电时，电容器里的电场最强，如图 12-4-7 (a) 所示。这时电路的能量全部都是电场能。再把开关扳到线圈一边，电容器开始放电，电路里有电流。由于线圈的自感作用，电流不能立刻达到最大值。随着线圈里电流的逐渐增强，线圈周围的磁场也逐渐增强。同时，电容器极板上的电荷逐渐减少，电容器的电场逐渐减弱。在这个过程中，电路的电场能逐渐转变成磁场能。当电容器放电完毕的瞬间，电场消失，磁场达到最强，电场能全部转变为磁场能，如图 12-4-7 (b) 所示。

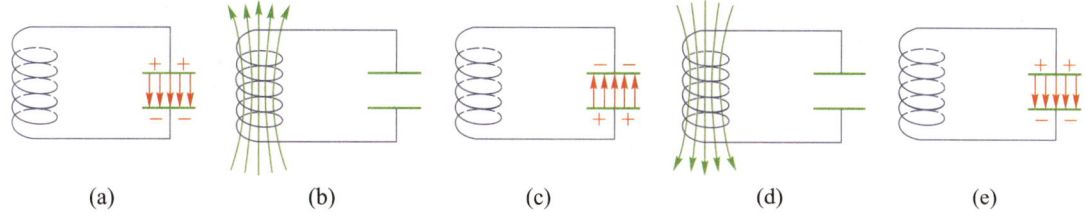

图 12-4-7 振荡电路产生振荡电流的过程

电容器放完电时，由于线圈的自感作用，电路里的电流并不停止，而是保持原来的方向继续流动。这个电流使电容器在反方向上重新充电。在反方向充电过程中，随着电流的减小，线圈周围的磁场逐渐减弱。同时，电容器两极板带上相反的电荷，电容器里产生反方向的电场，并且随着极板上电荷的逐渐增多而增强。在这个过程中，电路的磁场能逐渐转变成电场能。当磁场消失的瞬间，电场达到最强，磁场能全部转变为电场能，如图 12-4-6（c）所示。

此后，电容器开始放电，产生反方向的放电电流。随着电容器极板上的电荷逐渐减少，电场能又逐渐转变为磁场能。不过，电流和磁场的方向都与前次的相反。放电完毕时，电场能全部转变为磁场能，如图 12-4-7（d）所示。接着又是给电容器再度充电的过程，磁场能又转变为电场能，如图 12-4-7（e）所示。

上述过程反复循环下去，在电路中就出现了振荡电流。

在振荡电路里产生振荡电流的过程中，电容器极板上的电荷，通过线圈的电流，以及与电流和电荷相联系的磁场和电场都发生周期性的变化，这种现象称为**电磁振荡**。

等幅振荡和减幅振荡 在电磁振荡中，如果没有能量的损失和补充，振荡将永远继续下去，振荡电流的振幅不变，这种振荡称为**等幅振荡**。图 12-4-8 所示是等幅振荡的图线。

实际上，任何电路都有电阻，因而在电磁振荡中，有一部分能量转变为热力学能，还有一部分能量要辐射到周围空间中去。这样，由于振荡电路的能量不断消耗，振荡电流的振幅越来越小，最后停止下来。这种振荡称为**减幅振荡**。图 12-4-9 所示是减幅振荡的图线。

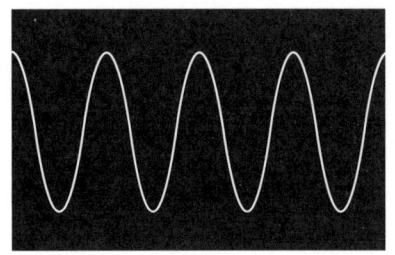
图 12-4-8 等幅振荡的图线

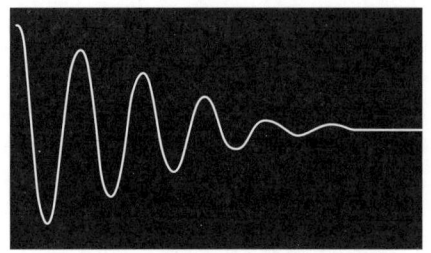
图 12-4-9 减幅振荡的图线

在无线电技术中，常常需要等幅振荡。这种等幅振荡是由振荡器产生的，振荡器靠晶体管周期性地把电源的能量补充到振荡电路中，以补充损失的能量，从而维持了等幅振荡。

固有周期和固有频率 电流完成一次全振荡所需要的时间，称为**振荡周期**（T）；1 s 内完成全振荡的次数，称为**振荡频率**（f）。

由理论和实验可知，振荡电路的周期 T 和频率 f 与电路的自感系数 L 和电容 C 的关系分别为

$$T = 2\pi\sqrt{LC}$$

$$f = \frac{1}{2\pi\sqrt{LC}}$$

式中周期 T、频率 f、自感系数 L 和电容 C 的单位分别是 s、Hz、H 和 F。

从上式可以看出，T 和 f 由电路本身的性质决定，分别称为电路的**固有周期**和**固有频率**。只要改变 L 和 C 的大小，就可以改变电路的固有周期和固有频率。如普通收音机的选台，就是改变振荡电路中电容器的电容 C 的大小，从而改变收音机振荡电路的固有频率。

【例题】中波段收音机接收的频率范围是 535～1 605 kHz。已知某收音机调谐电路的磁棒线圈的自感系数 L 为 300 μH，求：(1) 该收音机所能接收电磁波的最短波长和最长波长各是多少？(2) 调谐电路中可变电容器的电容量的最大值和最小值各是多少？

分析：应用公式 $c = \lambda f$，可求出电磁波的最短波长和最长波长。当接收电磁波的频率为 $f_1 = 535$ kHz 时，$\lambda_1 = \dfrac{c}{f_1}$ 是最长的波长；当接收的电磁波频率为 $f_2 = 1\ 605$ kHz 时，$\lambda_2 = \dfrac{c}{f_2}$ 是最短的波长。应用公式 $f = \dfrac{1}{2\pi\sqrt{LC}}$ 可计算电容器的电

容量 C。由于磁棒线圈的自感系数已知，接收电路的固有频率决定于电容器的电容量。当电容器的电容最大时，电路中的固有频率最低，是 535 kHz；当电容器的电容最小时，电路中的固有频率最高，是 1 605 kHz。

解：（1）由公式 $c = \lambda f$ 得 $\lambda = \dfrac{c}{f}$

$$\lambda_{\max} = \frac{c}{f_1} = \frac{3 \times 10^8}{5.35 \times 10^5} \text{ m} \approx 5.6 \times 10^2 \text{ m}$$

$$\lambda_{\min} = \frac{c}{f_2} = \frac{3 \times 10^8}{1.605 \times 10^6} \text{ m} \approx 1.87 \times 10^2 \text{ m}$$

（2）由公式 $f = \dfrac{1}{2\pi\sqrt{LC}}$ 得 $C = \dfrac{1}{4\pi^2 L f^2}$

$$C_{\max} = \frac{1}{4\pi^2 L f_2^2} = \frac{1}{4 \times 3.14^2 \times 3 \times 10^{-4} \times (5.35 \times 10^5)^2} \text{ F} \approx 2.95 \times 10^{-10} \text{ F} = 295 \text{ pF}$$

$$C_{\min} = \frac{1}{4\pi^2 L f_1^2} = \frac{1}{4 \times 3.14^2 \times 3 \times 10^{-4} \times (1.605 \times 10^6)^2} \text{ F} \approx 3.28 \times 10^{-11} \text{ F} = 32.8 \text{ pF}$$

巨匠与创新　麦克斯韦及他的治学方法

麦克斯韦（1831—1879）是一位杰出的英国物理学家（图 12-4-10）。他是经典物理学的奠基者之一，是电磁理论的创立者。他 15 岁就初露锋芒，在英国《爱丁堡皇家学会学报》上发表数学论文，16 岁考进大学攻读数学物理，他最初对光的理论和电磁现象特别感兴趣。由于得到两位数学大师霍普金斯和斯托克斯的指点，加上他勤学苦练，很快就掌握了当时世界上最先进的数学工具，使他达到相当高的数学水平，为日后从事电磁理论的研究打下了基础。

图 12-4-10　麦克斯韦

麦克斯韦在物理学的许多方面都作出了重要贡献。在热力学、分子物理学、天文学、流体力学，特别是在电磁学等领域，都取得了惊人的研究成果。他是经典电磁学理论的创始人和分子运动论的主要奠基者。

麦克斯韦所建立的关于电磁场理论的麦克斯韦方程组，是电磁学发展史上具有划时代意义的一个重大突破性理论。他在 1873 年出版的《论电和磁》这一重要著作中，以法拉第的电磁理论为基础，总结了 19 世纪中叶以前的电磁现象的研究成果，经过不懈地努力，最终建立了完整的电磁理论。

他在这部专著中对电磁场理论作了全面、系统的阐述，通过麦克斯韦方程组完整地反映出电磁场的规律。在一般形式上，提出和表述了各种基本问题，把电荷、电流、电场和磁场间的普遍联系完全统一起来，精确地描述了电磁场的运动具有波动性质，它以光速传播，并且指出，光在本质上是一种电磁波。

我们从麦克斯韦对物理学作出的重大贡献中可以得到许多有益的启迪。对于他的理论密切联系实际的治学方法，可以归纳为以下四个方面：

（1）重视感性知识，用心、用脑和用手。他认为，学习要做到三点：用心、用脑和用手。他说，用心需要充满热情和愿望，用脑需要深入思考，用手需要付出劳动去经常实践。他在学生时代，经常自己动手制作模型和仪器，绘制几何图形来帮助思考，通过这些实践活动，获得许多感性知识，因而理解得快，学得巩固。

（2）重视实验。麦克斯韦一生都重视实验，亲自参加实验。如他亲自进行实验来验证卡文迪什的实验方法和成果。他在科学论文中指出，要训练学生"去观察在什么条件下会发生什么现象……去量度我们所观察到的东西""仔细测量的劳动，会使我们得以发展新的研究领域和发展新的科学概念"。

（3）强调数学与物理相结合。麦克斯韦在科学工作中最突出的特点是，把数学思维和物理概念密切结合起来；把物理图像用数学语言精确地表达出来。在电磁场理论中，充分体现了他的这种才能，他把法拉第的关于场的物理概念翻译成数学语言。法拉第看到麦克斯韦的有关文章后大为赞扬地说："我惊讶地看到，这个主题居然处理得如此之好！"他在处理科学问题时总是实事求是地从物理概念出发，利用数学工具，紧紧地抓住问题的物理本质。

（4）阅读课外书籍，培养独创能力。麦克斯韦从中学时代起就独立地开始了科学研究活动。他大量地阅读课外书籍，充分发挥自己的独创精神，善于把思考和实验结合起来。

他取得如此巨大的科学成就是与他严谨的治学方法分不开的。这些治学方法是值得我们学习的。

练习与应用（Ⅰ）

1. 麦克斯韦电磁理论的两个基本论点是什么？
2. 电磁波和机械波最主要的区别是什么？
3. 按我国电视频道的划分，10 频道的图像载频是 200.25 MHz，伴音载频是 206.75 MHz。它们的波长分别是多少？
4. 一般收音机在中波段接收的波长范围为 560.7～186.9 m，它的接收频率范围是多少？

练习与应用（Ⅱ）

1. 收集资料，讨论电磁波的应用对人类生产、生活的影响，撰写调查小报告，并在课堂上交流。
2. 变化的磁场和变化的电场形成不可分割的统一体——电磁场，它会由近及远地向外传播，它的传播需要介质吗？它传播的速度是多少？
3. 中国航天员在中国空间站上成功进行了太空授课（图 12-4-11）。已知中国空间站轨道半径约为 6 800 km，地球半径约为 6 400 km，试计算航天员讲课的实时画面从中国空间站发至地面接收站，最少需要多少时间？
4. 电焊作业时，会产生对人体有害的电焊弧光。焊接电弧温度在 3 000 ℃ 时，辐射出大量频率为 1.0×10^{15} Hz 的电磁波。根据波长判断，它属于哪种电磁波？电焊工人作业时，要佩戴专业的防护头盔（图 12-4-12），这是为什么？

图 12-4-11 太空授课

图 12-4-12 电焊作业

第十二章 电磁感应 电磁波

本章思维导图

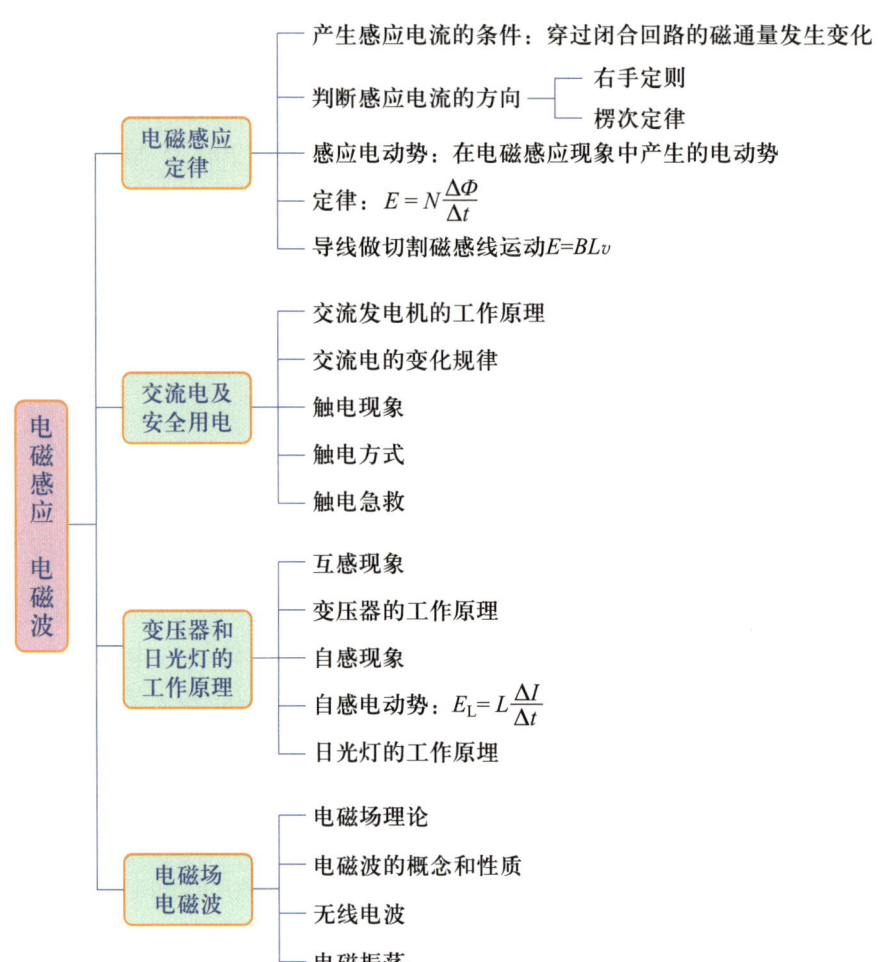

第十三章　光现象及其应用

光对人类非常重要，没有光就看不到外部世界丰富多彩的景象，也拍不到美丽的照片。光是人类生存的重要基础，人类获得信息的主要渠道也离不开光。我们之所以能够看到周围五彩缤纷的客观世界，也正是由于物体发射和反射的光进入我们眼中。光学和几何学、天文学、力学一样，是一门具有悠久历史的学科。同时，激光的发展不仅使古老的光学科学和光学技术获得了新生，而且导致一门新兴产业的出现，极大地促进了社会的发展。

光学的发展过程十分典型地反映了人类认识真理的客观规律性，即遵循实践—理论—实践的认识规律，由浅到深，由片面到全面，由现象到本质，由实验到理论，而且这种认识，不会有穷尽。

在这一章里，我们将以光的直线传播和光的独立传播概念为基础，来研究光的折射、全反射规律，以及光导纤维的应用，最后介绍激光的特性及其应用。

第十三章 光现象及其应用

学习目标

理解折射率、临界角等物理概念,理解光的折射定律和产生全反射的条件,知道光是一种特殊形态的物质,了解全反射现象、光导纤维在医疗、生产生活中的应用,能解释海市蜃楼等光学现象。了解激光的特性及其应用。

知道光线等物理模型在研究光学问题中的重要作用。通过定义折射率,进一步了解比值定义的物理量特点。通过观察折射角与入射角的关系等实验,进一步加深对观察法的理解。了解折射定律的发现是物理实验与数学方法相结合的结果。

通过观察折射角与入射角的关系、探究光的折射定律、水流导光等实验,增加对相关光学现象的感性认识,提升实验观察、操作技能、探究设计等核心素养。通过了解激光的应用,提升技术运用等核心素养。

通过了解我国在激光技术、射电望远镜方面取得的伟大成就,增强民族自信心和自豪感,认识科学技术对社会发展的重要推动作用,增强科技传承的责任感,激发学习的动力和对科学探索的兴趣。

13.1 光的折射和全反射

观察与思考

我们利用光纤传递各种信息、图像,在医学上利用光纤制成各种内窥镜(图 13-1-1),把探头送到人的食管、胃或十二指肠里,通过传输光束来照明器官内壁,检查人体内部的疾病(图 13-1-2)。那么,光纤通信和内窥镜的工作原理什么?

光的折射 光在同一种介质中是沿直线传播的,但是光从一种介质射入到另一种介质时,情况就不一样了。例如,一束光从空气斜射到水面上,除了有一部分光线在界面上发生反射,回到空气中之外,还有一部分光线射入水中,并改变了原来的传播方向。我们把**光从一种均匀介质射入另一种均匀介质时,**

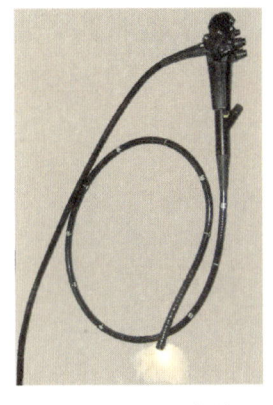 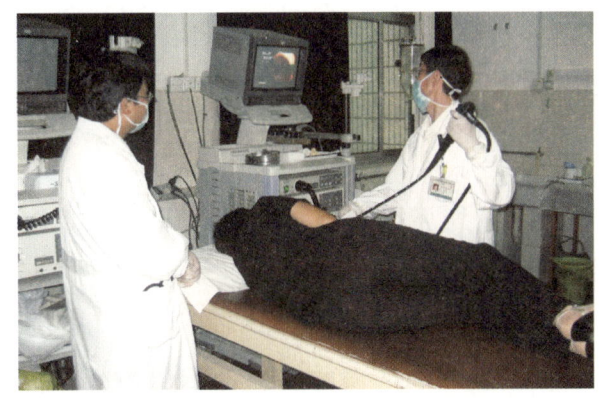

图 13-1-1　内窥镜　　图 13-1-2　胃镜检查

传播方向在界面处发生改变的现象，称为**光的折射**。

光的折射现象经常可见，例如，我们看到水缸中的鱼实际上是鱼的像（图 13-1-3）；筷子斜插入水中，可以看到筷子在水面上下两部分好像折成了两段（图 13-1-4）；透过玻璃砖看到的尺子被"折断"了。这些现象都是由于光发生了折射。

图 13-1-3　观察水缸中的鱼　　图 13-1-4　筷子在水面处发生弯折

折射率　光线从真空中斜射入介质时，在介质的入射界面处光线发生了折射，光线在不同介质中偏折的程度不同，我们用介质的折射率来反映介质折射的性质。

光从真空射入某种介质发生折射时，入射角 α 的正弦与折射角 γ 的正弦之比，称为这种介质的**折射率**。折射率用 n 来表示，即

$$n = \frac{\sin\alpha}{\sin\gamma}$$

153

理论和实验都证明，某种介质的折射率，等于光在真空中的速度 c 与光在这种介质中的速度 v 之比，即

$$n = \frac{c}{v}$$

由于光在真空中的速度 c 大于光在任何介质中的速度 v，所以任何介质的折射率都大于 1。光从真空射入任何介质时，$\sin \alpha$ 都大于 $\sin \gamma$，即入射角大于折射角。

由于光在真空中的速度与光在空气里的速度相差很小，可以认为光从空气中进入某种介质时的折射率就是光从真空射入该介质的折射率。表 13-1-1 列出了几种介质的折射率。

表 13-1-1 几种介质的折射率

介质	折射率	介质	折射率
金刚石	2.42	岩盐	1.55
二硫化碳	1.63	酒精	1.36
玻璃	1.5～1.9	水	1.33
水晶	1.54	空气	1.000 3

 观察与体验　观察折射角与入射角的关系

如图 13-1-5 所示，让一束激光从空气沿着半圆形玻璃砖的半径射到直边上，观察光的传播方向。逐渐增大光的入射角，观察折射角的变化。

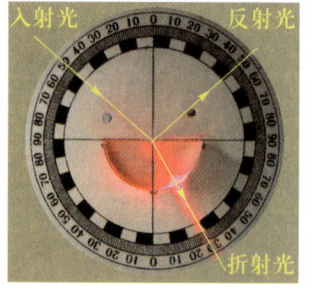

图 13-1-5　观察折射角与入射角的关系实验

光的折射定律　实验表明，入射角增大，光从空气射到玻璃砖的直边上时，大部分光反射回空气，小部分光折射到玻璃砖内。逐渐增大入射角，折射角也随之增大。科学家经过更精确的研究，发现光在折射时遵循如下规律：

（1）折射光线、入射光线和法线在同一平面内，折射光线和入射光线分别

在法线的两侧（图 13-1-6）；

（2）入射角的正弦和折射角的正弦之比，等于第二介质与第一介质的折射率之比，即

$$\frac{\sin\alpha}{\sin\gamma}=\frac{n_2}{n_1}$$

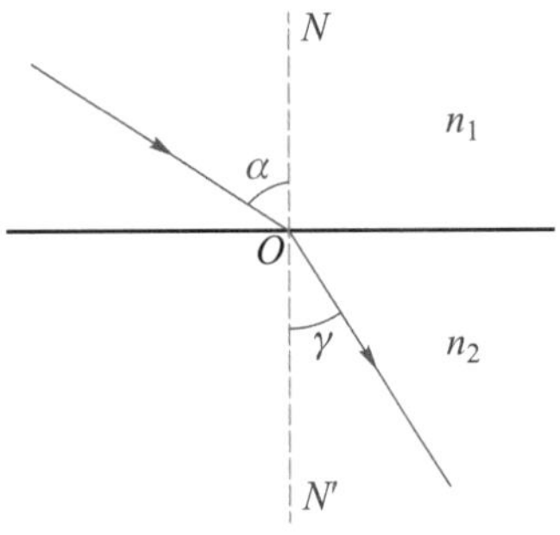

图 13-1-6 光的折射

这就是**光的折射定律**。对于光的折射现象，人类早在公元 140 年就进行了测量，直到 1621 年荷兰数学家斯涅耳才找到了折射角与入射角之间的这种定量关系。物理规律的探寻需要漫长的历程和持之以恒的科学精神。折射定律又称为斯涅耳定律。

两种介质相比较，折射率大的称为**光密介质**，折射率小的称为**光疏介质**。比如，水与空气比较是光密介质，而与玻璃比较就成了光疏介质。光从光疏介质射入光密介质时，折射角小于入射角；光从光密介质射入光疏介质时，折射角大于入射角。

人们常把折射定律写成 $n_1\sin\alpha = n_2\sin\gamma$ 的形式，便于记忆。当光垂直射入界面，即入射角为 0° 时，不产生折射现象。如果让光线逆着原来的折射光线射到界面上，光线就会逆着原来的入射光线发生折射，即在折射现象里，光路是可逆的。

思维与方法　观察法

观察法是人们有目的、有计划地通过感觉器官或借助科学仪器对自然现象在自然发生的条件下进行资料搜集的一种方法，是最基本、最古老、最直接的科学方法。观察是获得感性材料的基本途径，人类探索自然的一切实践活动都离不开观察。

【**例题 1**】已知玻璃的折射率是 1.55，水的折射率是 1.33，问：（1）光在两种介质中的传播速度各是多大？（2）光线以 30° 的入射角从玻璃射入水中时折射角有多大？

解：（1）由介质的折射率公式 $n=\dfrac{c}{v}$，有

$$v_{玻} = \frac{c}{n_{玻}} = \frac{3\times10^8}{1.55} \text{ m/s} \approx 1.94\times10^8 \text{ m/s}$$

$$v_{水} = \frac{c}{n_{水}} = \frac{3\times10^8}{1.33} \text{ m/s} \approx 2.26\times10^8 \text{ m/s}$$

（2）光线从玻璃射入水中，由折射定律 $\dfrac{\sin\alpha}{\sin\gamma} = \dfrac{n_{水}}{n_{玻}}$，得

$$\sin\gamma = \frac{n_{玻}\sin\alpha}{n_{水}} = \frac{1.55\times\sin30°}{1.33} \approx 0.583$$

$$\gamma \approx 35.64°$$

讨论：从（1）中可看出玻璃与水相比较，$v_{玻} < v_{水}$，$n_{玻} > n_{水}$。所以，玻璃为光密介质，水为光疏介质。

从（2）中可看出当光线从光密介质射向光疏介质时，折射角大于入射角。

实验与探究　探究产生全反射现象的条件

如图 13-1-7 所示，让一束激光沿着半圆形玻璃砖的半径射到直边上，逐渐增大光的入射角，观察折射光线和反射光线，归纳折射角随入射角的变化情况。当入射角增大到某一角度后，折射光线是否消失？

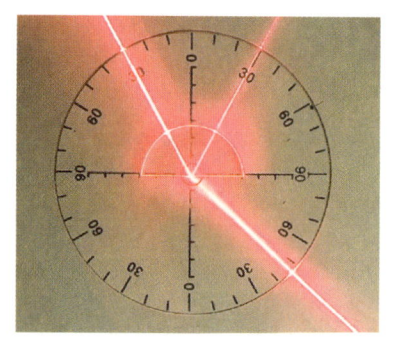

图 13-1-7　观察光的折射现象

全反射　从实验中可以看到，让一束光沿着半圆形玻璃砖的半径射到直边上，可以看到一部分光线从玻璃砖的直边上折射到空气中，一部分光线反射回玻璃砖内。逐渐增大光的入射角，将会看到折射角越来越大，而且折射光线越来越弱，反射光线越来越强。当入射角增大到某一角度，使折射角达到 90° 时，折射光线就完全消失，只剩下反射光线（图 13-1-8）。

入射光线在介质分界面上被全部反射的现象称为**全反射**。折射角等于 90° 时的入射角 α_0 称为**临界角**，如图 13-1-9 所示。

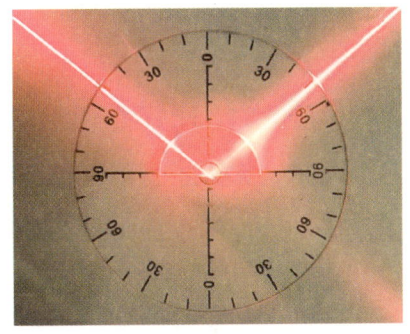
图 13-1-8 观察光的全反射现象

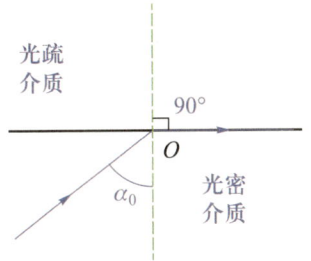
图 13-1-9 临界角

实验显示，发生全反射现象必须满足两个条件：

（1）光从光密介质射向光疏介质；

（2）入射角大于或等于临界角。

临界角的计算 当光线由光密介质斜射向光疏介质时，据折射定律可求出发生全反射的临界角 α_0。

$$\frac{\sin\alpha_0}{\sin 90°}=\frac{n_{疏}}{n_{密}}, \quad \sin\alpha_0=\frac{n_{疏}}{n_{密}}$$

当光从折射率为 n 的介质进入空气时，$n_{空}=1$，则

$$\sin\alpha_0=\frac{1}{n}$$

上式表明，光从介质射向空气时，折射率越大的介质，其临界角越小，越容易发生全反射。表 13-1-2 列了几种物质对真空或空气的临界角。

表 13-1-2 几种物质的临界角

物质	金刚石	玻璃	甘油	酒精	水
临界角	24.4°	30°～42°	42.90°	47.30°	48.6°
折射率	2.42	1.5～1.9	1.47	1.36	1.33

我们经常能观察到全反射现象。清晨在阳光照耀下，草叶上的露珠显得很明亮，这是由于一部分入射角大于临界角的光射到水珠的下表面上，在那里发生了全反射。玻璃中如果有气泡，气泡看起来很亮，也是光线在气泡外表面上发生了全反射的缘故。

实践与探索

将一枚硬币放在碗底部，我们从某一角度观察时，刚好看不到碗底部的硬币。保持眼睛和碗的位置不变，逐渐向碗中注入清水，当水面上升到一定高度时，我们就能看到碗底部的硬币了。当水面继续升高，硬币好像也在升高。请动手做一做，并解释这种现象。

【例题 2】 光线由空气射入某一介质时，入射角是 60°，折射角是 30°，求光在这种介质中的传播速度和这种介质对于空气的临界角。

解：（1）光线由空气射入某一介质，由折射定律可求出这种介质的折射率

$$n = \frac{\sin \alpha}{\sin \gamma} = \frac{\sin 60°}{\sin 30°} \approx 1.732$$

（2）根据公式 $n = \frac{c}{v}$ 可算出光在这种介质中的传播速度

$$v = \frac{c}{n} = \frac{3 \times 10^8}{1.732} \text{ m/s} \approx 1.73 \times 10^8 \text{ m/s}$$

（3）光由这种介质进入空气时发生全反射的临界角的正弦值

$$\sin \alpha_0 = \frac{1}{n} = \frac{1}{1.732} \approx 0.577$$

$$\alpha_0 \approx 35.3°$$

思考与讨论

有个成语叫"井底之蛙"，说的是井底下的青蛙以为天只有井口那么大。因为井底之蛙的视野被井口所限，有看不到的死角（图 13-1-10）。而一个潜水员在水下图 13-1-11 所示位置时，却能对水面上的世界一览无遗，这是为什么？

图 13-1-10　井底之蛙

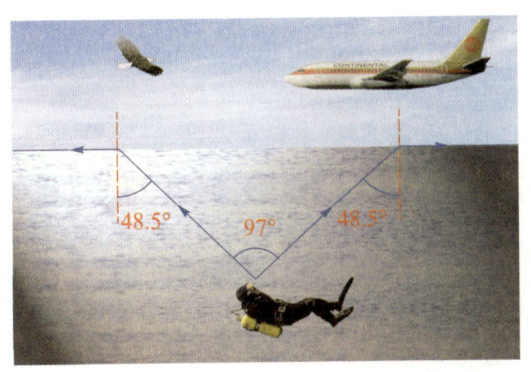

图 13-1-11 潜水员在水中观察水上世界

全反射棱镜 横截面是等腰直角三角形的棱镜称为**全反射棱镜**。图 13-1-12 中的等腰直角三角形 ABC 就是一个全反射棱镜的横截面。如果光线垂直地射到 AB 面上，就会沿原来的方向进入棱镜，射到 AC 面上。由于入射角（45°）大于光从玻璃进入空气的临界角（42°），这条光线会在 AC 面上发生全反射，沿着垂直于 BC 的方向从棱镜射出。如果光线垂直地射到 AC 面上（图 13-1-13）沿原方向进入棱镜后，在 AB、BC 两个面上都会发生全反射，最后光线沿着与入射时相反的方向从 AC 面上射出。在光学仪器里，常用全反射棱镜来改变光线的方向。图 13-1-14 是全反射棱镜应用在潜望镜里的光路图。

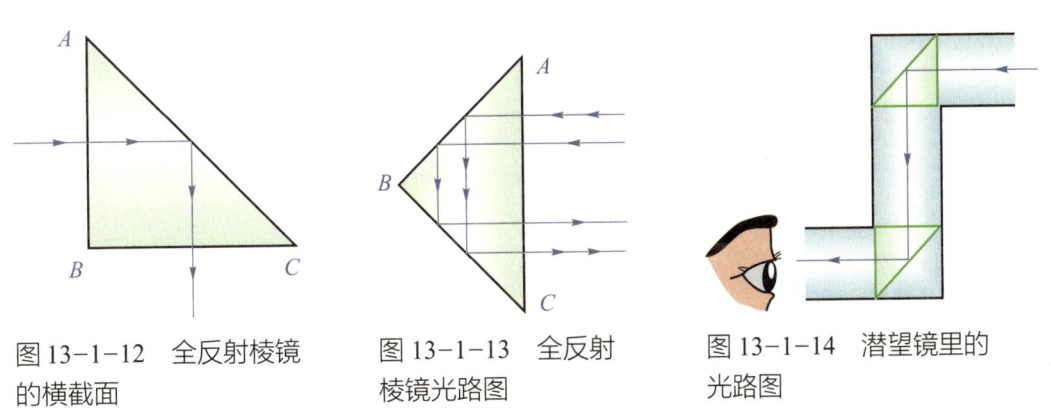

图 13-1-12 全反射棱镜的横截面

图 13-1-13 全反射棱镜光路图

图 13-1-14 潜望镜里的光路图

光导纤维的应用 光导纤维（简称光纤）是一种比头发丝还细的，直径只有 1～100 μm 的能导光的纤维（图 13-1-15）。它由芯线和包层组成，芯线折射率比包层的折射率大得多，当光的入射角大于临界角时，光在芯线和包层界面上不断发生全反射，从一端传输到另一端（图 13-1-16）。光纤的材料可以是玻璃、石英、塑料、液芯等。光纤的功能很多，在工业、农业、国防以及医学上都有广泛的应用。

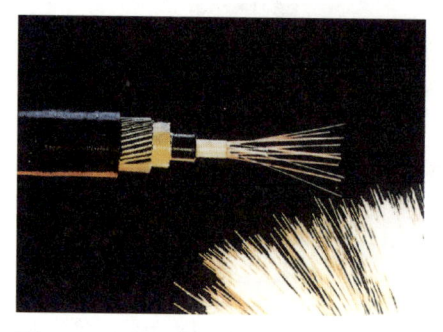

图 13-1-15 光导纤维结构

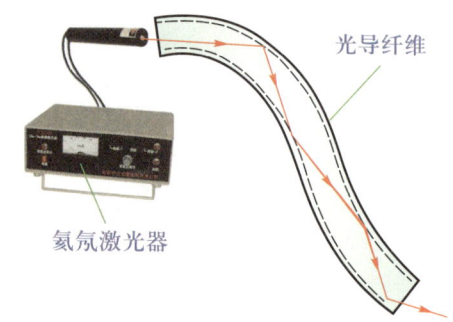

图 13-1-16 光导纤维工作原理示意图

在医学上利用光纤制成各种内窥镜，可以检查人体内部的疾病；利用石英光纤传送激光束，产生高温可为消化道止血；在心脏外科中光纤导管插入动脉，用激光对血管阻塞物加热使其熔化，可以治疗冠状动脉疾病。工业上的光纤内窥镜可用来观察机器内部，特别是在各种高温高压、易燃易爆、强辐射环境下获取各种信息；利用光纤对光的强度、相位、偏振等的敏感性制成各种光纤传感器来检测电压、电流、温度、流量、压力、浓度、黏度等物理量。

在国防上利用光纤抗干扰能力强、保密性好等优点，将其用于实战指挥系统、机要通信系统、导弹控制系统等。

现在光纤主要应用在通信领域。目前已能在一根光纤上传送几万路电话或几十路电视，一根 8 mm 的光缆可集成 4 000 根光纤，其通信容量远大于电缆。

光纤通信具有容量大、衰减小、灵敏度高、抗干扰性强、保密性能好等优点，在世界各国得到迅速推广。

 实践与探索　水流导光

将塑料瓶下侧开一个小孔，瓶中灌入清水，水就从小孔流出。用激光笔产生的激光水平射向塑料瓶小孔（图 13-1-17），观察光的传播路径。做一做，并解释这种现象。

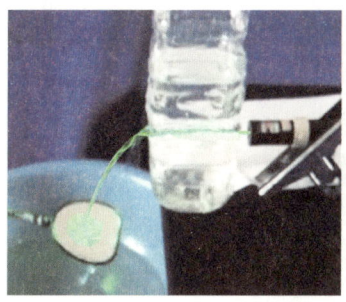
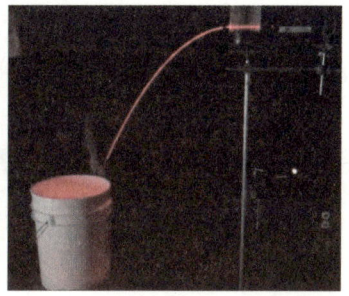

图 13-1-17　水流导光实验

技术·中国　独一无二的射电望远镜 FAST

500 m 口径球面射电望远镜（图 13-1-18），简称 FAST，位于贵州省，被誉为"中国天眼"，是世界上目前口径最大、最具威力的单天线射电望远镜，体现了我国的高技术创新能力。自 2016 年 9 月 25 日落成启用以来，"中国天眼"已经发现了 800 余颗新脉冲星（截至 2023 年 7 月 25 日）。

在揭示暗物质的发展中，我国科学家团队首次利用射电望远镜（FAST）从银河系以外的星系中发现了中性氢原子，这一壮举证明了望远镜的超凡灵敏度。FAST 将在未来二三十年保持世界领先地位，并将吸引国内外一流人才和前沿科研课题，成为国际天文学术交流中心。

图 13-1-18　"中国天眼"

练习与应用（Ⅰ）

1. 如图 13-1-19 所示，从水面上看水下的灯，都是一个个圆形光晕，你能说出为什么会是这样吗？

2. 已知光由某种酒精射向空气时的临界角为 48°，求此种酒精的折射率。

3. 光从空气射入某介质，入射角为 60°，此时反射光线恰好与折射光线垂直，求介质的折射率，并画出光路图。

4. 如图 13-1-20 所示，光从某介质射入空气，求：（1）介质折射率；（2）光在介质中的传播速度。

图 13-1-19　看水下的灯呈圆形光晕

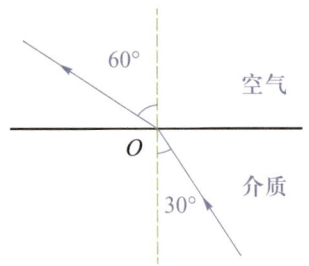

图 13-1-20　光的折射图

练习与应用（Ⅱ）

1. 收集资料，了解光导纤维在现代通信中的重要应用，并在课上讨论。

2. 一束光从空气射入水中，欲使折射光与水平面成 60°，求入射光的入射角，并绘出光路图。

3. 已知金刚石的折射率为 2.42，水的折射率为 1.33，问光线怎么发射才能发生全反射？发生全反射时的临界角为多大？

4. 夏天海面上和沙漠中都可能出现海市蜃楼（图 13-1-21），这是什么物理现象？2018 年 7 月，台风"安比"登陆山东，两座写字楼隐约出现高空云层中（图 13-1-22），场面壮观，引发不少市民驻足观望，经专家释疑这是海市蜃楼

图 13-1-21　沙漠中的蜃景

图 13-1-22　山东蓬莱海市蜃楼

奇观。我国山东蓬莱海面上常出现这种幻景，古人归因于蛟龙之属的蜃，吐气而成楼台城廓，因而得名。那么，这些现象是怎么产生的呢？

13.2 激光的特性及其应用

观察与思考

图 13-2-1 是一个激光表演的晚会，让现场观众获得梦幻般的视觉感受。图 13-2-2 为普通光束的晚会，仔细观察灯光有什么不同？激光有什么特性和应用？

图 13-2-1　激光表演的晚会

图 13-2-2　普通光束的晚会

激光　激光（图 13-2-3）是 20 世纪以来，继核能、计算机、半导体之后，人类的又一重大发明，被称为"最快的刀""最准的尺"和"最亮的光"。它的亮度约为太阳光的 100 亿倍。激光的原理早在 1916 年已被著名的美国物理学家爱因斯坦发现，但直到 1960 年激光才被首次成功制造，它一问世，就获得了异乎寻常的飞快发展。

普通光源的发光都是由于原子的自发辐射产生的，光源中处于高能级的原子自发地跃迁到低能级，同时放出一个光子，

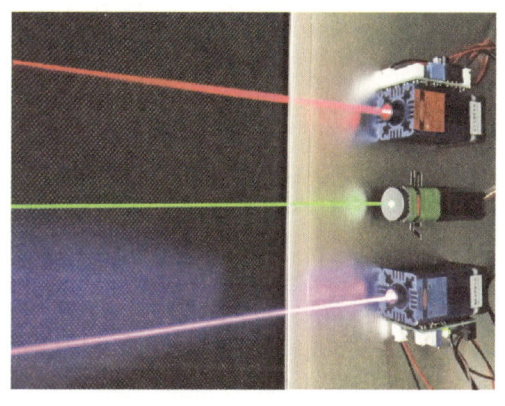

图 13-2-3　激光

这种现象称为**自发辐射**。由普通光源发出的光子状态是各不相同的,不仅波长不同,发射的方向也不同,即发出的光是杂乱无章的。

激光则是由受激辐射产生的。1916年,爱因斯坦提出了一套全新的技术理论"光与物质相互作用"。这一理论是说在组成物质的原子中,有不同数量的粒子(电子)分布在不同的能级上,在高能级上的粒子受到某种光子的激发,会从高能级跳(跃迁)到低能级上,这时将会辐射出与激发它的入射光相同性质的光,这种现象称为**受激辐射**。原子发生受激辐射时,放出的光子的频率、偏振方向和发射方向等,都和入射光子完全一样。如果这些光子在介质中传播时再引起其他原子发生受激辐射,就会产生越来越多的相同的光子,使光得到加强,这就称为"受激辐射的光放大",简称**激光**。

激光的特性　与其他光源相比,激光具有方向性好、能量集中、单色性好和相干性好等一系列特点,归纳起来主要有以下四个方面。

(1) **方向性好**　普通光源发出的光向四面八方发射,而激光器(图13-2-4)发射光束非常细,即使射到很远的屏幕上,它所形成的光斑也很小。所以光束的方向性很强,光束的能量在空间高度集中,能在直径为百分之几毫米或千分之几毫米的范围内,产生几万摄氏度或几百万摄氏度以上的高温。在普通光源中方向性

图13-2-4　激光器

很好的探照灯,它的光束在几千米外,也要扩展到几十米的范围,而激光束在几千米外,其扩展范围不到几厘米。1962年,人类第一次使用激光照射月球,地球离月球的距离约38万千米,但激光在月球表面的光斑直径不到两千米。若以聚光效果很好,看似平行的探照灯光柱射向月球,其光斑直径将覆盖整个月球。

(2) **能量集中**　激光由于方向性好,可以集中在很窄的方向上发射,而且有些激光器可使能量集中在很短的时间内发射,所以大大提高了光源的亮度。例如一台红宝石巨脉冲激光器,每平方厘米的输出功率可达1 000 MW,它的亮

度比太阳亮度高几十亿倍。

（3）**单色性好**　激光器发出的光束的颜色很纯，单色性好。激光单色性比普通光源单色性最好的红色氪灯高 10 万倍，可大大提高测量精度。它是世界上发光颜色最纯的光源。

（4）**相干性好**　激光产生的频率、振动方向等都一致，高度的单色性和定向性使激光具有高度的相干性，所以激光是很理想的相干光源。

激光技术的应用　1960 年人们第一次从红宝石中获得激光脉冲以来，激光技术得到迅速发展，在国民经济各行各业中、在人类生活的各个方面和军事领域的应用上都取得了突出成就。

激光加工　激光作为一种强热源在机械加工和热处理方面显示出神奇的威力。目前已实现了激光打孔（图 13-2-5）、微型焊接和数控激光切割（图 13-2-6）、精密材料加工，特别是一些形状复杂、特硬、特脆、特小等工件，如钟表、仪表的宝石轴承等，用激光加工十分方便、操作简单、热影响区域小、工件不易氧化、速度快、质量高。

图 13-2-5　激光打孔

图 13-2-6　激光切割

激光测量　利用激光的单色性好、方向性好和高亮度的优良特性，可对长度、速度、转速等进行精密测量。脉冲激光可根据发射和反射回来的往返时间，进行远距离测量。如卫星和导弹运行轨道的跟踪，天体距离及工程测量等。测量 8 000 km 高空的卫星，误差仅有 2 cm。利用一束定向的强光束已经精确地测定了地球到月球之间的距离，误差只有 3 m，这是以往其他测量方法无法达到的。

激光通信　激光通信是激光技术中最有前途的重要应用之一。激光通信容量大、设备轻便、经济、保密性强，但受气候影响较大，适用于短距离通信和数据传输。以光导纤维为传输媒介的有线激光通信已迅速发展，目前已进入实用阶段。

医学上的应用　医学上常利用激光束聚集的焦点，作为激光刀的刀刃来代替一般的外科手术刀。能边切开口、边止血、边消毒。能隔着皮肤切除胃肠肿瘤，避免扩散，提高治愈率。眼科中广泛用来施行虹膜切除、焊接视网膜脱离、封闭视网膜裂孔等手术（图 13-2-7）。利用可调谐激光器制成的激光肾结石和膀胱结石碎机，已应用于临床治疗。目前，世界上每年约 1 000 万患者接受激光治疗。激光在医学上已成为手术、治疗、诊断和化验等方面的有力工具。

激光武器　把强度大、能量在空间和时间上高度集中的激光应用于现代化战争，研制激光武器（图 13-2-8）。它是原子弹发明以来，武器领域的最大突破。它的出现可能会改变现代战争的战略、战术，使武器系统发生根本性的改变。

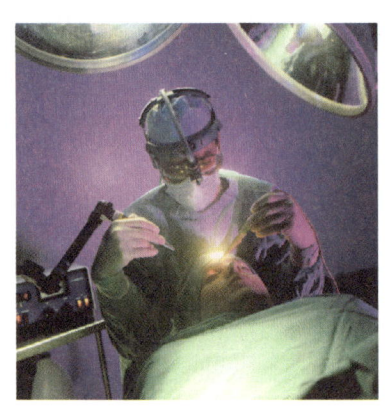
图 13-2-7　激光手术

图 13-2-8　激光武器

部分计算机的光盘驱动器（CD-ROM）的激光头（图 13-2-9）利用激光技术读取光盘信息；激光打印机（图 13-2-10）则采用激光束作为光源，通过类似复印机的静电照相技术在打印纸上形成打印内容。另外，激光技术在光谱分析、全息摄影、激光照相排版等方面也有许多实际的应用。

 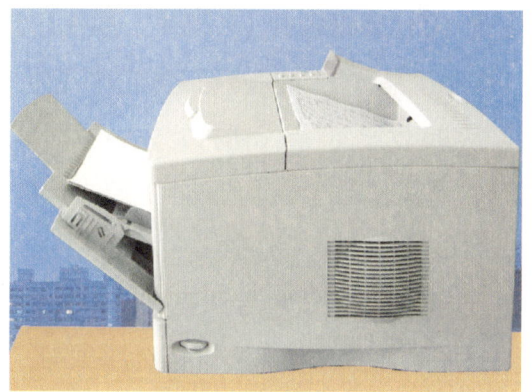

图 13-2-9　光盘驱动器的激光头　　图 13-2-10　激光打印机

技术·中国　世界第一的中国激光技术

激光技术是继核能、计算机、半导体之后，人类的又一个重大发明，且世界上能够深度研发激光技术的只有中国、美国和俄罗斯。目前，中国激光技术领先世界，排名第一，主要表现在以下几个方面：

1. 激光武器五大核心技术世界领先。我国"神光"超级激光器项目已取得巨大成果，"神光3"（图 13-2-11）代表我国激光科技领域位于世界前列，它共有 48 束激光，可输出 18 万焦耳能量。它的研制成功表明中国在激光军事科技领域位于世界前列，使我国的军事硬实力更上一个台阶，有利于我国的国家安全和国防安全。

图 13-2-11　"神光 3"超级激光器

2. 氟代硼铍酸钾（KBBF）晶体研制领先美国 15 年。 KBBF 晶体是我国首创的非线性无机光学高性能晶体，从 20 世纪 90 年代初开始，中国科学院院士陈创天就带领团队研制，经过十几年的努力，最终成功研制出大尺寸 KBBF 晶体（图 13-2-12）。

图 13-2-12　KBBF 晶体

3. 激光显示技术专利第一。 截至 2023 年 9 月，在全球激光投影显示技术专利百强榜单中，中国企业占比 63%，产业规模稳居世界第一。

4. 激光直接制造技术世界领先。 激光直接制造技术是 20 世纪 90 年代在快速成型技术的基础上，通过激光熔覆技术发展起来的一种无模型快速制造技术。目前我国已具备使用激光制造超过 12 m² 的复合钛构件的技术和能力。激光直接制造技术在对 3D-CAD 模型切片分层和截面填充以后，能够借助激光熔化方法快速制造出十分精密的金属零件（图 13-2-13）。正是这种无可比拟的优势，使得激光直接制造技术在航空、航天、造船等关乎国家竞争力的重要工业领域内具有极大的应用价值。

图 13-2-13　激光熔化

练习与应用（Ⅰ）

1. 收集资料，了解激光在生产生活实践中有哪些应用？与同学展示交流。
2. 医学上用激光作"光刀"做手术，用到的是激光哪个特性？

3. 激光的主要特性是（　　）。

　　A. 方向性好，能量集中　　　　　　B. 方向性好，单色性好

　　C. 单色性好，相干性好　　　　　　D. 以上所述均为激光的主要特性

4. 关于激光，下列说法正确的是（　　）。

　　A. 激光原理是由科学家爱因斯坦发现的

　　B. 激光的传播速度比普通光传播速度快

　　C. 自然界中某些天然物体也可以发出激光

　　D. 激光测距雷达是应用了激光亮度高的特性

练习与应用（Ⅱ）

1. 对于激光的认识，下列说法不正确的是（　　）。

　　A. 激光是自然光强度被放大而产生的

　　B. 激光是原子受激辐射而得到的加强光

　　C. 激光能量十分集中，可用以加工金属或非金属材料

　　D. 激光和普通光在真空中的光速相同

2. 根据激光亮度高、能量集中的特点，在医学上可以利用激光进行治疗。下列不属于激光的应用的是（　　）。

　　A. 杀菌消毒　　　　　　　　　　　B. 切除肿瘤

　　C. 透视人体　　　　　　　　　　　D. "焊接"剥落的视网膜

3. 关于激光通信，下列说法错误的是（　　）。

　　A. 容量大、设备轻便、经济、保密性强

　　B. 不受气候影响

　　C. 有线激光通信以光导纤维为传输媒介

　　D. 适用于短距离通信和数据传输

4. 激光被誉为"神奇的光"，关于激光的应用，下列说法不正确的是（　　）。

　　A. 激光不属于电磁波

B. 计算机内用"磁头"可读出光盘上记录的信息是应用了激光平行度好的特点

C. 用激光拦截导弹，摧毁卫星，是因为激光的方向性好、能量高

D. 利用激光测距，是因为激光平行度好，能发生折射

本章思维导图

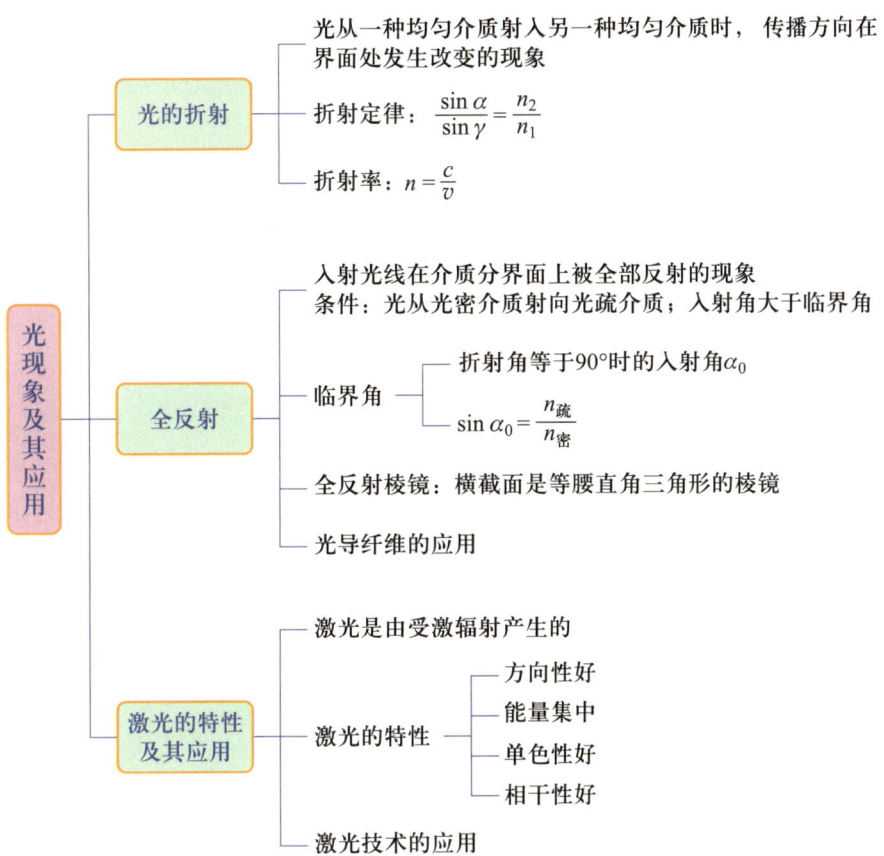

第十四章　光的本性

人类对光的本性的认识，经历了漫长而曲折的道路，到了17世纪，基本上形成了两种学说：一种是以牛顿为代表的微粒说；另一种是以惠更斯为代表的波动说。

与牛顿同时代的荷兰物理学家惠更斯首先提出了光的波动说和惠更斯原理，并在此基础上推导出光的反射定律和折射定律。

直到1801年，英国物理学家托马斯·杨进行了著名的杨氏干涉实验。1817年，法国物理学家菲涅耳进行了著名的"菲涅耳双镜"实验，提出了光的干涉条件。菲涅耳做了一系列衍射实验，说明了光波衍射的规律性。这些实验令人信服地证明了光具有波动性。

光的干涉和衍射现象是光具有波动性的最有力的证据之一，但后来在解释光电效应的规律时遇到了困难。这时爱因斯坦提出的光量子理论成功地解释了光电效应的规律，最后得出了光既有波动性，又有粒子性的结论，这就是我们要学习的光的波粒二象性。

第十四章 光的本性

学习目标

了解光的干涉、衍射、偏振现象，知道产生光的干涉和明显衍射的条件，能够解释光的干涉、衍射和偏振现象，增强对光的波动性的理解。了解红外线、紫外线、X射线、γ射线的性质，能列举其在生产生活中的应用。了解光的电磁理论，知道电磁波谱的组成。会用爱因斯坦光电效应方程进行简单计算，解释有关光电效应的规律。了解实物粒子和光子一样具有波粒二象性，能解释光的波粒二象性，进一步发展物质观念及应用等核心素养。

通过探究光的干涉、衍射产生条件，研究光电效应规律的实验，体会类比法、控制变量法、间接测量法等科学方法的应用，形成光具有能量和动量的思维观念。

通过观察光的干涉、衍射、偏振、研究光电效应的规律等实验，增强对光的波动性和光电效应规律的直观认识，进一步增强操作技能、实验观察、科学论证等核心素养。通过了解激光全息摄影、微波炉的工作原理等，提高技术运用的核心素养。

通过了解光的波动性、光电效应规律的发现过程，体会科学家们实事求是、坚持真理、勇于创新的科学精神，认识科学技术对社会发展的重要推动作用，增强科技传承的责任感。通过了解全球领先的中国量子通信，体会科技强国的意义，增强民族自豪感和自信心。

14.1 光的波动性

观察与思考

在阳光下观察漂浮在水面上的油膜，会看到油膜上呈现出彩色的条纹（图14-1-1）。肥皂水并无色彩，但在阳光下吹出的泡泡（图14-1-2）却是彩色的。你知道这些彩色条纹或图样是怎样形成的？

光的干涉 光波与所有的波一样，也能产生干涉和衍射现象。

14.1 光的波动性

图 14-1-1　水面上的油膜

图 14-1-2　在阳光下吹出的泡泡

 实验与探究　探究光的干涉现象

用如图 14-1-3 所示的双缝干涉实验仪，来观察白光（复色光）产生的干涉现象。

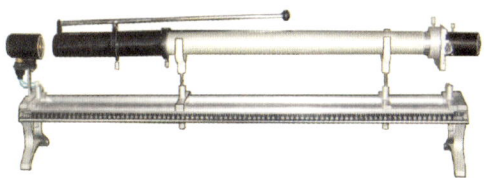

图 14-1-3　双缝干涉实验仪

从上述实验可以看到由于白光中不同单色光的波长不同，干涉时条纹间距不同，屏上呈现彩色条纹（图 14-1-4）。

如果先用红色或蓝色滤色片过滤白光，即可看到红黑相间或蓝黑相间的干涉条纹，如图 14-1-5 所示。

图 14-1-4　白光干涉条纹

图 14-1-5　红光和蓝光的干涉条纹

1801年，英国物理学家托马斯·杨在实验中用巧妙的方法观察到光的双缝干涉现象，这就是历史上著名的杨氏实验。

实验与探究　探究产生光的干涉条件

> 图14-1-6为杨氏实验装置示意图。让单色平行光照射狭缝S，光从狭缝S出来后射到后面屏上两个相距0.1～1 mm的狭缝S_1和S_2上，狭缝S_1和S_2与狭缝S距离相等，且三缝互相平行。观察光屏上出现什么现象？

从图14-1-6的实验中发现，从狭缝S发出的光波会同时到达狭缝S_1和S_2，狭缝S_1和S_2便成了两个振动情况完全相同的波源，它们发出的波在相遇的区域内叠加，就会出现干涉现象，在光屏上呈现稳定的、明暗相间的干涉条纹。在波峰（用实线表示）与波峰叠加、波谷（用虚线表示）与波谷叠加的地方，光振动就加强，出现亮条纹；在波谷与波峰叠加的地方，光振动就互相抵消而削弱，出现暗条纹，如图14-1-7所示。能够产生干涉现象的两列光称为**相干光**。

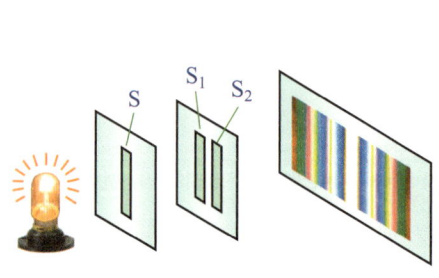
图14-1-6　杨氏实验装置示意图

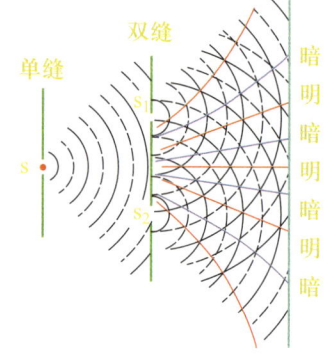
图14-1-7　干涉条纹

以上实验表明，**相干光在空间相遇时，在叠加区域形成了稳定的明暗相间的条纹**，这种现象称为**光的干涉**。

日常生活中也会见到光的干涉现象。例如，肥皂泡、水面上的油膜等在阳光下呈现出彩色的条纹就是光的干涉现象。

理论和实验表明，两个独立的光源，如两盏电灯发出的光相遇时，不能发生干涉现象，同一光源不同部分发出的光也是如此。只有当光源发出的一列光，经过一定方式变成两列光，它们相遇后才会发生干涉。

光的干涉的应用　光的干涉现象在精密测量和检验时有重要应用。例如，用干涉法检验工件的平整度。如图 14-1-8 所示，在被测物体的表面放一个透明的标准样板，在一端垫一薄片，使二者之间形成一个楔形空气薄层。用单色光照射时，从空气层上、下两个表面反射回去的两列光波会产生干涉条纹。如果被测表面是平的，产生的干涉条纹就是一组平行直线，如图 14-1-9（a）所示；如果被测表面不平，则产生的干涉条纹就会发生弯曲，如图 14-1-9（b）所示。人们可以从弯曲的方向和程度判断被测表面的平整情况。

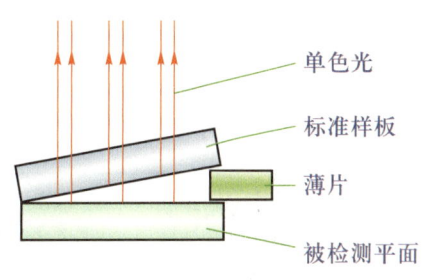

图 14-1-8　检验工件的平整度

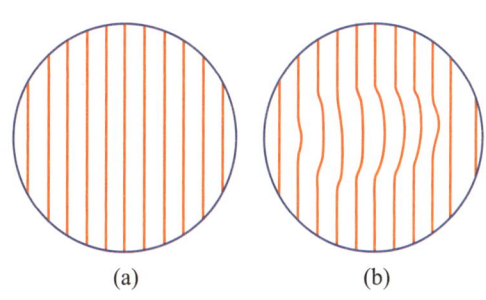

图 14-1-9　光的干涉条纹

 实践与探索

在酒精灯的灯芯上撒一些食盐，灯焰就能发出明亮的黄光。把铁丝圈在肥皂水中蘸一下，让它挂上一层薄薄的液膜。把这层液膜当作一个平面镜，用它观察灯焰的像（图 14-1-10）。这个像与直接看到的灯焰有什么不同？

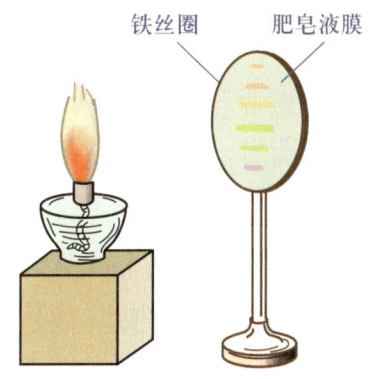

图 14-1-10　用肥皂液膜做薄膜干涉实验

光的衍射　衍射是波的主要特征之一。只有障碍物或孔的尺寸与波长接近时才能产生明显的衍射现象。光波的波长很短，只有万分之几毫米，而一般物体的尺寸都要比它大得多，因此，只有采用适当的方法，才能够观察到显著的衍射现象。

 实验与探究　探究光的衍射现象

取一个不透光的屏，在它的中间装一个宽度可以调节的狭缝，用一束单色光照射，在狭缝后适当距离处放一个光屏，如图 14-1-11 所示，观察屏上光的衍射情况。

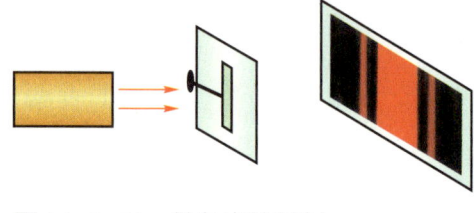

图 14-1-11　单色光的衍射

我们看到，当缝比较宽时，光沿着直线方向通过狭缝，在光屏上产生一条与狭缝的宽度相当的亮线。但是，当狭缝调到很窄时，光通过狭缝后就明显地偏离了直线传播方向，照到屏上相当宽的地方，并且出现了明暗相间的条纹。

如果改用白光来做实验，则光屏上看到的是彩色的衍射条纹，如图 14-1-12 所示。这种**光偏离直线路径绕过障碍物传播的现象**，称为**光的衍射**。

可闻声波的波长在 0.017～17 m 之间，人讲话声音的波长在 0.25～5 m 之间，与一般障碍物尺寸相比，容易发生衍射。而光波波长在 0.4～0.8 μm 范围内，若不在很特殊的情况下，很难产生明显的衍射，这就是闻其声而不见其人的原因。

图 14-1-12　白光的衍射

光的偏振　光的干涉和衍射现象表明，光是一种波。那么，光是纵波还是横波呢？下面先用机械波来说明横波和纵波的主要区别。

在沿着绳子传播的横波的传播方向上放上有狭缝的栏栅，只有当狭缝的取向与绳子的振动方向一致时，绳上的横波波形才可以无障碍地通过狭缝［图 14-1-13（a）］，如果将第二条狭缝旋转 90°，让狭缝方向与振动方向垂直，绳上的横波就不能通过狭缝［图 14-1-13（b）］。这种现象称为**横波的偏振**。

如果把绳子换成一根弹簧丝，使它产生一列纵波，则无论狭缝如何取向，纵波波形都能通过狭缝，如图 14-1-14 所示。可见纵波不能发生偏振现象。

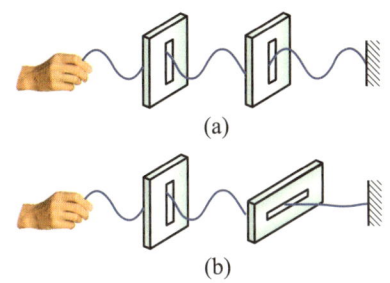
图 14-1-13 横波发生偏振现象

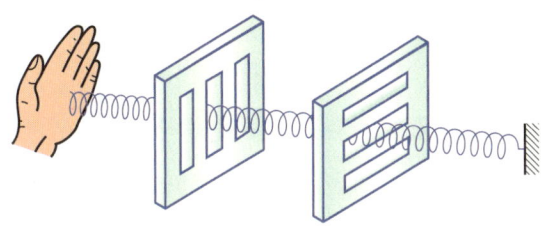
图 14-1-14 纵波不发生偏振现象

 实验与探究 探究光的偏振现象

如图 14-1-15 所示，取一片偏振片 A（其作用类似于栅栏）对着灯光，以入射光为轴，不管如何转动，可以看到透射光的强度不会变化。把 A 固定，再取另一同样的偏振片 B，通过它观察透过 A 的光。

实验发现，以入射光为轴转动 B，透射光强度会发生变化。B 转到某一方向时透射光最强［图 14-1-15（a）］，再旋转 90°，透射光最弱，几乎看不到［图 14-1-15（b）］。这种现象表明，光发生了偏振，从而证明**光是横波**。

光的偏振现象有很多实际应用。例如，夜间行车时，如果在每辆汽车的车灯和驾驶座前车窗的玻璃上各安装一块偏振片，并使它们的偏振方向与水平方向成 45°（图 14-1-16），就可以避免对方车灯眩光的影响；拍摄水下或玻璃橱窗内的景物照片时，在镜头上加一个偏振片，可以滤掉从水面或玻璃上反射的很大一部分反射光，从而拍出清晰的照片。此外，偏振光在立体电影、立体电视等方面都有应用。

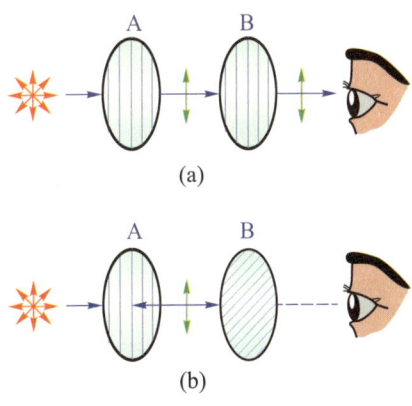
图 14-1-15 光的偏振

图 14-1-16 在车窗的玻璃上安装偏振片

实践与探索

取两个双面刀片贴在一起,在曝过光的黑色胶片或包相纸的黑纸上用刀片划出两条平行双缝,狭缝距离约等于 0.1 mm。用日光灯作线光源,将自制的双缝放在眼前,通过它去看和缝平行的线光源,就能见到彩色干涉条纹。把两支铅笔紧并在一起,与日光灯平行,从铅笔中间的缝隙去看发光的日光灯,也会看到许多平行的彩色衍射条纹。试一试。

 技术应用　激光全息摄影

激光全息摄影技术也称虚拟成像技术,它是利用激光的干涉原理记录并再现物体真实的三维图像的技术。它与一般的立体照片技术完全不同,我们可以围着它观看各个侧面,只是摸不到真实的物体,如人体的全息图(图 14-1-17)。

全息摄影的显著特点和优势有以下几点:(1)再造出来的立体影像有利于保存和收藏珍贵的艺术品资料;(2)相比于平面影像,可以记录更加精确的数据和图像;(3)全息照片的景物立体感强,形象逼真(图 14-1-18)。借助激光器可以在各种展览会上进行展示,会得到非常好的效果。全息摄影技术适用于产品展览、汽车服装发布会、舞台等场所,不仅可以产生立体的图像,还可以使图像与表演者产生互动,一起完成表演,产生令人震撼的演出效果(图 14-1-19)。

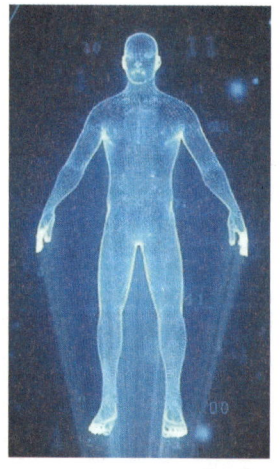 

图 14-1-17　人体的全息图　　图 14-1-18　大象的全息图

图 14-1-19 舞台上展示的全息背景图像

练习与应用（Ⅰ）

1. 下列有关光的干涉现象的说法，正确的是（　　）。

A. 光的干涉现象证明了光是一种波

B. 任意两列波相遇均可发生干涉现象

C. 被太阳光照射的肥皂泡呈现出彩色花纹，是由光的干涉引起的

D. 蓝色大闪蝶在阳光下可以看到其翅膀闪烁是光的干涉现象

2. 下列有关光的衍射现象的说法，正确的是（　　）。

A. 光的衍射现象证明了光是一种波

B. 光线传播时遇到的障碍物（或狭缝）的尺寸与波长接近时才能产生明显的衍射现象

C. 光的衍射现象是与光的直线传播原理相矛盾的

D. 尺寸较大的障碍物（或狭缝）不能使光发生衍射现象

3. 下列有关光的衍射现象的说法，错误的是（　　）。

A. 光的偏振现象证明了光是横波

B. 自然光通过偏振片后，就得到了偏振光

C. 纵波不能发生光的偏振现象

D. 偏振光是在传播方向的平面上，只沿某个特定方向振动的光

4. 看立体电影时，为什么要佩戴一副特制的眼镜才会产生"立体"的感觉呢？

练习与应用（Ⅱ）

1. 收集光的波动性发展史，与同学讨论，光的干涉、光的衍射现象对认识光的本性有什么意义？

2. 登山运动员在登雪山时要注意防止紫外线的过度照射，尤其是眼睛更不能长时间被紫外线照射，否则将会严重地损坏视力。有人想利用薄膜干涉的原理设计一种能大大减小紫外线对眼睛伤害的眼镜。设想在眼镜的镜片上贴上一层薄膜，那么这层薄膜是如何阻挡紫外线的呢？

3. 下面关于光的偏振现象的应用，正确的是（　　）。

A. 观看"3D 电影"的眼镜镜片为偏振片，两镜片透振方向互相垂直

B. 在车窗的玻璃上只要安装偏振片，就一定可以避免对方车灯眩光的影响

C. 用标准平面样板检查光学平面的平整程度是利用光的偏振现象

D. 拍摄水下景物时，在照相机镜头前装一个偏振片可增强水面反射光的影响

4. 2023 年，国务院印发文件《空气质量持续改善行动计划》，以改善人们的生活环境。发生雾霾天气时能见度只有几米，关于雾霾天气时环境变黄、变暗的原因，下列说法正确的是（　　）。

A. 只有一部分光发生干涉绕过空气中的颗粒物到达地面

B. 只有波长较长的一部分光发生衍射，才能到达地面

C. 只有波长较短的一部分光发生衍射，才能到达地面

D. 只有频率较大的一部分光发生偏振，才能到达地面

14.2　光的电磁理论　电磁波谱

观察与思考

如图 14-2-1 所示，一束很窄的白光射到三棱镜的折射面上，经折射后投射到光屏上，在光屏上形成红、橙、黄、绿、

图 14-2-1　光的色散

蓝、靛、紫依次排列的彩色光带,为什么会出现彩色光带呢?除了可见光以外,还有哪些看不见的光线?它们有哪些特点和应用?

光的色散 上述现象说明白光是由多种颜色的光组成的。由于棱镜对不同颜色的光具有不同的折射率,棱镜对红光的折射率最小,对紫光的折射率最大,因而在光屏上形成了红、橙、黄、绿、蓝、靛、紫依次排列的彩色光带。能够分解为几种颜色的光称为**复色光**,不能再分解的光称为**单色光**。**由复色光分解成单色光的现象称为光的色散**。

可见光 能使人的眼睛产生视觉效应的电磁波,称为**可见光**。可见光的波长范围为 400~760 nm。科学研究发现,波长(频率)范围不同的光表现为不同的颜色,不同波长的单色光组合也能产生不同的颜色,我们看到的白色阳光就是由各种色光组成的(图 14-2-2)。人类的眼睛正是通过这一波段的电磁波,获得了外部世界的大量信息。

图 14-2-2 白光由各种色光组成

由光的波动理论可知,光的颜色是由它的频率决定的,可见光的频率和波长见表 14-2-1。

表 14-2-1 可见光的频率和在真空中的波长

光谱区域	红光	橙光	黄光	绿光	蓝-靛光	紫光
$\nu/(10^{14}\ \text{Hz})$	3.9~4.8	4.8~5.0	5.0~5.2	5.2~6.1	6.1~6.7	6.7~7.7
$\lambda/(10^{-10}\ \text{m})$	7 700~6 220	6 220~5 970	5 970~5 770	5 770~4 920	4 920~4 350	4 350~3 900

人们通过对光谱的研究还发现,除可见光外,还存在着红外线、紫外线、X 射线、γ 射线等看不见的射线。

红外线 英国物理学家赫歇耳在 1800 年用温度计研究光谱里各种色光的热作用时,发现在可见光谱的红光区域外侧仍然有热作用。这表明在可见光谱区域外侧还存在一种频率比红光更低的看不见的射线。它位于光谱中红光区域的外侧，所以称为**红外线**。

红外线最显著的性质是热效应强，它还能透过浓雾或较厚的气层，对一般材料也有一定的穿透能力。这些特性在日常的生活、国防和科研中有重要应用。

一切发热的物体，如舰艇、坦克、人体等都会辐射红外线。因此，在夜间或浓雾的天气，可以利用对红外线敏感的照相底片来进行远距离摄影。利用红外线探测器可以接收物体发出的红外线，然后用电子仪器对接收到的信号进行处理，就可以知道被测物体的特征。这种技术称为**红外线遥感**。把红外线遥感装置装在飞机或卫星上，可以勘测资源，监测森林火情，利用气象卫星拍摄的红外云图进行气象预报等。

思考与讨论

红外体温计不与人体接触就能测体温，为什么？一切物体都在不停地辐射红外线，为什么在冰窖中我们会感到很冷？

紫外线 红外线的发现给人以启示，在光谱的紫光区域外侧是否也存在看不见的射线呢？1801年德国物理学家里特发现氧化银在紫光外侧被感光，从而肯定了在紫光外侧也存在看不见的射线——紫外线。

紫外线最显著的性质是荧光作用强。在它的照射下，有些物质会发出可见光，称为荧光。利用紫外线的荧光作用可以制造荧光灯。简易的荧光灯（图14-2-3）是在一个充有水银蒸气的放电管的管壁上涂上一层荧光物质。当放电管放电时，水银蒸气会发出大量的紫外线使荧光物质发光。荧光灯的发光效率比白炽灯高2~3倍。

紫外线还会影响生物的生理作用，能杀死细菌。紫外线杀菌灯（图14-2-4）就是用来消毒的。

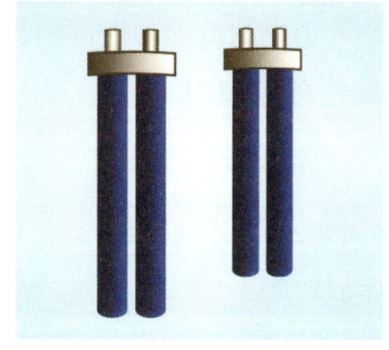

图14-2-3 荧光灯

图14-2-4 紫外线杀菌灯

人体受适当紫外线照射，对健康有益，但是太强的紫外线对人的眼睛和皮肤有害。电焊工人作业时必须戴上防护罩，除防止强光直射眼睛外，还有挡住电焊弧光中强烈的紫外线的作用。

X射线 比紫外线频率更高的电磁波，还有 X 射线。1895 年，德国物理学家伦琴发现，高速电子流射到某些固体表面上时，就有一种当时尚未得知的射线从该表面发射出来，人们把它称为 **X 射线**。为了纪念 X 射线的发现者，人们又把这种射线称为**伦琴射线**。

X 射线穿透物质的本领很大，能使照相底片感光，能激发许多物质发出荧光，对细胞有强烈的破坏作用。X 射线在医疗和工业上有广泛的应用。在诊断上，可利用 X 射线进行人体透视，或拍摄人体内部组织的照片（图 14-2-5）。图 14-2-6 为 X 射线断层扫描仪（简称 CT 扫描仪），它能使医生在计算机上看到人体内各种内脏器官的横断面图像（图 14-2-7），从而准确诊断出各种病症。在工业上，利用 X 射线可以检查金属内部的伤痕、焊缝质量、金属铸造物的内部是否有气泡和缩孔等。

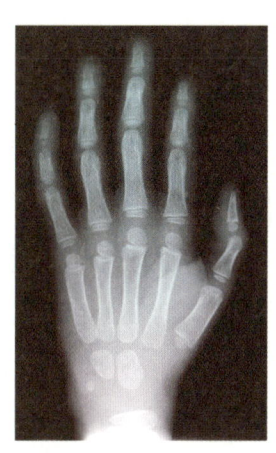

图 14-2-5 X 光照片

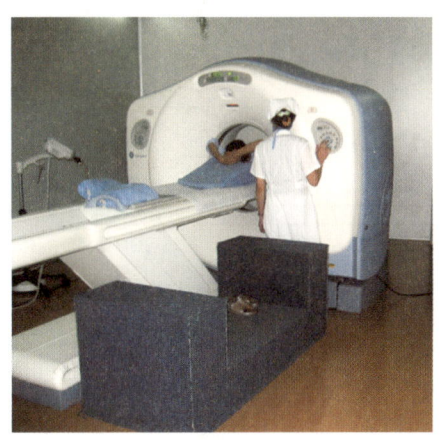

图 14-2-6 CT 扫描仪

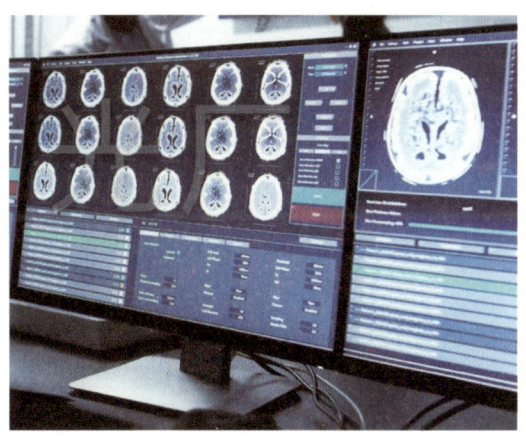

图 14-2-7 CT 图像

比 X 射线频率更高的电磁波还有 γ 射线，有些放射性元素能自发地放出 γ 射线。

光的电磁本性　光的干涉和衍射现象，证明了光是一种波。但是，人们不禁要问，光究竟是怎样的一种波？为什么光能够在没有介质的真空中传播呢？

物理学家从理论和实验两个方面回答了这个问题。1864 年，英国物理学家麦克斯韦通过理论研究提出，光现象实质上是一种电磁现象。光是一种频率很高的电磁波，不需要借助介质，可以在真空中传播，这就是**光的电磁理论**。

1887 年，德国物理学家赫兹首先用人工的方法证实了电磁波的存在，并发现电磁波的反射和折射现象。赫兹在 1888 年精确地测定了电磁波的传播速度，与迈克尔逊测定的光速十分符合，这就证实了麦克斯韦提出的光的电磁理论是正确的。

电磁波谱　无线电波、红外线、可见光、紫外线、X 射线、γ 射线按照波长（频率）排列起来，就组成了电磁波谱，如图 14-2-8 所示。电磁波是一个很大的家族，从图 14-2-8 上可以看出，各种电磁波的波长（频率）已经衔接起来，并且在波长（频率）范围上有所交叠。可见光只是整个电磁波中的一小部分。从无线电波到 γ 射线，都是电磁波，它们有着共同的性质。由于它们各自的频率（波长）不同，又表现出不同的特性。例如，波长较长的无线电波，容易发生干涉、衍射现象，而波长较短的伦琴射线、γ 射线就不容易发生这种现象，但它们对物体的穿透本领却是随着波长的变短而提高的。

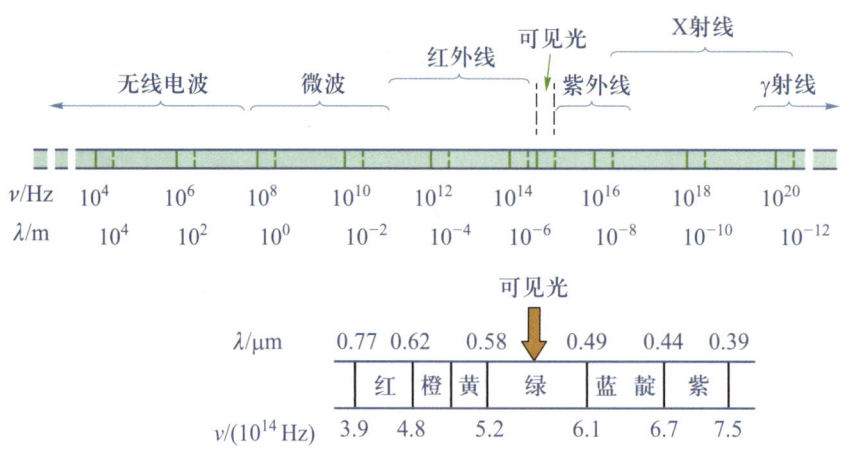

图 14-2-8　电磁波谱

技术应用　微波炉的工作原理

顾名思义，微波炉（图 14-2-9）就是用微波来加热食物的。微波是一种电磁波，这种电磁波的能量不仅比通常的无线电波大得多，而且还很有"个性"。微波一碰到理想的金属导体就发生反射，这种金属根本没有办法吸收或传导它；微波可以穿过玻璃、陶瓷、塑料等绝缘材料，但不会消耗能量；而含有水分的食物，微波不但不能透过，其能量反而会被吸收。

图 14-2-9　微波炉

微波炉正是利用微波的这些特性制作的。微波炉的构造如图 14-2-10 所示。微波炉的外壳用不锈钢等金属材料制成，可以阻挡微波从炉内逃逸，以免影响人们的身体健康。装食物的容器则用塑料、玻璃、陶瓷等绝缘材料制成。微波炉的心脏是磁控管，实际上磁控管是个微波发生器，它能产生每秒钟振动频率为 24.5 亿次的微波。这种肉眼看不见的微波，能穿透食物达 5 cm 深，微波在炉腔内被多次反射而被食物内的水分子所吸收，并使食物中的水分子也随之运动，剧烈的运动产生了大量的热能，于是食物被"煮"熟了。这就是微波炉加热的原理。用普通炉灶加热食物时，热量总是从食物外部逐渐进入食物内部的；而用微波炉烹饪，热量则是直接深入食物内部，所以烹饪速度比其他炉灶快 4 至 10 倍，热效率高达 80%。

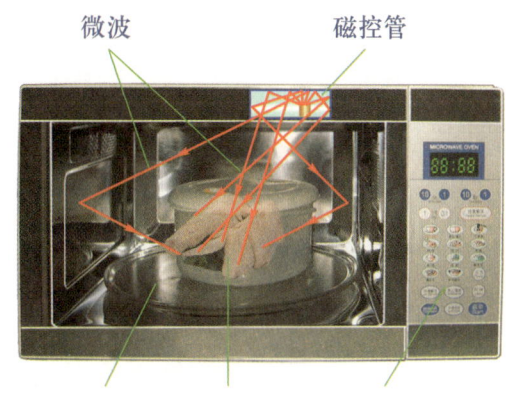

图 14-2-10　微波炉的构造

练习与应用（Ⅰ）

1. 什么是单色光？什么是复色光？什么是光的色散？
2. 红外线、紫外线和 X 射线各有什么显著的性质和应用？

3. 电磁波包含了γ射线、红外线、紫外线、无线电波等，按波长由长到短的顺序排列的是（ ）。

A. 无线电波、红外线、紫外线、γ射线

B. 红外线、无线电波、γ射线、紫外线

C. γ射线、红外线、紫外线、无线电波

D. 紫外线、无线电波、γ射线、红外线

4. 什么是光的电磁理论？光的电磁理论的根据是什么？

练习与应用（Ⅱ）

1. 在日常生活中电磁波应用相当广泛，收集资料，了解电磁波的应用实例，与同学在课堂上交流。

2. 下列说法正确的是（ ）。

A. 在变化的电场周围一定产生变化的磁场

B. 紫外线有显著的热效应

C. 一切物体都在不停地发射红外线

D. X射线的穿透本领比γ射线更强

3. 一种电磁波入射到半径为1 m的孔上，可发生明显的衍射现象，这种波属于电磁波谱的（ ）区域。

A. 可见光 B. γ射线

C. 无线电波 D. 紫外线

4. 北京时间2023年12月1日晚，太阳风暴袭击地球，太阳日冕抛射出的大量带电粒子流击中地球磁场，产生了强地磁暴。当晚，不少地方出现了绚丽多彩的极光。太阳风暴袭击地球时，不仅会影响通信，威胁卫星，而且会破坏臭氧层。臭氧层作为地球的保护伞，是因为臭氧能吸收太阳辐射中（ ）。

A. 波长较短的可见光 B. 波长较长的可见光

C. 波长较短的紫外线 D. 波长较长的红外线

14.3　光电效应　光的波粒二象性

观察与思考

1888年，俄国物理学家斯托列托夫用紫外线照射一块带负电的锌板时（图14-3-1），发现验电器的指针偏转的角度越来越小。这个现象说明了什么问题？

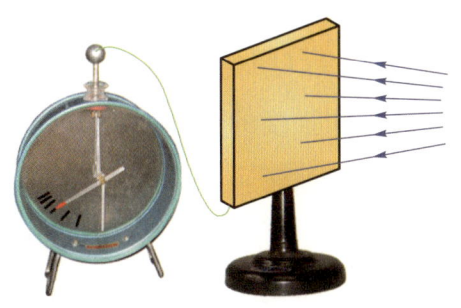

图14-3-1　紫外线照射带负电锌板

光电效应　光的电磁理论使光的波动说发展到相当完美的程度。但是这个学说还不能完全解释所有的光现象。1887年，德国物理学家赫兹在实验中发现，用紫外线照射与高电压相连的两块金属板中的负极板时，会使两极板间发生火花放电现象。第二年，俄国物理学家斯托列托夫还发现，用紫外线照射一块带负电的锌板时，会使锌板失去负电荷，验电器的指针偏转的角度越来越小。该现象用光的波动理论是无法解释的，这就不得不使人们对光的本性进行思考，从而为物理学的发展开拓了新的领域。

在光（包括不可见的射线）的照射下，金属表面发射电子的现象，称为**光电效应**；由此发射的电子称为**光电子**，当光电子做定向运动时，就形成光电流。

　观察与体验　研究光电效应的规律

图14-3-2为光电效应演示器，光电管是密封的真空玻璃管，管内装有金属丝阳极A和半圆状阴极K，阴极由铯锑合金制成，用白炽灯照射阴极，电路图如图14-3-3所示。观察灵敏电流计的变化。

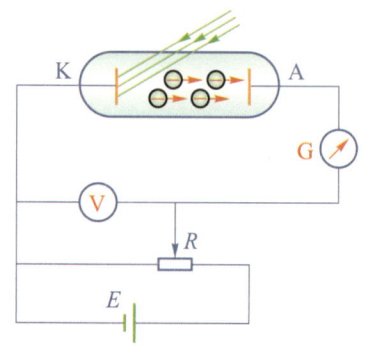

图 14-3-2　光电效应演示器　　　　图 14-3-3　研究光电效应的电路图

通过实验发现，在白炽灯照射下，阴极 K 发出的光电子，在电路中形成光电流。用不同频率、不同强度的光照射，产生的效果不一样，可以得出以下规律：

（1）任何一种金属都有一个频率，入射光的频率必须大于这个频率，才能发生光电效应，小于这个频率则不能发生光电效应。这个频率称为这种金属的**截止频率**（又称**极限频率**）。表 14-3-1 列出了几种金属的截止频率 ν_0 和对应的波长 λ。

表 14-3-1　几种金属的截止频率和对应的波长

金属	铯	钠	锌	银	铂
ν_0/Hz	4.545×10^{14}	6.000×10^{14}	8.065×10^{14}	1.153×10^{15}	1.529×10^{15}
λ_0/μm	0.660 0	0.500 0	0.372 0	0.260 0	0.196 2

（2）光电子的初动能随入射光频率的增大而增大，与入射光的强度无关。

（3）入射光照射到金属上时，光电子的发射几乎是瞬时的，一般不超过 10^{-9} s。

（4）发生光电效应时，单位时间内逸出的光电子数与入射光的强度成正比。

按照波动理论，光的强度取决于光波的振幅。光的强度越大，它的振幅就越大，能量也越大，即能量与频率无关。因此，无论光的频率如何，只要光的强度足够大或照射时间足够长，都能使电子获得足够的能量产生光电效应。另外，光电子的初动能应与光的强度有关，与光的频率无关。再有，光照射在金属上，一个电子吸收足够的能量要有一定的时间，因而不可能立即飞出金属表面。显然，光的波动理论不能解释光电效应。光电效应使光的波动说遇到了无法克服的困难，但正是这个难题，使人们对光本性的认识进入到一个新的阶段。

光量子理论 爱因斯坦于 1905 年，在普朗克量子论的基础上，提出了光量子理论。他认为，光是由光源发出的一颗颗不连续的粒子流，这些粒子称为**光量子**或**光子**。每个光子的能量 E 与它的频率 ν 成正比，即

$$E = h\nu$$

式中 h 为普朗克常量，实验测出 $h = 6.63 \times 10^{-34}$ J·s。

光照到金属表面时，1 个光子的能量被 1 个电子吸收后，如果照射光的频率高于金属的截止频率，光子能量中的一部分用于做功（金属表面上的电子，从金属中逸出时要克服原子核的吸引力做功，这个功称为**逸出功**），剩下的能量就是电子从金属中逸出时的初动能。即

$$h\nu = W + \frac{1}{2}mv^2$$

上式称为**爱因斯坦光电效应方程**，它是能量守恒定律在光电效应中的体现。

光的量子理论和光电效应方程能够圆满地解释光电效应：

（1）如果照射光的频率低，以致光子能量 $h\nu < W$ 时，电子就不能从金属中逸出。能够发生光电效应的入射光子能量应该满足 $h\nu \geq W$，由此可得出截止频率 $\nu_0 = \dfrac{W}{h}$。各种金属有不同的逸出功，所以不同的金属有不同的截止频率。

（2）对某一金属来说，逸出功 W 是一定的。所以入射光的频率越大，光子的能量 $h\nu$ 越大，光电子吸收的能量也越大，光电子的初动能就越大，与光的强度无关。

（3）由于 1 个光子的能量可以立即被金属中的一个电子所吸收，所以不需要积累能量的时间，这就使光电效应具有瞬时性。

（4）入射光频率一定时，照射光越强，单位时间内射到金属表面的光子数就越多，逸出的光电子数也越多，所以单位时间内逸出的光电子数与照射光的强度成正比。

【例题】 如果用波长为 400 nm 的紫外线照射铯时，逸出光电子的动能是多少？

解：波长为 400 nm 的紫外线的频率为

$$\nu = \frac{c}{\lambda} = \frac{3.0 \times 10^8}{4.0 \times 10^{-9}} \text{ Hz} = 7.5 \times 10^{14} \text{ Hz}$$

铯的逸出功为

$$W = h\nu_0 = 6.63 \times 10^{-34} \times 4.545 \times 10^{14} \text{ J} = 3.0 \times 10^{-19} \text{ J}。$$

根据爱因斯坦方程 $h\nu = W + \frac{1}{2}mv^2$，逸出电子的动能为

$$\frac{1}{2}mv^2 = h\nu - W = 6.63 \times 10^{-34} \times 7.5 \times 10^{14} \text{ J} - 3.0 \times 10^{-19} \text{ J} = 1.97 \times 10^{-19} \text{ J} = 1.23 \text{ eV}$$

光电管及应用　光电管是一种利用光电效应把光信号变为电信号的装置。图 14-3-4 为光电管的外形和构造示意图。光电管的外壳为一真空玻璃管，一半内壁涂有某种碱金属作为阴极 K，管内固定着一个金属丝 A 作为阳极。把光电管按图 14-3-5 所示接到电路里，它未受光照射时电路中无电流。当光照射到光电管的阴极上时，电路中就有光电流产生，其大小取决于照射光的强度。

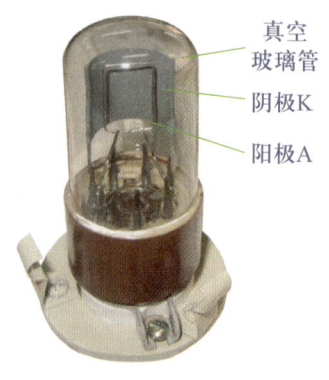

图 14-3-4　光电管

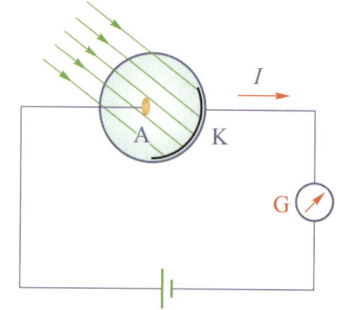

图 14-3-5　光电管电路图

光电管被大量地使用在电影、无线电传真、光纤通信等技术中。光电管还应用于自动计数装置、路灯自动管理、自动烘手机等设施中。

传真机（图 14-3-6）的发送端通过光电转换，将文稿图片的黑白信息变成电信号发射出去。图像是用光束扫描的，光束强度的改变可通过光电管来

图 14-3-6　传真机

测知，并转换为可经电线输送的电信号。接收端的传真机再将电信号转换成光信号，从传真机上便可以得到原稿了。

思考与讨论

光的干涉和衍射现象充分证明了光是一种波，爱因斯坦的光量子理论成功地解释了光电效应，这说明光是一种粒子。那么，光的本性究竟是波还是粒子？

光的波粒二象性 近代物理的理论和实验表明，光既有波动性，又有粒子性，这称为**光的波粒二象性**。必须注意的是，光既不是经典的波，也不是经典的粒子，更不是两者的混合。光在传播过程中，波动性表现得比较显著，会发生干涉、衍射等现象；光与物质相互作用时，粒子性就表现得比较明显，会产生光电效应。而光子能量 $E=h\nu$，则把光的粒子性（具有能量 E）和波动性（波的频率 ν）联系起来。其实，自然界中具有多重性的事物有很多。比如，一个圆柱体，它的俯视图为圆形，但主视图却为矩形。光的波动性和粒子性，是光的本性在不同情况下的不同表现。

光的波粒二象性，生动地表现出物质性质的多样性。近代物理的理论和实验都证明，一切实物粒子（如电子、质子、中子等）也都具有波粒二象性。波粒二象性是微观粒子的基本特性。微观粒子的运动与宏观物体的运动有着本质的区别。

物质波的发现使人们对微观世界的认识越来越深入了。人们通过电子衍射实验中电子的运动规律，已经认识到微观世界具有特殊规律，不能像经典物理学那样去描述微观粒子在空间和时间里的运动情况。科学迫使我们创造新的观念和新的理论。

*****量子力学简介** 量子力学是反映微观粒子（分子、原子、原子核、基本粒子等）运动规律的理论，它是 20 世纪 20 年代在总结量子论和大量实验事实的基础上建立发展起来的。

1924 年，法国青年物理学家德布罗意在光的波粒二象性的启发下提出了假设：**实物粒子也具有波粒二象性**。果真，1927 年，戴维孙、革末通过实验首先证实了电子的波动性。同年，汤姆孙做了电子束穿过多晶薄膜的实验，得到了电子环状衍射图样（图 14-3-7）。这就证实了德布罗意的假设是正确的。

1924 年，奥地利物理学家泡利提出了不相容原理：在一个原子中不能有两个以上的电子处在完全相同的量子态。这个原理促使乌伦贝克和高斯密特提出电子自旋的假设。从而使长期得不到解释的光谱精细结构、反常塞曼效应等难题迎刃而解。正好在这个时候，德国物理学家海森堡创立了矩阵力学，于 1927 年提出了不确定性原理，

图 14-3-7 电子衍射图样

即粒子的位置和动量是不可能同时准确测定的。这个结论是由微观粒子的波粒二象性决定的，与实验技术或仪器的精度无关。不确定性原理反映了微观粒子运动的基本规律，使量子力学上了一个新的台阶。

在海森堡等人创立矩阵力学的同时，奥地利物理学家薛定谔从另一途径创建了波动力学，建立了波动方程形式的新量子理论。薛定谔方程就是描述微观粒子运动状态的基本定律，就像经典力学中描述宏观物体运动的牛顿第二定律那样，能预言和描述微观粒子运动的实验结果。

量子力学揭示了微观物质世界的基本规律，为原子物理学、固体物理学、核物理学、粒子物理学和高新技术的发展奠定了理论基础。

技术·中国　全球领先的中国量子通信

量子通信是指利用量子纠缠效应进行信息传递的一种新型通信方式。与传统的通信方式相比，量子通信具有容量大、速度快和保密性好的特点，是国际量子物理和信息科学的研究热点。

我国量子通信技术目前已处于世界领先水平，随着 2016 年 8 月世界首颗量子卫星"墨子号"的发射升空，向世界宣布了我国在量子通信技术领域所取得的辉煌成就。"墨子号"是我国自主研制的世界上首颗空间量子科学实验卫星，它与阿里量子隐形传态实验平台、兴隆、丽江等量子通信地面站建立天地链路（图 14-3-8）。"墨子号"在圆满完成 4 个月的在轨测试任务后，于 2016 年 12 月正式交付用户单

位使用。

图 14-3-8 量子通信地面站

中国科学技术大学、量子卫星首席科学家潘建伟团队利用"墨子号"量子科学实验卫星在远距离的量子态传输方面取得重要实验进展。该实验首次实现了地球上相距 1 200 km 的两个地面站之间的量子态远程传输，向构建全球化量子信息处理和量子通信网络迈出重要一步。

作为国际上量子信息实验研究领域的开拓者之一，潘建伟的系统性创新工作赢得国际学术界高度评价，牵头研制成功国际首颗量子科学实验卫星"墨子号"，建成国际首条量子保密通信骨干网"京沪干线"，构建了首个空地一体的广域量子保密通信网络雏形，使我国量子保密通信的实验研究和应用研究处于国际领先水平。

练习与应用（Ⅰ）

1. 用低于截止频率的光照射金属时，无论入射光多么强，均不能产生光电效应。请用光子说解释这一现象。

2. 关于光电效应，下列说法正确的是（　　）。

A. 只要入射光的强度足够大，就可以产生光电效应

B. 光电效应实验证实光具有波动性

C. 光电子的能量只与入射光的强度有关

D. 当入射光的频率高于截止频率时，才发生光电效应

3. 下列实验中，能证实光具有粒子性的是（　　）。

A. 光电效应实验　　　　　　　　B. α 粒子散射实验

C. 光的单缝衍射实验　　　　　　D. 光的双缝干涉实验

4. 计算波长为 0.4 μm 的可见光和波长为 0.122 μm 的紫外线的光子能量。计算结果用电子伏作为能量单位。

练习与应用（Ⅱ）

1. 金属 A 在一束绿光照射下恰能产生光电效应，现用紫光或红光照射时，能否产生光电效应？紫光照射 A、B 两种金属都能产生光电效应时，为什么逸出金属表面的光电子的最大速度大小不同？

2. 入射光照射到某金属表面上发生光电效应，若入射光的强度减弱，而频率保持不变，则（　　）。

A. 从光照至金属表面上到发射出光电子之间的时间间隔将明显增加

B. 逸出的光电子的最大初动能将减小

C. 有可能不发生光电效应

D. 单位时间内从金属表面逸出的光电子数目将减少

3. 下列关于光的波粒二象性的说法错误的是（　　）。

A. 光和一切实物粒子（如电子、质子、中子等）都具有波动性、粒子性

B. 光的波粒二象性指光有时表现为波动性，有时表现为粒子性

C. 运动的实物粒子也有波动性

D. 光的波粒二象性，生动地表现出物质性质的多样性

4. 铝的逸出功是 4.2 eV，现在用波长为 200 nm 的光照射铝的表面。求：（1）光电子的最大初动能；（2）铝的截止频率。

本章思维导图

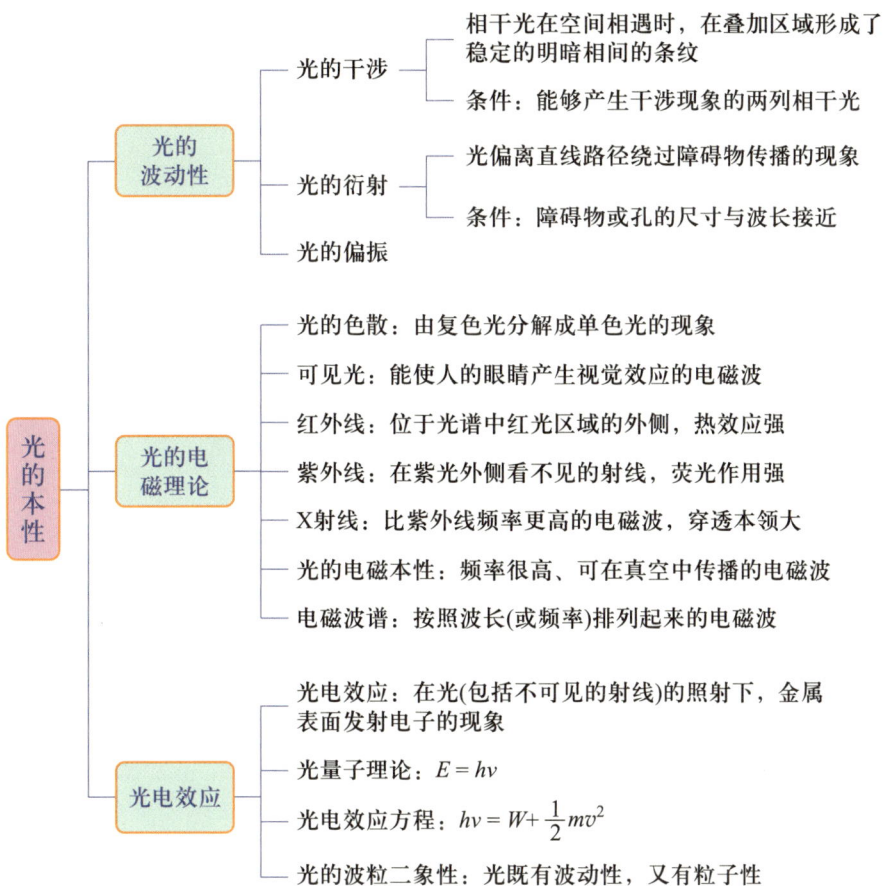

第十五章 核能及其应用

核能是 20 世纪人类的一项伟大发现，并已取得了十分重要的成果。1942 年 12 月 2 日，著名科学家费米领导几十位科学家，在美国芝加哥大学成功启动了世界上第一座核反应堆，标志着人类从此进入了核能时代。

核能是一种强大而又神秘的能源，与传统的化石能源相比，核能具有更高的能量密度和更可持续的特点，不仅可以用于发电，还可以用于工业、农业、医疗、军事等领域。现在核能是全球重要的清洁、低碳、安全、高效的能源，在全球清洁能源转型、保障能源安全、碳中和目标实现、解决气候变化问题中发挥着不可或缺的作用。自 20 世纪中期人类和平利用核能以来，核能一直在推动全球经济社会发展方面扮演着重要角色，预计在未来核能将会发挥更重要的作用。

本章将简要介绍天然放射性、原子结构、原子核的组成、核能及其应用等内容。

第十五章 核能及其应用

学习目标

了解质量亏损、核能、链式反应、重核裂变、轻核聚变等概念，了解原子的核式结构模型和原子核的组成。了解放射性现象及 α、β、γ 三种射线的主要性质，知道射线的危害与防护，能列举生产、生活中应用射线的实例。了解释放核能的两种途径——重核裂变和轻核聚变以及它们的应用，会根据质能关系计算核反应中释放的能量，并能解释有关现象。认识到核能是能量存在的一种形式，加深对物质世界的认识，进一步发展物质观念及应用、能量观念及应用等核心素养。

建构原子的核式结构和链式反应模型，进一步领会模型方法在科学研究中的作用；运用科学假说研究原子的微观结构和运动规律；运用比较法探究原子的微观结构、三种射线的主要性质，增强对比较法的认识。

通过对 α 粒子散射实验的研讨与分析，增强探究设计能力。了解射线性质及其危害与防护，增强技术运用的意识和能力。

了解人类探索原子结构的历史，体会人类对自然界的探索是不断深入的。通过对射线的危害及防护方法的了解，增强尊重自然、珍爱生命的意识。通过核能、核反应堆、核电站、可控热核反应等内容的学习，增强和平利用核能的意识，关注核技术应用对人类生活和社会发展的影响。结合物理学史，了解科学家为科学献身的高尚品格，学习我国科学家为国家、民族无私奉献的爱国主义精神。

15.1 原子结构　天然放射性现象

观察与思考

1896 年，法国物理学家贝克勒尔研究发现，铀和含铀矿物质能发出某种看不见的射线，这种射线可以穿透黑纸使照相底片感光。那么，铀能发出哪些看不见的射线？这些射线有什么性质？

15.1 原子结构 天然放射性现象

原子模型的探索 自古以来,人们都在努力探索组成世界万物的粒子结构。1789 年,法国化学家拉瓦锡定义了原子一词,从此,原子就用来表示化学变化中的最小的单位。1803 年,英国化学家、物理学家道尔顿最早提出了原子实心球模型,他认为,一切物质都是由最小的不能再分的原子构成的,原子是坚实的、不可再分的实心球。原子真的不能再分吗?原子的结构到底是怎样的?

1897 年,汤姆孙在阴极射线的研究实验中发现了电子,使人们认识到原子可以再分,原子本身也有内部结构。电子的发现激发了包括汤姆孙在内的许多科学家探索原子内部结构的热情,根据科学实践和当时的实验结果,提出了各种不同的模型。

1898 年,汤姆孙运用丰富的想象提出了原子枣糕模型(图 15-1-1)假设。他认为,原子是一个球体,正电荷均匀地分布在球内,电子像枣糕里的枣子一样镶嵌在其中,被正电荷吸引着,原子内正、负电荷相等,因此原子的整体呈中性。这个模型能解释一些元素具有周期率的特点和一些物质发光的现象。但勒纳德于 1903 年做了一个实验,使电子束射到金属膜上,发现较高速度的电子很容易穿透原子,否定了原子是一个实心球体的假设。

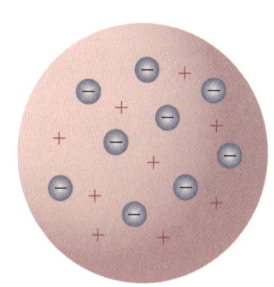

图 15-1-1 原子枣糕模型

原子的核式结构模型 1911 年,物理学家卢瑟福用高速 α 粒子去轰击金箔(图 15-1-2),粒子打在荧光屏上会发出闪光,显微镜可以 360° 沿圆盘转动,可以从不同角度观察闪光。实验现象表明,α 粒子轰击金箔,绝大多数 α 粒子穿过金箔后仍沿原来的方向前进或只发生很小的偏转,但少数 α 粒子(约占八千分之一)发生了较大的偏转,极少数的 α 粒子偏转角度超过了 90°,个别甚至接近 180°。卢瑟福对上述实验的结果感到十分惊奇,他说:"这是我一生中从未有的最难以置信的事,它好比你对一张纸发射炮弹,结果被反弹回来而打到自己身上……"卢瑟福 α 粒子散射实验被誉为人类史上最美的物理实验之一。

卢瑟福根据 α 粒子散射实验的结果,提出了原子的核式结构模型(图 15-1-3)假设,认为原子是由原子核和核外电子所构成。

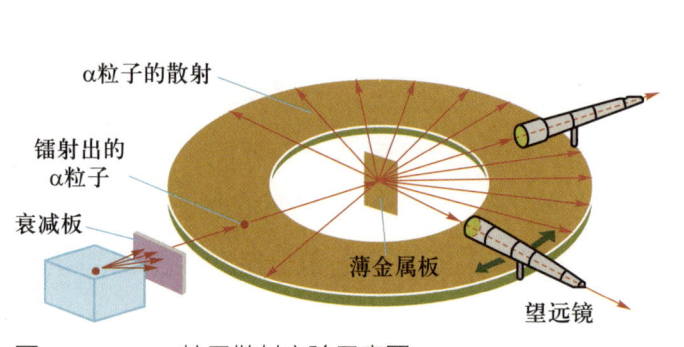
图 15-1-2 α粒子散射实验示意图

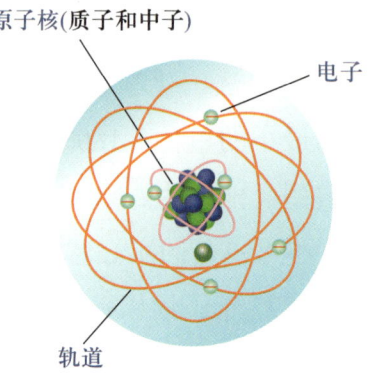
图 15-1-3 原子的核式结构模型

 思维与方法　科学假说

在无法知道所研究对象的本质时，我们可以先提出假设，然后以这种假设为前提，或搜集材料，寻求证据，或通过推理，计算得出结论。若结论与原假设是符合的，则假设正确；若结论与原假设相悖，则假设不正确。当假设不正确时，往往还需要进行新的假设。科学假说都是基于已有的实验事实提出来的。它一经提出，就不仅要能对已有的实验事实做出合理的解释，还必须接受不断出现的新的实验事实的检验，直到有新的实验事实推翻它为止。

在我们所学物理中遇到的假说有分子电流假说、麦克斯韦的电磁波假说、牛顿的光微粒说、爱因斯坦的光子说、卢瑟福的原子核式结构模型假说，等等。

原子核的组成　1919 年，卢瑟福用镭放出的 α 粒子（速度达到 10^7 m/s）去"轰击"氮原子核时，打出一种新粒子，其性质和氢原子核的性质完全相同，所以新粒子就是氢原子核，称为质子。

中子发现以后，伊凡宁柯和海森堡都明确提出，**原子核是由质子和中子构成的**。这种假设，解决了很多以前在原子核结构理论研究中遇到的问题，所以很快得到了公认。**质子和中子统称为核子**。图 15-1-4 为原子核的示意图。

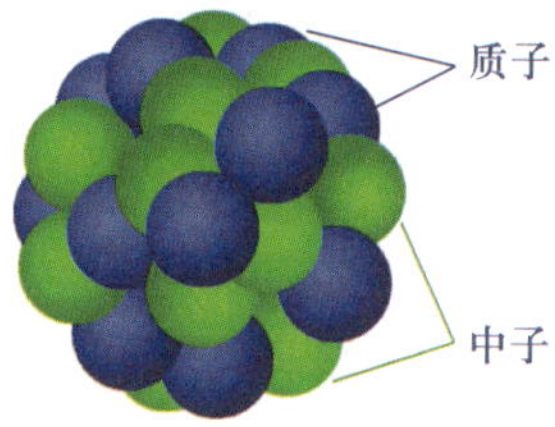

图 15-1-4 原子核结构示意图

天然放射性　1896 年，法国物理学家贝克勒尔研究发现，铀和含铀矿物质能发出某种看不见的射线，这种射线可以穿透黑纸使照相底片感光。**物质能自发地放出射线的现象**，称为**天然放射现象**。**具有放射性的元素**称为**放射性元素**。后来发现放射性并不是少数元素才有的，原子序数大于或等于 83 的元素，都能自发地发出射线，原子序数小于 83 的元素，有的也能放出射线。

受到贝克勒尔的发现的鼓舞，1898 年 7 月，玛丽·居里和她的丈夫皮埃尔·居里从沥青铀矿里提炼出放射性更强的新元素钋。钋是一种白色金属，在黑暗处发光，它的放射性比铀强 400 倍！玛丽·居里为了纪念自己的祖国波兰，把它命名为钋。1898 年 12 月，居里夫妇又发现了比铀强百万倍的镭。贝克勒尔因发现了天然放射现象和发现新元素钋、镭的居里夫妇共同荣获了 1903 年的诺贝尔物理学奖。人类认识原子核的复杂结构和它的变化规律，是从发现天然放射现象开始的。

放射性元素发出的射线究竟是什么呢？这些射线有什么性质？

可以利用磁场或电场对射线进行研究。把镭放入有小孔的厚壁铅室中（图 15-1-5），使放射线只能从小孔射出来。小孔上方不加磁场时，射线是笔直的一束；加磁场时，射线却分成了 3 束。表明这些射线中一束带正电，一束带负电，一束不带电，人们把这三束射线分别称为 α 射线、β 射线和 γ 射线。

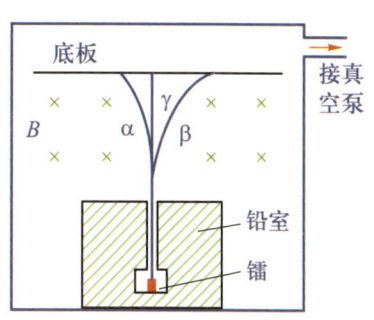

图 15-1-5 三种放射线垂直穿过磁场的示意图

三种放射性射线的主要性质如下：

α 射线——氦原子核组成的高速粒子流。α 粒子带正电，射出的速度约为光速的十分之一。α 粒子的电离作用很强，但是穿透本领弱，它在空气中只能飞行几厘米，一张薄纸或铝箔就能把它挡住。

β 射线——高速运动的电子流。β 粒子带负电，β 粒子的电离作用比 α 粒子弱，但是它的穿透本领稍强，能穿透厚的黑纸或几毫米厚的铝片。

γ 射线——波长很短的电磁波。它的波长一般小于 10^{-12} m。它的电离作用很弱，但是穿透本领很强，能穿透 30 cm 厚的钢板。

思考与讨论

如图 15-1-6 所示，三束射线分别穿透纸、铝板和混凝土，根据 α、β、γ 三种射线的贯穿本领，判断出 a、b、c 分别是____射线、____射线和____射线。

放射线的应用 工业上利用放射线穿透物质的本领，用 X 射线测厚仪（图 15-1-7）来检测控制钢板的厚度，用 γ 射线检查金属内部的砂眼及裂缝。农业上，通过放射线照射种子，使种子产生变异，培育出优良品种，使农业增产。在医疗卫生上，利用射线可以检查和治疗恶性肿瘤。

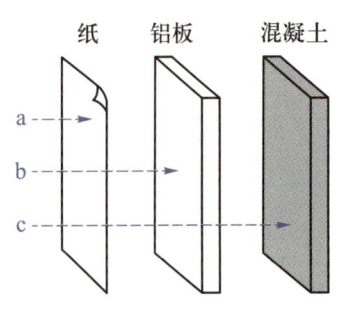

图 15-1-6 三束射线穿透不同物体

图 15-1-7 X 射线测厚仪

放射性的危害与防护 一般情况下，天然放射性辐射对人体不造成危害或者危害很小。但是过强的辐射，无论是 α、β、γ 射线，还是 X 射线，都会对生物体造成危害。射线对人体造成危害的程度，主要决定于照射部位和照射剂量，大剂量照射头部和腹部会产生严重的病理变化，特别是白血病和其他癌症的发病率明显升高。例如，受到核辐射的孕妇，容易产下畸形、智力发育障碍的婴儿。根据医学界权威人士的研究发现，使用过放射线诊断的孕妇生的孩子小时候患癌和白血病的比例也会增加。

国际标准组织和国际原子能机构于 2007 年 2 月推出新的辐射标志（图 15-1-8），该标志更加醒目且通俗易懂，正在逐步取代传统辐射标志（图 15-1-9）。

图 15-1-8　新的辐射标志　　　图 15-1-9　国际通用的放射性标志

放射性物质对人体伤害的规律是：距离放射源越远，受照时间越短，隔离的"屏障"越多，受到伤害越小。如何对放射性污染进行防治？具体来说，对放射性污染防治分成辐射防护和对放射性废物进行治理两个方面。

（1）**辐射防护**　辐射防护是对辐射的设备进行管理和监控，在射线辐射时对人体采取保护措施。安检机是利用 X 射线穿透物品从而进行识别的一种电子设备。X 射线具有辐射性，虽然辐射比较小，但也不能让它对人体产生影响，因此安检机上安装铅帘就是为了阻隔辐射。

（2）**放射性废物的治理**　放射性废物是指含放射性元素或被放射性元素污染的、其放射性的剂量超过国家标准的物质。对放射性废物进行治理是保护环境、控制放射性污染的重要环节和根本途径。对放射性物质，必须严格遵守操作规程，不准用手接触；对于放射性废物，也不能随便丢掉，应在指定地点，深埋于地下，并要远离水源。要特别注意防止放射性物质对空气、水源和食品的污染。

 行为与责任

在生活中要有防范意识，尽可能远离放射源。探伤作业前，探伤人员须了解安全技术操作规程，按本工种规定，穿戴好各种防护用品。探伤作业时，应遵守有关安全操作规程，应采取必要的防护措施。探伤结束后，必须清除现场所有带放射源的设施、材料，一切防护用品及器具必须专柜存放，严禁携带至其他区域。X 射线探伤装置的工作电压高达数万伏乃至数十万伏，作业时应可靠接地。

技术应用　神奇的γ刀

近几年，我国各地都引进γ刀（图 15-1-10）治疗患者，效果较好。γ刀的问世，开辟了外科手术的新时代。那么，γ刀的治疗原理是什么？

γ刀治疗的原理　γ刀是利用放射性物质钴-60 放出的γ射线照射病灶进行治疗的。当脑部出现肿瘤时，用γ光束对准肿瘤区照射，γ射线可穿透颅骨和健康细胞到达内部病灶。经过一段时间的照射后，肿瘤细胞全部呈凝固性坏死，体积不再扩大，然后逐渐变成胶质瘢痕组织，并部分或全部被周围健康细胞吸收，最终起到手术切割作用。

多束γ射线交会形成γ刀　因为γ射线必须穿过健康细胞才能到达病灶，如果单束γ射线长时间或高强度地照射，在杀死肿瘤细胞的同时，健康细胞也会受到伤害。怎么避免这种情况呢？可以用很多束γ射线从不同的角度和方位同时照射病灶（图 15-1-11），让这些从不同方向来的射线束穿过不同区域的健康细胞后，恰好在病灶交会，集中大量的能量，在短时间内杀死肿瘤细胞，最大限度地减小副作用。

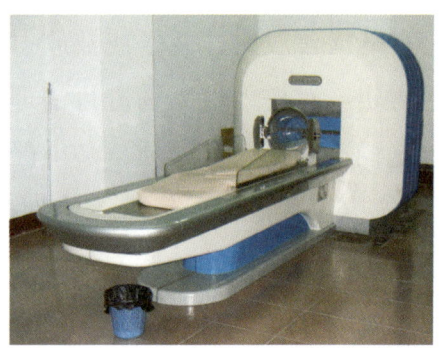

图 15-1-10　γ刀

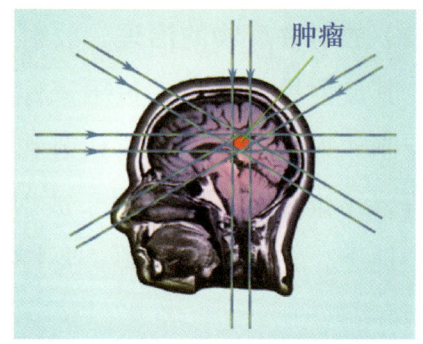

图 15-1-11　用多束γ射线照射病灶

γ刀的治疗特点　依据γ刀的治疗原理，它和外科手术相比有如下特点：（1）手术无须开颅，病人无创伤，不流血；（2）简便、省时，一次治疗从准备到手术结束只需 3～5 h（其中照射时间只有约 20 min），不必住院；（3）γ刀一旦装上钴-60 放射源，可以 24 h 稳定运转，只需 5～8 年换一次放射源，因为钴-60 的半衰期为 5.24 年。

然而，γ刀并非万能刀，其适用对象有严格的适应症，而且术后有可能会出现较大副作用。由于病理、生理等复杂的生物学条件的限制，γ 刀手术的适应性范围较小。选择病例一般限于脑肿瘤直径小于 35 mm（垂体瘤直径小于 25 mm），而那些范围形态不规则的病灶则不宜用 γ 刀治疗，在这种情况下，常规手术及显微外科手术方法反而强于 γ 刀治疗方案。

练习与应用（Ⅰ）

1. 什么是天然放射性？α 射线、β 射线、γ 射线的本质是什么？三种射线各有什么特性？

2. 什么是质子？什么是中子？原子核是怎样组成的？它们是怎样被发现的？中子的发现对原子核物理学的研究有什么重大意义？

3. 家用电器中，有哪些属于有辐射的电器，都是什么辐射，对人体的危害程度有多大？

4. 2023 年 8 月 24 日，日本福岛第一核电站启动核污染水排海，核废料为什么对海洋环境有严重的污染作用？

练习与应用（Ⅱ）

1. 搜集资料，了解物质的放射性在医疗实践和工农业生产中的主要应用，写出调查报告。

2. 查阅资料，了解防止建筑材料放射性污染的规定和不同石材具有的天然放射性强度。为什么尽量不要选择花岗岩或者在花岗岩地区建房子？在家庭装修中使用天然石材应该注意哪些问题？

3. 1996 年，20 岁的宋某捡到了一条"钥匙链"，并将其揣入裤兜长达数小时。他的这一行为最终导致他终身残疾。查阅资料，了解这起事故的原因。与同学交流，我们能从中受到什么警示？

4. 据说有一种核电池，只有一枚硬币大小，却可以给用电器不间断地供电 5 000 年，这有可能是真的吗？上网搜集有关其外观、结构、工作原理、主要性质等方面的资料，写一篇科技小论文，到课堂上与同学交流。

15.2 核能 核技术

观察与思考

1945年8月，美国在日本的广岛和长崎分别投下1颗原子弹，其爆炸相当于几百万吨炸药，两座城市顷刻间化为废墟，两地死伤人数20余万。这是人类首次感受到的核武器的巨大杀伤力。图15-2-1是1945年8月6日美国在日本的广岛投下的第1颗原子弹爆炸时的照片。为什么原子弹爆炸有那么大的威力？制造原子弹的理论基础是什么？

图15-2-1 广岛原子弹爆炸

随着人类工业社会的高速发展，能源危机的阴影迎面袭来。科学家们估计，以目前的消耗量计算，石油还能开采50多年，煤还能开采100多年。能源危机的出路何在？要靠原子能（核能）。下面介绍核能开发和利用的理论基础——爱因斯坦提出的著名的质能关系和质量亏损。

质能关系式 爱因斯坦根据相对论指出，一定质量的物体，就对应一定的能量。物体的质量 m 与它的能量 E 之间的关系为

$$E=mc^2 \text{ 或 } \Delta E=\Delta mc^2$$

这个公式称为**质能关系式**，又称**爱因斯坦质能方程**。

这个方程告诉我们，任何物体具有的能量与它的质量成正比。物体的质量增大，其能量也随之增大；质量减小，其能量也随之减小。当物体质量发生变化时，其能量也同时发生变化，而且这两种变化在数值上也成正比关系。爱因斯坦的质能关系是核能开发和利用的理论依据。所以人们常把此式看作是一个具有划时代意义的理论公式。

通常情况下，由于物体的能量变化不大，相应的质量变化极小。例如，1 kg 的水从 0℃ 被加热到 100℃，它的热力学能增加了 4.18×10^5 J，根据质能关系计算出其质量只增加 4.6×10^{-12} kg。这种极微小的变化是难以觉察的，只有在发生核反应时，伴随着巨大的能量变化，反应物的质量才会有显著的变化。

物理学家在研究质子、中子和氘核之间的质量关系时，发现氘核虽然是由 1 个中子和 1 个质子组成的，它的质量却不等于 1 个中子和 1 个质子的质量之和。精确计算表明，氘核的质量比中子和质子的质量之和要小一些：

中子的质量 = 1.008 665 u

质子的质量 = 1.007 276 u

中子和质子的质量和 = 2.015 941 u

氘核的质量 = 2.013 553 u

质量之差 = 0.002 388 u

在上面的计算里，u 表示原子质量单位，$1\ u=1.660\ 566\times 10^{-27}$ kg。

我们把组成原子核的核子的总质量与原子核的质量之差称为**原子核的质量亏损**。

核能 由于核子间存在着强大的核力，所以核子结合成原子核或原子核分解为核子时，都伴随着巨大的能量变化。例如，1 个中子和 1 个质子结合成氘核时，要放出的能量为 2.22 MeV，这个能量以光子的形式辐射出去。核反应中释放的能量称为**核能**，俗称**原子能**。

核子在结合成原子核时出现的质量亏损 Δm，正表明它们在互相结合的过程中放出了能量 $\Delta E=\Delta mc^2$。因此，知道了原子核的质量亏损，就能够计算出核子在结合成原子核时放出的能量。在前面讲的中子和质子结合成氘核的例子里，质量亏损 $\Delta m=0.002\ 388$ u，根据爱因斯坦的质能关系式可知核反应时释放的能量为

$$\Delta E=\Delta mc^2=0.002\ 388\times 1.66\times 10^{-27}\times (3\times 10^8)^2\ \text{J}\approx 3.57\times 10^{-13}\ \text{J}=2.23\times 10^6\ \text{eV}$$

核反应释放的能量与实验结果符合得很好。

通过上面的例子可以看到，有些核反应能释放出巨大的核能。我们知道，1 mol 的碳完全燃烧释放出的能量为 3.93×10^5 J，每个碳原子在燃烧过程中释放

出来的化学能不过 4 eV，与上述核反应中每个原子可能释放的能量相比，两者相差数十万倍。

重核裂变　可以看到，在原子核里蕴藏着多么巨大的能量。物理学家们很早就了解到这一点，但是在相当长的时间里一直找不到释放核能的实际方法。

1938 年 12 月，德国化学家哈恩和他的助手在用中子轰击铀核的产物中发现了钡的放射性同位素。1 个月以后终于证实，铀核在俘获 1 个中子后，发生了 1 个重核分裂成 2 个中等质量的原子核的反应过程——**重核裂变**。这一发现，为核能的利用开辟了道路。

铀核裂变的产物是多种多样的，有时裂变为氙（Xe）和锶（Sr），有时裂变为钡（Ba）和氪（Kr）或锑（Sb）和铌（Nb），同时放出 2~3 个中子。1946 年，我国物理学家钱三强、何泽慧发现，铀核还可能分裂成三部分或四部分，不过这种情形比较少见。实验还证明，当入射中子的能量小于 1.2 MeV 时，只有铀 -235 俘获中子能产生裂变，铀 -238 俘获中子后并不产生裂变。核反应中释放的能量约为 200 MeV。在不同的核反应中，铀核释放的能量也不同。一般说来，铀核裂变时，平均每个核子放出的能量约为 1 MeV。如果 1 kg 铀全部裂变，它放出的能量就相当于 2 500 t 优质煤完全燃烧时放出的化学能。

铀核裂变时，同时放出 2~3 个中子，如果这些中子再引起其他铀 -235 核裂变，就可使裂变反应不断地进行下去，这种反应称为**链式反应**（图 15-2-2）。为了使裂变的链式反应容易发生，最好是利用纯铀 -235。铀块的体积对于产生链式反应也是一个重要因素。因为原子核非常小，如果铀块的体积不够大，中子从铀块中通过时，可能还没有碰到铀核就跑到铀块外面去了。能够发生链式反应的铀块的最小体积称为它的**临界体积**。

如果铀 -235 的体积超过了它的临界体积，只要有中子进入铀块，立即会引起铀核的链式反应，在极短时间内就会释放出大量的核能，发生猛烈的爆炸。原子弹（图 15-2-3）就是利用铀 -235 或钚 -239 等超过临界体积产生快速链式反应的原理制成的。原子弹爆炸前，铀块的体积要小于临界体积（相应的临界质量约为 1 kg）；要爆炸时，用普通炸药引爆装置，将 2 个铀块合并在一起，超过临界体积。当铀块受到空气中的中子或自带中子源放出的中子轰击时就会发

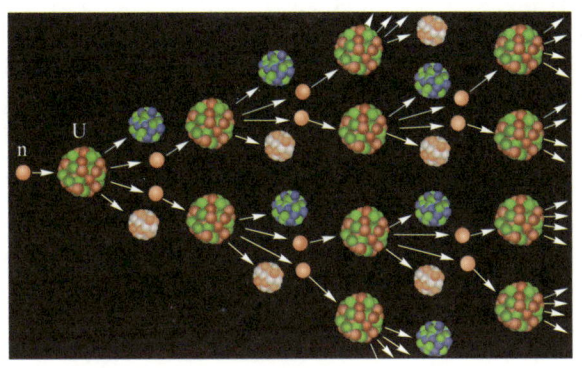

图 15-2-2 链式反应示意图

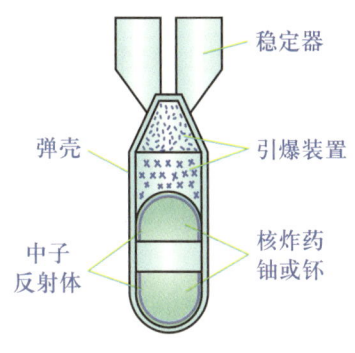

图 15-2-3 原子弹示意图

生快速的链式反应,在百万分之几秒内全部爆炸,放出大量能量。图 15-2-4 是 1964 年 10 月 16 日我国第 1 颗原子弹爆炸时,形成的火球和随即升起的蘑菇状烟云的照片。

核反应堆 原子弹爆炸时链式反应的速度是无法控制的,而核能的和平利用则要求用人工方法控制链式反应的速度,使核能有控制地、平稳地释放出来。为此,人们制成了核反应堆。

图 15-2-5 是核反应堆的示意图。反应堆里用的铀棒是天然铀或浓缩铀(铀 -235 的含量占 2%~4%)制成的。由于裂变产生的是速度很快的快中子,很容易被铀 -238 俘获而不发生裂变,必须设法使快中子变成慢中子,因为慢中子更容易被铀 -235 俘获,产生裂变。为此在铀棒周围放上不吸收或很少吸收中子的物质,使快中子与这些物质的原子核碰撞后,能量减少,变成慢中子。这种用来

图 15-2-4 原子弹爆炸

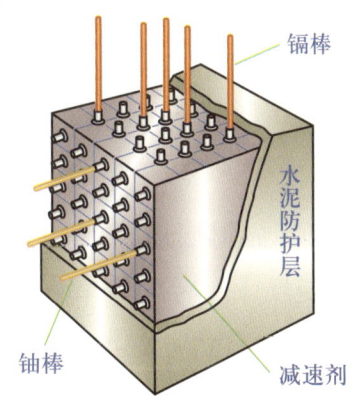

图 15-2-5 核反应堆示意图

使中子减速的物质称为**减速剂**。常用的减速剂有石墨、重水和普通的水。为了调节中子数目以控制反应速率，还需要在铀棒之间插进一些镉棒。镉吸收中子的能力很强，当反应过于激烈时，使镉棒插入深一些，让它多吸收一些中子，链式反应的速度就会慢一些；当反应过于缓慢，达不到所需功率时，使镉棒插入浅一些，让它少吸收一些中子，链式反应速度就可以增大。这种镉棒称为**控制棒**。用电子仪器自动地调节控制棒的升降，就能使反应堆保持一定的功率安全地工作。

反应堆工作时，核燃料裂变释放出来的能量，大部分转化为热力学能，使反应区温度升高。为了控制反应堆的温度，使它能正常工作，要用水、液态钠等流体做冷却剂，在反应堆内外循环流动，这就是反应堆的冷却系统，它同时可以用来输出热力学能。

为了防止铀核裂变产物放出的各种射线对人体的危害，在反应堆的外面需要修建很厚的水泥防护层，用来屏蔽射线，不让它们透射出来。对放射性的废料，也要装入特制的容器，埋入深地层进行处理。

容易发生核裂变的铀-235 只占天然铀的 0.7%，现在含量只够用几十年。虽然对铀-238 也进行了开发，但估计也只够人类用 200 年。铀有放射性，提纯、保存、运输都不方便。核电站的放射性产物很难处理，还可能会造成严重的环境污染。因此，从长远看，重核裂变产生的能源并不是人类的理想能源，而更合适的能源是轻核聚变产生的能源。

轻核聚变 人类对轻核聚变的研究源于对太阳能的认识。太阳（图 15-2-6）每秒辐射出的能量约为 3.8×10^{26} J，地球只接受了其中的二十亿分之一，就使地面温暖，产生风云雨露，河川流动，并使各种生物茁壮生长。如此丰富的太阳能的来源是什么呢？科学家通过研究，认识到太阳能主要来源于太阳本身的氢核聚变。

1934 年，卢瑟福用加速器加速氘核去轰击氚靶，产生了氦，在实验室第 1 次实现了核聚变反应。后来科学家们发现在高温下，氢的同位素氘核和氚核合成 1 个氦核时，释放出 17.6 MeV 的能量，每个核子放出的能量在 3 MeV 以上。

轻核结合成质量较大的核称为**轻核聚变**。使轻核发生聚变，必须使它们之

间的距离接近 10^{-15} m。由于原子核都是带正电的，要使它们接近到这种程度，必须克服电荷之间的很大的斥力作用，这就要使轻核具有很大的动能。用什么办法能使大量的轻核获得足够的动能来产生聚变呢？有一种方法，就是把它们加热到很高的温度。从理论分析知道，物质达到千万摄氏度以上的高温时，原子的核外电子已经完全和原子脱离，成为等离子体，这时一部分原子核就具有足够的动能，能够克服相互间的库仑斥力，在互相碰撞中接近到可以发生聚变的程度。因此，用这种方法引起的反应称为**热核反应**。

氢弹就是利用原子弹爆炸时产生高温，使氘、氚发生快速热核反应的，它在极短时间内释放巨大的能量，它的杀伤力比原子弹更大。图 15-2-7 是 1967 年 6 月我国第 1 颗氢弹爆炸时的照片。

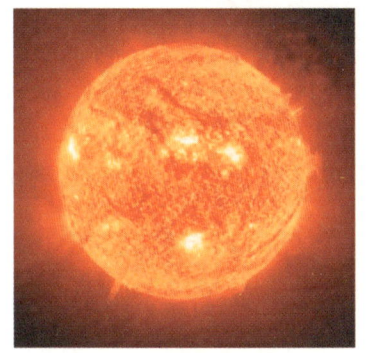
图 15-2-6　太阳表面

图 15-2-7　氢弹爆炸

要使热核反应广泛地应用于和平建设，还必须进一步设法控制热核反应的速率，使它能够根据需要缓慢而均匀地进行。这就需要形成**受控热核反应**。实现受控热核反应比实现爆炸式的热核反应要复杂得多。

轻核聚变比重核裂变放出的能量更大。计算表明，1 kg 氘释放的聚变能，相当于 4 kg 铀、8 600 t 汽油、11 000 t 煤释放的能量。氘在地球上大量存在，1 kg 水中有 0.03 g 氘，地球上的水中有 10^{17} kg 的氘，足够人类用几百亿年。而且，从水中提取氘比提取纯铀简单，成本很低。氘没有放射性，不会造成污染。轻核聚变产生的能将是取之不尽、用之不竭的理想能源。因此，世界上许多国家都在积极研究受控热核反应。

2020 年 4 月我国自主设计的核聚变实验装置、被称为"人造太阳"的东方超环（图 15-2-8）取得重大突破，在 1 亿度超高温度下运行了近 10 s。2023 年 8 月 25 日，"人造太阳"首次实现 100 万安培等离子体电流下的高约束模式运行，再次刷新我国磁约束聚变装置运行纪录，标志着我国磁约束核聚变研究向高性能聚变等离子体运行迈出重要一步。

图 15-2-8　东方超环

核电站　利用反应堆工作时释放的热力学能使水汽化以推动汽轮发电机发电，这就是核电站。图 15-2-9 是核电站发电的示意图，在核反应堆中，核裂变产生的能量，大部分转化为热力学能，由冷却剂带出反应堆。产生的蒸汽可推动汽轮机（图 15-2-10）带动发电机发电。核电站消耗的"燃料"很少，一座 100 万千瓦的核电站，每年只消耗 30 t 浓缩铀，而同样功率的火力发电站，每年却要消耗 250 万吨煤。

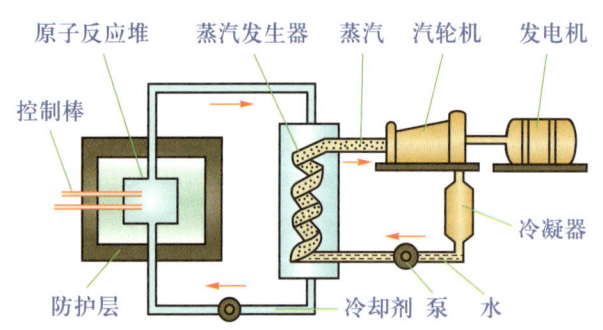

图 15-2-9　核能发电站示意图

图 15-2-10　汽轮机厂房

截至 2022 年末，我国运行核电机组共 55 台（数据不含我国台湾地区），装机容量为 5.74×10^6 kW（额定装机容量）。2022 年 1—12 月，全国运行核电机组累计发电量为 4 177.86 亿千瓦时。与燃煤发电相比，2022 年核能发电相当于减少燃烧标准煤 11 812.47 万吨，减少排放二氧化碳 30 948.67 万吨、二氧化硫 100.41 万吨、氮氧化物 87.41 万吨。

技术·中国　核电走向世界的国家名片——"华龙一号"核电机组

"华龙一号"是在我国 30 余年核电科研、设计、制造、建设和运行经验的基础上，满足国际最高、最新安全要求，研发的先进百万千瓦级压水堆核电技术。2021 年 1 月 30 日，"华龙一号"福清核电 5 号机组（图 15-2-11）投入商业运行。2023 年 5 月 5 日，我国自主三代核电技术"华龙一号"全球首堆示范工程——中核集团福清核电 5、6 号机组通过竣工验收。

图 15-2-11　福清核电 5 号机组

"华龙一号"独创性地采用 177 堆芯设计，厂房采用双层安全壳，能抗大飞机撞击、17 级台风、9 级地震。华龙一号每台机组装机容量 116.1 万千瓦，每年发电近 100 亿千瓦时，能够满足中等发达国家 100 万人口的年度生产和生活用电需求。作为我国完全自主知识产权的第三代核电技术，"华龙一号"已经成为我国核电走向世界的"国家名片"，更是"一带一路"国家的标本和参照。

第十五章 核能及其应用

练习与应用（Ⅰ）

1. 什么是重核裂变？什么是链式反应？在核反应堆中怎样控制重核裂变的速率？

2. 什么是轻核聚变？产生轻核聚变的条件是什么？研究受控热核反应的意义是什么？制造氢弹的物理原理是什么？氢弹爆炸需要什么条件？

3. 什么是质量亏损？为什么重核裂变或轻核聚变时，会放出大量的能量？根据质能关系，计算 1 原子质量单位（1 u）的质量对应的能量。

4. 核电站主要由哪几个部分组成？其核反应与原子弹爆炸的核反应有何不同？搜集核电站放射性废料妥善处理的必要性和方法，撰写科学小论文。

练习与应用（Ⅱ）

1. 搜集资料，了解我国发展与利用核技术的成就和前景，撰写调查小报告。

2. 搜集资料，了解邓稼先、钱三强夫妇、钱学森、于敏等科学家在研制我国原子弹、氢弹过程中作出的贡献和体现出的科学精神、家国情怀，在课堂上展示交流。

3. 中子和质子结合成氘核时出现质量亏损，$\Delta m = 3.964 \times 10^{-30}$ kg，根据爱因斯坦的质能方程，计算核反应时释放的能量是多少？亏损的质量去哪了？

4. 氦核（$^4_2$He）质量为 4.002 6 u，计算 2 个质子和 2 个中子结合成氦核时，释放的能量。

本章思维导图

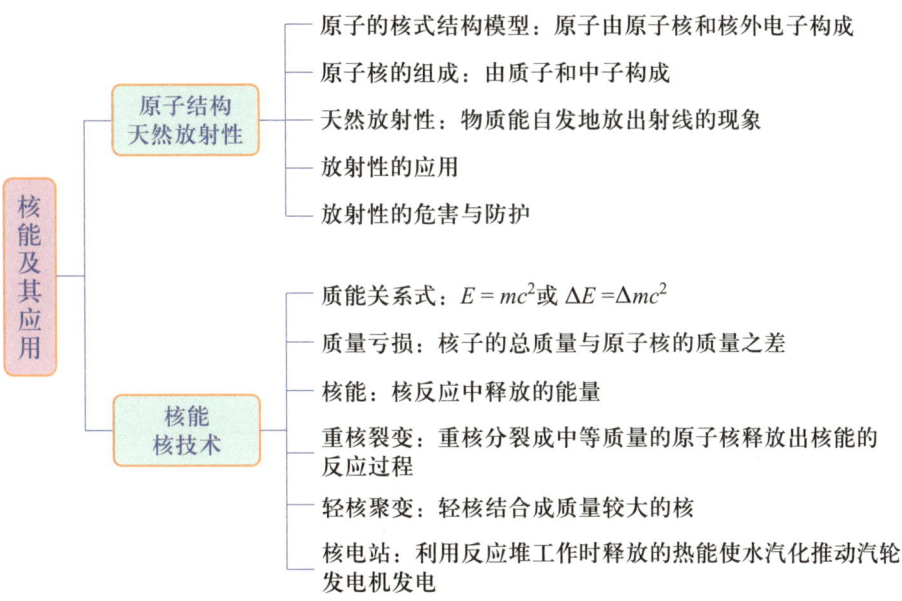

拓展模块　科学·技术·社会·环境

物理学与高新技术有着密不可分的关系。大多数高新技术都以物理学作为重要的基础之一。如电子计算机的核心部件——大规模集成电路技术是建立在量子力学和半导体物理中的能带理论基础上的；核技术是建立在核物理的实验和理论基础上的；激光技术是建立在原子物理的实验和理论基础上的；现代通信技术是建立在麦克斯韦电磁理论基础上的，等等。另一方面，高新技术的兴起又推动着物理学这门经典学科的发展，如物理学研究中的复杂计算借助于计算机技术，天体物理的研究借助于激光技术和现代通信技术，反物质的研究借助于航天技术等。物理学给现代科学技术铺上坚实的奠基石，两者互相依存，相得益彰。

每种科学技术在推动社会发展的同时，往往伴随着对社会环境的影响。农业文明破坏了森林、草原等植被；工业文明放出浓烟和污水；目前的新科技革命中也同样面临着环境污染和生态失衡问题。有些地区对资源的不合理利用，甚至是破坏性的开发利用，使得人类赖以生存的地球不堪负荷，生存环境受到严重的威胁。

本章将介绍航天技术和现代通信技术，让大家对高新技术及其发展前景有所了解，介绍新能源开发利用和物理污染的来源、危害及其防治的方法，帮助形成保护环境的意识。

拓展模块　科学·技术·社会·环境

专题一　航天技术简介

观察与思考

2003年10月15日，我国第一艘载人飞船神舟五号成功发射，在环绕地球运行了21圈后，航天员杨利伟随返回舱于16日凌晨按预定计划成功返回地面。2020年12月17日，嫦娥五号（图T-1-1）返回舱携带月球样品顺利返回地球。2021年5月15日天问一号祝融号火星车成功着陆火星（图T-1-2），我国的航天事业不断取得重大进展，成为"航天强国"。你知道航天技术包括哪些吗？人类为什么要进行太空探险？

图T-1-1　嫦娥五号

图T-1-2　祝融号火星车成功着陆火星

空间开发的意义　1961年4月12日，27岁的苏联人尤里·加加林乘坐东方1号飞船，在离地面 1.81×10^5 m 的轨道上，绕地球飞行108 min，这是人类航天史上的里程碑。离开地球到浩瀚的宇宙空间去、到令人神往的其他星球去，自古就是人类的愿望。现在，人类已借助于载人飞船成功登上月球，已发射许多探测器去"拜访"了太阳系中的其他几颗行星……这是人类文明史上的一次伟大飞跃。

太空蕴藏着极其丰富的空间资源，任何一项开发都会给人类带来巨大的利益，同时宇宙中的天体活动对地球也会造成危害。开发利用宇宙资源，减轻自然灾害，对人类社会的生存与发展有着极其深远的意义；推动科学研究、能源技术、材料技术的发展,以及空间开发和研究,在军事、农业和气象等方面也有重要作用。为此,我国高度重视天体研究和宇宙开发,并取得了举世瞩目的成就。

航天技术 航天技术又称**空间技术**,它是一门解决人类如何飞出大气层,进入并探索开发宇宙空间的技术。它是一种高度综合性技术,包括三项基本技术:运载器技术、航天器技术和地面测监技术。

运载器技术 能够把人造卫星、宇宙飞船、宇宙空间站或其他空间探测器送入轨道的单级或多级火箭,称为**运载火箭**。运载火箭多数为二级以上的多级火箭。火箭每一级一般由有效载荷、发动机和控制系统等几部分组成。发动机是火箭的心脏,它燃烧推进剂,产生喷气反作用力,推动火箭飞行;控制系统是火箭的大脑,用以控制火箭飞行姿态和调整飞行路线等,为了增大运载能力,大部分运载火箭的第一级捆绑有助推火箭,数量根据需要而定。航天器作为末级火箭的有效载荷而位于火箭的最前端,外面有整流罩,在火箭飞出大气层后,分离整流罩。图 T-1-3 是我国成功发射的载人"神舟"宇宙飞船的火箭在升空过程中的几个主要步骤的示意图。

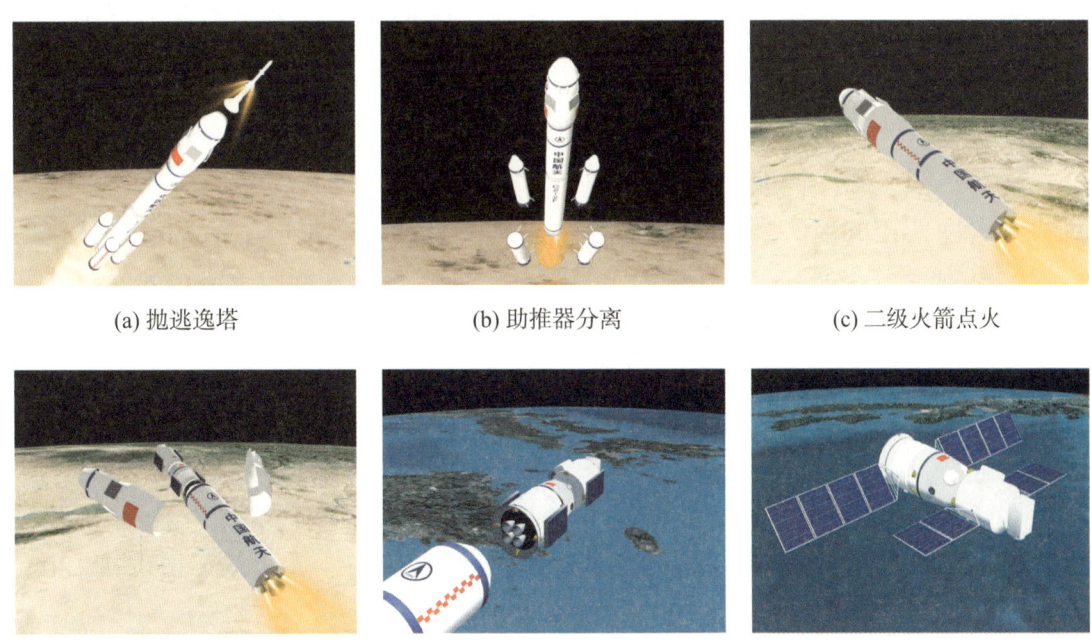

图 T-1-3 "神舟"宇宙飞船升空的主要步骤

航天器技术 航天器技术是指对航天器进行设计、制造、发射、追踪和控制的技术。航天器是指在空间特定轨道运行的载人飞行器。

航天器一般由通用系统和专用系统两部分组成。通用系统是指各类不同用途的航天器都需要的系统，主要包括：（1）结构系统，是航天器的骨架，用以承受各种载荷和保护所载仪器和设备；（2）无线电测控系统，用以同地面测控网配合，协助地面对航天器进行跟踪、测量和监视，并接收地面遥控命令；（3）电源系统，相当于航天器的心脏，向所载各系统提供电力；（4）计算机系统，相当于航天器的大脑，其功能是监测和管理各系统、储存数据和程序，使各系统按预定程序或遥控命令工作；（5）返回系统，保证航天器脱离运行轨道，再进入大气层，安全降落到地球表面；（6）生命保障系统，为航天员提供必不可少的生存环境和生活条件；还有温度控制和姿态控制系统等。

专用系统是根据航天器所担负任务需要设置的系统，它是区别航天器用途的主要标志。如侦察卫星的照相机系统，海洋监视卫星的雷达系统，通信卫星的转发器和天线系统等。

航天器按运行轨道可分为两类，一类是环绕地球运行的航天器，包括人造地球卫星、载人飞船（航天飞机和空间站）；另一类是脱离地球引力，飞往月球或其他行星，且绕行星运行的空间探测器。

载人飞船 载人飞船又称宇宙飞船，是一种运送航天员到达太空并安全返回的一次性使用的航天器。它能基本保证航天员在太空短期生活并进行一定的工作。它的运行时间一般是几天到半个月，一般可搭载 2 到 3 名宇航员。

空间站 人类并不满足于在太空作短暂的停留，为了开发太空，需要建立长期生活和工作的基地。于是，随着航天技术的进步，在太空建立新居所的条件成熟了。1971 年 4 月 19 日，苏联发射了第一座空间站礼炮 1 号，从此载人太空飞行进入一个新的阶段。我国于 2022 年建成了中国空间站（图 T-1-4），空间站轨道高度为 400～450 km，设计寿命为 10 年，长期驻留 3 人，总重量可达 180 t，以进行较大规模的空间应用。2023 年 5 月 30 日，神舟十六号载人飞船成功发射。7 月 20 日神舟十六号航天员顺利出舱（图 T-1-5），圆满完成出舱活动和全部既定任务。

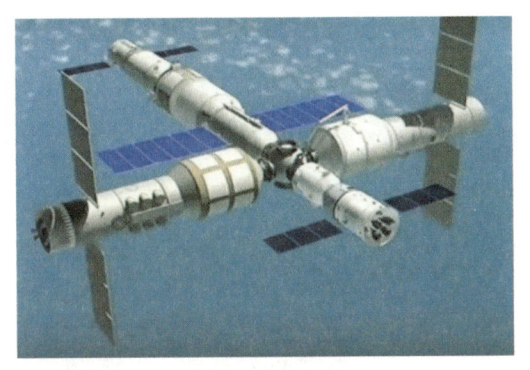

图 T-1-4　中国空间站

图 T-1-5　航天员出舱工作

地面测控技术　地面测控网的主要任务是对航天器进行跟踪、遥测、遥控和通信。跟踪就是跟踪和测量航天器的飞行路线，预报其轨道；遥测就是接收航天器发送回来的各种无线电信息，监视航天器上各种系统的工作，获得空间环境数据；遥控就是指挥和控制航天器的运行和返回；通信则是同轨道上的航天员进行通信联系，传送电话或电视。图 T-1-6 为西安卫星测控中心，图 T-1-7 为"远望"号测量船在海上跟踪测控航天器。

图 T-1-6　西安卫星测控中心

图 T-1-7　"远望"号测量船

太空探险　我们居住的地球，只是太阳系的一颗小行星。太阳系所在的银河系中，有 1 000 多亿颗像太阳这样的恒星，而它们的行星就更是不计其数了。科学家推测，在浩瀚的宇宙中，除地球之外，还会有存在智慧生物的星球。于是，人类开始寻访地球以外的文明。

探测太阳　2021 年 10 月 14 日，我国成功将"羲和号"太阳探测科学技术试验卫星等 11 颗卫星送入预定轨道，发射任务取得圆满成功，标志着我国正式

拓展模块　科学·技术·社会·环境

进入"探日时代"。截至 2022 年 8 月,"羲和号"按照既定任务计划开展科学观测,累计下传原始观测数据 50 Tbit,生成科学数据约 300 Tbit。这些数据对于后续开展太阳空间探测任务以及提升我国在空间科学领域国际影响力等具有重要意义。

登上月球　月球(图 T-1-8)是地球唯一的天然卫星也是离地球最近的天体。1969 年 7 月 16 日,美国成功发射了阿波罗 11 号载人飞船,3 名航天员经过 75 h 50 min 的飞行后,进入月球轨道,7 月 21 日,航天员阿姆斯特朗将左脚踏到月球上(图 T-1-9),成为世界上第一个踏上月球的人。2020 年 11 月 24 日,我国嫦娥五号探测器成功发射。12 月 1 日,成功在月球正面预选着陆区着陆(图 T-1-10)。12 月 17 日,嫦娥五号返回舱携带月球样本顺利返回地球。

图 T-1-8　月球

图 T-1-9　航天员登月

图 T-1-10　"嫦娥五号"登月

探秘金星　金星(图 T-1-11)是在日地之间内侧离地球最近的行星,也是人在地球上看到的天空中最亮的一颗星。1961 年 2 月 12 日,苏联发射了第一个金星探测器金星 1 号,美国紧随其后发射了 10 个金星探测器。1989 年 5 月 5 日,美国发射的麦哲伦号探测器飞向金星(图 T-1-12),首次获得第一张完整的金星地图,为研究认识金星上的地质地貌提供了形象的资料。

图 T-1-11　金星

图 T-1-12　麦哲伦号探测器

抵达火星　火星（图 T-1-13）是在日地之间位于地球外侧的近邻。它围绕太阳旋转，每 2 年 2 个月接近一次地球。人类多次发射火星探测器，探测火星上有无生物。根据多年来人类对火星的探测，科学家已基本肯定火星是一个没有高级生命的世界。2020 年 7 月 23 日，我国首次火星探测任务天问一号探测器成功发射，2021 年 5 月 15 日，天问一号祝融号火星车以及着陆组合体（图 T-1-14）成功着陆火星，标志着我国星际探测迈出了关键的一步。

飞近木星　木星（图 T-1-15）是太阳系星之冠，它的直径达 1.428×10^8 m，

图 T-1-13　火星

图 T-1-14　祝融号火星车

体积是地球的 1 316 倍，质量是地球的 318 倍。1989 年 10 月 18 日，美国把伽利略号探测器（图 T-1-16）送上太空，1995 年 12 月 7 日抵达木星，探测木星的大气层和辐射带，测绘木星的卫星，揭示木星的真面目。2023 年 4 月，欧洲成功发射木星探测器，预计于 2031 年 7 月抵达木星，将探讨两个核心主题：太阳系是如何工作的？木星的卫星是否存在生命？

拓展模块 科学·技术·社会·环境

图 T-1-15　木星

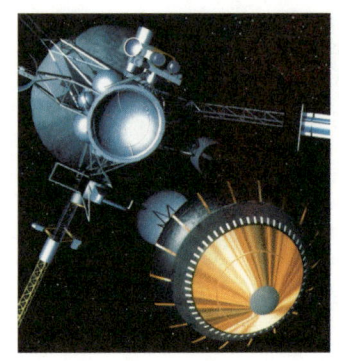

图 T-1-16　伽利略号探测器

行为与责任

载人航天精神是"两弹一星"精神在新时期的发扬光大，是以爱国主义为核心的民族精神和以改革创新为核心的时代精神的生动体现。我们要学习两弹元勋热爱祖国、为国争光的坚定信念，勇于登攀、敢于超越的进取精神，科学求实、严肃认真的工作作风，同舟共济、团结协作的大局观念，淡泊名利、默默奉献的崇高品质。发扬载人航天精神，为实现中华民族伟大复兴的中国梦贡献青春和力量。

练习与应用

1. 什么是航天技术？航天技术由哪些基本技术组成？它们的功能是什么？开发空间资源对人类有何意义？

2. 搜集资料，了解航天科学家作出的贡献和事迹（选其中 1~2 人），写成研究小报告，在课堂上与同学进行交流讨论。

3. 除了超重和失重，航天员在宇宙飞船发射、在轨和返回过程中还可能遇到哪些困难和危险？搜集相关资料，就上述问题与同学进行交流讨论。

4. 搜集资料，了解我国在探月、行星探测等方面取得的最新进展和巨大成就，在课堂上与同学进行交流讨论。

专题二 现代通信技术简介

观察与思考

1492年，哥伦布发现了新大陆，但派他去探险的西班牙皇后半年后才得此消息。然而，在1969年7月20日美国阿波罗11号把人类第一次送上月球时，仅在1.3 s内，这一振奋人心的消息就传遍了全世界。在当今的时代，移动无线网络已经成为我们生活、娱乐、学习不可或缺的组成部分，而移动无线通信技术本身也在不断地更新换代。那么，现代通信技术包含哪些技术？现代通信手段有哪些？

现代通信技术 在信息社会中，迅速、准确、有效地传输信息，是人们在信息活动中一直努力追求的目标。在信息传输技术中，通信技术的革命性突破是关键。现代通信技术与传统的通信技术有很大的不同。它不再以邮政、电报、电话技术为支柱，而是以微电子技术、计算机技术、光纤通信技术和通信卫星技术为支柱。其中微电子技术是现代通信的基础，计算机技术是现代通信的核心，光纤通信和卫星通信是现代通信的主要手段。近年来，地下的光纤通信和天上的卫星通信，形成了以计算机为中心的三维通信网络。现在，人们通过互联网可以和世界上各地的联网者对话，可以用固定电话或移动电话和国内、国外的人通话。

现代通信手段 现代通信手段主要包括卫星通信、光纤通信、移动通信和计算机通信这四种。

卫星通信 自1957年发射第一颗人造地球卫星以来，人造卫星即被广泛应用于通信、广播、电视等领域。通信卫星是利用人造地球卫星作为中继站，来转发无线电波而进行的两个或多个地面站之间的通信。通信卫星多采用同步卫星，它发射出来的电波可以覆盖地球表面的$\frac{1}{3}$。我国只需要一颗位置适当的定点卫星，便能保证全国范围内的通信。只要在赤道上空的同步轨道上均匀分布3颗同步卫星，就可以形成全球的卫星通信网，如图T-2-1所示。

卫星通信的特点有：(1) 通信距离远。通过全球通信网，可实现全球通信。(2) 通信容量大。卫星通信一般使用 1~10 GHz 的微波段，有很宽的频带，可同时传输多路电视信号或几千路电话。(3) 通信覆盖面广。可实现多址通信和信道的按需分配，因而通信灵活机动。但也有明显的缺点：受定点卫星高度的影响，卫星通信有 0.24 s 的时间延迟；受 16 km 厚的大气层和云层的干扰，通信质量下降；卫星通信使用微波通信，易被窃听，保密性差；卫星造价高，寿命较短（一般为几年）等。

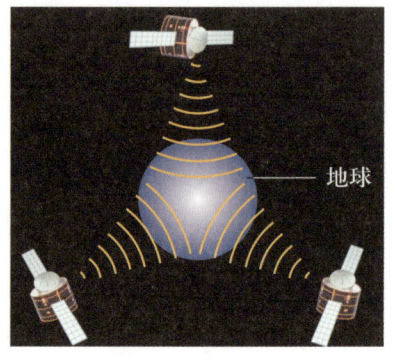

图 T-2-1　卫星通信网示意图

光纤通信　光纤通信是将文字、图像和声音等信息变为数字信息的电信号后，再转换成光的强弱信号，由激光作为载体携带需要传输的信息，以光纤作为介质传送给对方。对方通过光电转换装置将光波上携带的信息转换成电的数字信号，然后再转换为原来的文字、图像和声音等信息。光纤通信与传统的电缆通信相比有如下优点：

(1) 通信容量成千上万倍增大。在两根光缆（千百根光纤组合而成）上可以传送数万路电话或上千路电视，且传递信息速度快。

(2) 节省有色金属材料，成本低。制造光纤的材料主要是资源丰富的硅酸盐，光纤是一种比头发丝还细的玻璃纤维丝，用料极少，且体积小，质量轻。

(3) 抗干扰能力强。光纤通信不受电磁干扰，甚至可以把光缆同电力电缆或电气化铁道并行铺设；光纤具有很强的耐辐射能力，可以在某些特殊环境下使用，且保密性好。

(4) 传输衰减率低。如用 1 800 路同轴电缆系统，每隔 1 km 须设立一个中间增音站，而 1 920 路光纤通信系统的中继距离可达 50 km。

(5) 多功能传输。能传送电话、数据、传真、图像及其组合等各种信息，适用于综合业务数字网。

移动通信　移动通信又称无线通信，移动通信技术是以无线电波为通信用户提供实时信息传输的技术，以实现在保障覆盖区或服务区内的顺畅的个体移动通信。该技术领域主要包括无线数字传输技术、路由器技术、网络管理以及终端业务服务等方面的技术。图 T-2-2 为蜂窝式移动电话通信系统，它由无线收发信号机、无线－有线交换系统的基站和手持（或车、船载）移动电话机组成，可实现地面与地面、地面与水面（舰船等）、地面与空间（飞行器等）之间的随时随地的联系，还能为用户提供数据、文字和图像传输等业务。

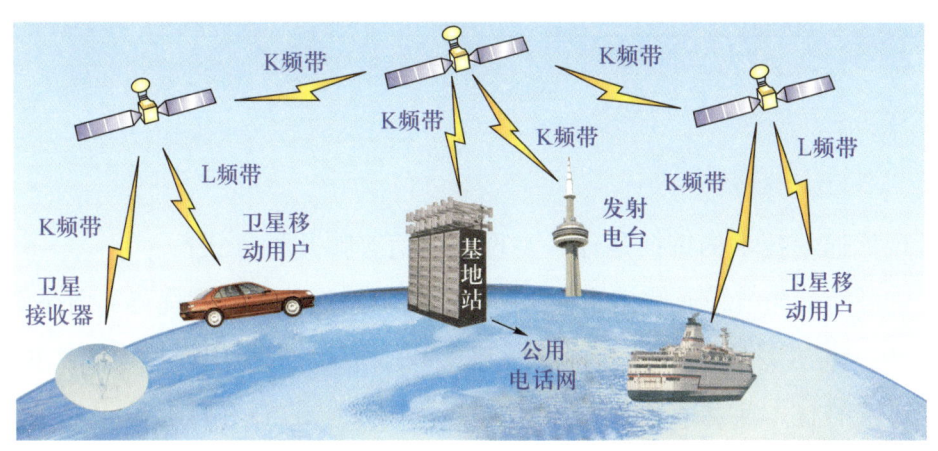

图 T-2-2　移动电话通信系统

从 1986 年开始的第一代通信技术 1G，1995 年发展到第二代通信技术 2G，2000 年 3G 网络开始成熟并商用，2010 年 4G 网络开始成熟并商用，而现在第五代移动通信技术 5G 已广泛使用。

5G 移动通信的特点是：（1）高速度，峰值速率可达到 10～20 Gbit/s；（2）泛在网，网络业务需要广泛存在；（3）低功耗，促进物联网产品的快速普及；（4）低时延，使无人驾驶、工业自动化的连接可靠性更高；（5）万物互联，迈入智能时代，除了手机、计算机等上网设备需要使用网络以外，越来越多的智能家电设备、可穿戴设备、共享汽车等更多不同类型的设备以及电灯等公共设施进行联网。另外，5G 通信频带宽，传输容量大，保密性强，使用灵活方便。移动通信自 20 世纪 80 年代推广以来得到了迅速的发展，到 2023 年第二季度，全球移动通信用户超过 83 亿，其中 5G 用户已超过 13 亿。

拓展模块　科学·技术·社会·环境

 行为与责任

2017年6月1日，我国发布并实施了《中华人民共和国网络安全法》，共七章七十九条，涵盖了网络安全的方方面面，为数据的存储、管理和应用提供了法律依据。个人使用数据时有责任保证数据的安全，不得非法出售或非法向他人提供个人信息。

练习与应用

1. 现代通信技术的特征是什么？现代通信有哪几种方式？

2. 光纤通信与电缆通信相比有哪些优点？卫星通信有哪些优势？请举例说明。

3. 2023年8月底，某品牌国产手机实现了卫星通话功能，再次展示了我国在通信领域的技术实力。查阅资料，了解我国发射的哪一颗通信卫星能实现卫星移动通信？撰写调查小报告，并在课堂上交流讨论。

4. 查阅资料，了解我国在5G技术的标准制定、技术专利、基站建设、终端设备制造等方面取得的成就，撰写科学小论文，并与同学交流讨论。

专题三　新能源的开发利用与节能减排

观察与思考

据国家能源局统计，2022年我国全国风电、光伏年发电量首次突破1万亿千瓦时，再创历史新高。我国为什么要大力开发利用风能发电、太阳能光伏发电呢（图T-3-1）？

社会发展离不开能源，能源资源是国民经

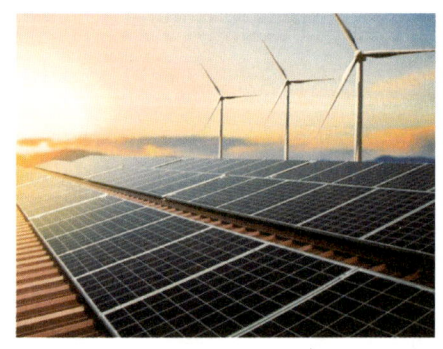

图T-3-1　光伏发电和风力发电装置

济发展的重要基础之一。自然界的能源种类很多，有煤、石油、天然气等传统能源，也有太阳能、核能、风能、海洋能、地热能、生物能等新能源。这些新能源不仅蕴藏量大，更重要的是它们可以再生，对环境的危害小。因此，我们要大力研究和发展新能源和可再生能源，加快建设资源节约与环境友好型社会。

太阳能的开发与利用 太阳能是一种有着广阔发展前景的新能源。太阳能具有能量大、采集方便、无污染等优点。世界各国都非常重视太阳能的应用，我国开发利用太阳能资源居世界第一位。至 2022 年底，中国太阳能热发电累计装机容量 588 MW，在全球太阳能热发电累计装机容量中占比 8.3%。

（1）**太阳能热电站** 这是一种先将太阳的光能转化成热能，再通过机械装置将其转化成电能的汽轮机发电方式（图 T-3-2）。这种电站不用燃料，成本低，使用维护简便。到 2023 年，全球光伏发电总量已从 2017 年的 391 GW 增加到近 600 GW，使光伏发电容量超过所有其他可再生能源技术的总和。

（2）**太阳能空间电站** 太阳光穿过大气层到达地球表面已大大减弱了，若在大气层以上接收太阳能要比在地面上接收多 4 倍以上。因此科学家设想，建立太阳能卫星电站（图 T-3-3），即在地球静止轨道卫星表面上覆盖一层太阳能电池板来吸收太阳光，并将其转化为电能，然后通过微波束将电能传送到地面上的接收设备。

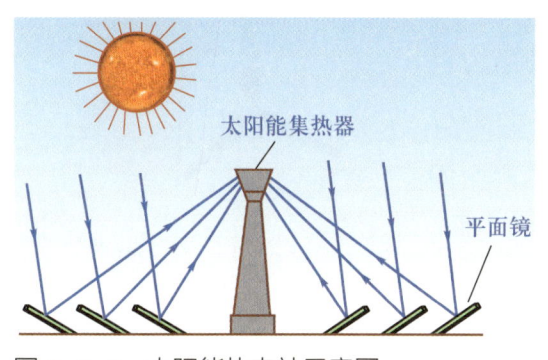

图 T-3-2　太阳能热电站示意图

图 T-3-3　太阳能卫星电站示意图

（3）**光伏发电** 光伏发电是将物理学原理应用于新能源开发领域所取得的重要成果之一。把太阳能转化为电能，不但为人们的生产生活提供了充足的能源，而且减少了大气污染，保护了环境。

光伏发电是太阳能发电的主流,其中光电转换的关键装置称为太阳能电池,它的核心材料为半导体,是一种通过吸收太阳能产生电压的器件。太阳能电池主要分为晶体硅电池和薄膜电池两类。太阳能电池可以灵活地进行串并联组合,既可为家庭供电,也适用于卫星、航天器、空间太阳能电站;既可为偏远无电地区如海岛、牧区、边防哨所等军民生活供电,也适合为交通信号灯、路灯等灯具供电;还可以与建筑材料相结合,实现建筑物用电自给自足。

太阳能的应用技术还有太阳能热水器、箱式太阳能干燥器、顶棚式太阳能蒸馏器、太阳能室内供暖系统、太阳能热管等。我国已掌握了拥有完整知识产权的聚光、吸热、储换热、发电等核心技术,以及高海拔地区的设备环境适应性设计技术、电站建设与运营技术等,为后续光热发电技术大规模发展奠定了坚实基础。

风能的开发与利用 风能是空气流动所产生的动能,是太阳能的一种转化形式。风能是一种清洁、安全、可再生的绿色能源。利用风能对环境无污染,对生态无破坏,环保效益和生态效益良好,对于人类社会可持续发展具有重要意义。

风能发电(图T-3-4)是世界范围内发展速度最快的新能源利用方式,我国的风力资源极为丰富,绝大多数地区的平均风速都在4 m/s以上,特别是东北、西北、西南高原和沿海岛屿,平均风速更大,发展风电的潜力巨大。近几年我国风力发电产业发展迅猛,目前已经成为仅次于火电和水电的第三大电力来源。国内的"双碳"政策为产业发展打开了广阔的空间,截至2022年12月底,全国风电装机容量3.6亿千瓦,预计2030年碳达峰时,风电装机容量达8亿千瓦,风电发电量占比15%,2060年实现碳中和目标时,风电装机容量或超20亿千瓦,风电发电量占比超30%。

图T-3-4 利用风能发电

海洋能的开发与利用 海洋新能源通常指海洋中蕴藏着的可再生能量(主

要包括潮汐能、波浪能、海流能、温差能、盐差能等），具有蕴藏丰富、无污染等优点。海洋能的利用，主要是利用各种海洋能发电，如建造波力电站、潮汐电站、海流电站，以及利用温差能和盐差能的发电装置等。我国在海洋能源的研究与开发利用中，潮汐能的研究与开发走在前列，技术也最成熟。

（1）**潮汐能发电** 海洋潮汐是月球引力的变化引起的，涨落时高低潮的落差最大可达 7～8 m。随着海水水位的升高，海水的巨大动能转化为势能；在潮落时，海水水位降低，势能又转化为动能。利用潮水的涨落带动涡轮机叶片转动而发电，这种发电方式称为"潮汐发电"。江厦潮汐电站（图 T-3-5）是我国最大的双向潮汐能发电站，共有 6 台潮汐发电机组，总装机容量达到 3 000 kW。

（2）**温差能发电** 利用海洋表层和深层的温差，对中间传热介质进行沸腾冷却，驱动汽轮机运转，带动发电机发电。

（3）**盐差能发电** 利用河海交界处或两种含盐浓度不同的海水之间的化学电位差能，将其转换成水的势能，驱动水轮机发电。

（4）**海流能发电** 与风力发电原理类似，即利用海流流动的冲击力推动水轮机高速旋转，从而带动发电机发电（图 T-3-6）。

图 T-3-5　江厦潮汐电站

图 T-3-6　海流能发电

核能的开发与利用 人类利用核能来发电虽只有几十年的历史，但核电技术和核电工业已取得了辉煌成果。截至 2022 年底，全球 33 个国家和地区共运行 422 台核电机组，总装机容量 3.78×10^8 kW。全球有 18 个国家在建 57 台核电机组，总装机容量 5.88×10^7 kW。2022 年 1—12 月，我国累计发电量为 $8.389 \times$

10^{12} kW·h，运行核电机组累计发电量为 4.178×10^{11} kW·h，占全国累计发电量的 4.98%。

"华龙一号"是我国自行研发、设计、制造、建设和运行的先进百万千瓦级压水堆核电站，全部指标达到和优于设计要求。

氢能的开发与利用 氢能是氢在物理与化学变化过程中释放的能量。氢是一种可燃烧的理想新能源，是世界上含量仅次于氧的元素，它以化合物的形式储藏于水与化石燃料等物质中，可以通过热解、电解、热化学、光解等方法制取。氢能具有来源广、可循环开发利用、无污染、贮运方便、热值高、用途多、适应性强等特点。燃烧 1 kg 氢产生的热量，约为燃烧同等质量汽油的 3 倍，酒精的 3.9 倍，焦炭的 4.5 倍。氢燃烧的产物是水，不会污染环境，是可再生和再循环的洁净能源。

氢的储存方法有高压气态储存、低温液氢储存、化学储存及金属氢化物储存四种，我国大多采用高压气态储氢方式（图 T-3-7）。目前，很多国家都积极开展氢能研究和开发，随着制氢和储氢技术的成熟，氢能将应用于航空、航天、火箭、汽车、冶炼、化工、发电等领域。例如，2022 年北京冬奥会期间运行超 1 000 辆氢燃料电池汽车（图 T-3-8），成为赛时交通服务用车，配备了 30 多个加氢站，体现了绿色环保和可持续发展的理念。

图 T-3-7 高压气态储氢

图 T-3-8 氢能源车

氢能发电是利用氢气和氧气燃烧，来代替火力发电中的"燃煤"或核能发电中的"核子反应"。燃氢所产生的高温把液态水转变为水蒸气，由水蒸气推动汽轮机，汽轮机的旋转再带动发电机产生电能。组成氢氧发电机组不需要复杂的蒸汽锅炉系统，结构简单，维修方便，启停迅速。在电网低负荷时，还可吸收多余的电来进行电解水，生产氢和氧，以备高峰时发电用。2022年，国内首座兆瓦级氢能发电站首台机组在安徽六安并网发电，这是首次实现兆瓦级电解纯水制氢、储氢及氢燃料电池发电系统的全链条贯通。

国家发展改革委2022年发布《氢能产业发展中长期规划（2021—2035）》，对未来氢能产业的发展进行了定位。氢能是能源体系的重要组成部分，对于未来的应用方向，规划了包括交通、储能、分布式能源以及工业领域的减碳四大领域。2025年的目标是：（1）氢能源车保有量达到5万辆，（2）可再生能源制氢量达到10万～20万吨。

节能减排的意义 我国能源资源丰富，但是由于人口多，人均占有能源少，能源供应比较紧张。我国经济快速增长，各项建设取得巨大成就，但也付出了巨大的资源和环境代价。只有坚持节约发展、清洁发展、安全发展，才能实现经济又好又快发展。因此，我们不仅要开发新能源，而且还要合理使用能源、节约能源，形成全社会"节约能源"的良好风气。

行为与责任

2020年9月，我国在第75届联合国大会上承诺：努力争取2030年前实现碳达峰，2060年前实现碳中和。目前我国碳排放总量仍然较大，要实现这一目标并不容易。今后还需大力开发可再生能源，减少传统能源，降低工业、建筑、交通、农业等行业的二氧化碳排放量，倡导更健康、更自然、更安全的低碳生活方式，即在生活中尽力减少能量的消耗，如拒绝一次性用品，做到随手关灯，用电设备使用完毕及时关闭，多乘坐公共交通工具，等等。

练习与应用

1. 收集资料，调查自己身边的低碳生活实例，撰写调查小报告，并在课堂上交流讨论。

2. 查阅资料，了解我国光伏行业的政策背景、光伏产业链条、全国光伏装机容量、光伏发电量等信息，撰写调查小报告，并与同学交流讨论。

3. 查阅资料，了解我国海洋能的开发与利用情况、海洋潮汐能发电装机容量、未来发展前景，撰写调查小报告，并与同学交流讨论。

4. 查阅资料，了解我国风能、氢能的开发与利用情况，撰写调查小报告，并与同学交流讨论。

专题四　物理学与环境保护

观察与思考

对于常见的环境污染，如大气污染（图 T-4-1）、水污染（图 T-4-2）、噪声污染（图 T-4-3），大家都比较重视。但对电磁污染、光污染、放射性污染，却没有引起足够的重视。那么，这些污染有什么特点？来源是什么？有什么危害？如何对这些污染进行防治或防护？

图 T-4-1　大气污染

图 T-4-2　水污染

噪声污染与控制　凡是不需要的、使人厌烦并干扰人的正常生活、工作和休息的声音统称为**噪声**。当工业生产、建筑施工、交通运输和社会生活中所产生的噪声超过国家规定的环境噪声排放标准，并干扰他人正常生活、工作和学习，就可以认为是噪声污染。

（1）**噪声污染的特点** ① 影响面广；② 它不同于大气污染、水污染和土壤污染，在环境中不会产生累积，当声源停止发声时，噪声污染立刻消失。

（2）**噪声污染的来源** 噪声主要来源于交通运输、工业生产、建筑施工和生活噪声四个方面。火车、汽车（图T-4-4）、摩托车、飞机等交通运输工具

图 T-4-3　噪声污染

的喇叭、汽笛、刹车、发动机以及飞机的起落等，都可以产生噪声。工业噪声有空气振动噪声，如鼓风机、空压机、锅炉排气等产生的噪声，也有机械振动产生的噪声，如砂磨机（图T-4-5）、车床等产生的噪声等。建筑施工噪声有打桩机、混凝土搅拌机、挖掘机等产生的噪声，还有吊车、灌浆机、电焊、切割和其他建筑工具的使用产生的噪声。生活噪声常见的有高音喇叭、商场、自由市场、餐饮服务场地等产生的噪声。

图 T-4-4　汽车

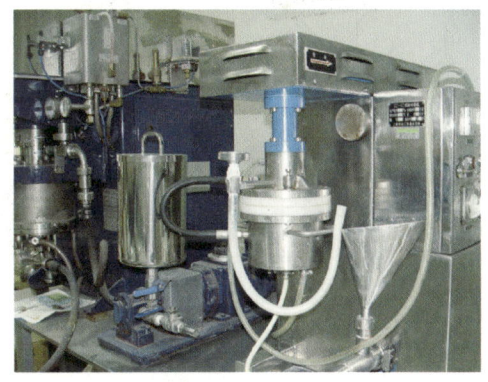

图 T-4-5　砂磨机

（3）**噪声污染的危害**　现在，噪声已列为国际公害，噪声有哪些危害呢？

噪声的强度可用声级表示，单位为 dB（分贝）。一般来说，声级在 30～40 dB 是比较安静的环境，超过 50 dB 就会影响睡眠和休息，70 dB 以上会干扰人们的谈话，使人心烦意乱，精力不集中。长期工作和生活在 80～100 dB 的噪声环境

中，使人感到厌烦，产生头痛、耳鸣、多梦、失眠、心慌等症状。

（4）噪声污染的控制　按照一般的标准，居民居住环境的噪声，白天不能超过 50 dB，夜间不能超过 40 dB。工厂、工地等工作环境的噪声，也不应该超过 85～90 dB。为了更有效地控制噪声，许多国家都在致力研究，现在已经形成了一门新的学科，称为"噪声控制学"，也称"噪声工程学"。

噪声控制必须考虑传播过程中涉及的声源、传播途径、接受者这三个因素，控制声源是降低噪声的最根本和最有效的途径。一般原则是首先通过声源控制技术降低声源的辐射功率，如通过改造交通运输工具，降低发动机的噪声等；其次是控制噪声传播，在城市主干道上设置噪声监测设备加强监测（图 T-4-6），音乐厅（图 T-4-7）采用多孔吸声材料使反射声减小；再次是工作人员的直接防护，高噪声环境下的人还必须进行个人防护，佩戴耳塞、耳罩、防噪声头盔等护耳器，可使传入人耳的噪声减小到无害的程度。

 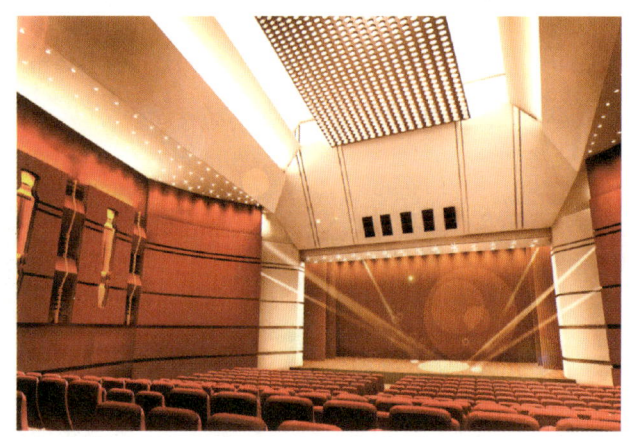

图 T-4-6　噪声监测　　　　图 T-4-7　音乐厅

电磁污染与防护　电磁污染已被确认为世界上继水污染、大气污染、噪声污染之后的第四大污染，前三种污染可看、可闻、可听，而电磁波的污染则是一种看不见、摸不着、闻不到，却又无处不在，无处可躲的污染。那么如何采取措施来防护电磁污染呢？

随着遍布全球的无线电广播、电视、通信以及微波技术等事业的迅猛发展，发射机的功率成倍提高，加上当今充斥大街小巷的手机，使得电磁辐射大幅度增加。我们把超过仪器设备容许的和对人有害的电磁辐射称为**电磁污染**。

（1）**电磁污染的来源**　电磁污染来自天然的和人为的电磁辐射源。天然电磁辐射，如雷电、火山喷发、地震和太阳黑子活动引起的磁暴等，除对电气设备、飞机、建筑物等可能造成直接破坏外，还会在广大地区产生严重电磁干扰。

人为电磁辐射主要来源于以下几个方面：微波设备产生的辐射，如无线电广播、电视发射台、雷达系统、移动通信系统等；工频强辐射系统，如电压在 100 kV 以上的输变电系统（图 T-4-8），电流在 100 A 以上的工频设备等；生活和工作环境中的电磁辐射，如电视机、手机、计算机、微波炉等也产生一定的电磁辐射。

图 T-4-8　输变电系统

（2）**电磁污染的危害**　电磁辐射对人体的伤害是由电磁波的能量造成的，它对人体的伤害有两种形式，一种是热效应，一种是非热效应。热效应是由较强的微波辐射引起的。当过量的微波作用于人体，对皮肤、肌肉、内脏等含水量较高的人体组织加热，有相当部分的微波能量被人体吸收转化为热力学能，人体将由于过热而引起损伤。非热效应是人体吸收电磁辐射后，人体的组织、细胞、DNA、染色体等产生变化。

根据医学观察，电磁辐射对人体会产生以下危害：电磁辐射是心血管疾病、糖尿病、癌突变的诱因之一；电磁辐射对人体生殖系统、神经系统和免疫系统造成直接伤害。如头晕、头痛、记忆力减退、失眠、精神不振、食欲不佳、乏力等；过量的电磁辐射是造成流产、不育、畸胎等病变的诱发因素；过量的电磁辐射直接影响大脑组织、骨髓发育，使视力、肝脏造血功能下降以及使白细胞与血小板减少，降低免疫功能，甚至导致视网膜脱落等。

（3）**电磁污染的防护**　电磁污染的防护包括辐射源控制、电磁屏蔽、个人防护三个方面。

首先要控制辐射源电磁波的强度。功率强大的调频广播和电视发射机是城市主要电磁污染源,一般应设在郊区,以尽量减少对其周围人群的辐射。其次要对强烈的电磁辐射做好屏蔽防护,其原理如同静电屏蔽,主要是将辐射源置于屏蔽体之内,使电磁波不向外泄漏。最后做好个人防护。例如,日常操作计算机时,人体离计算机屏幕不要太近,正确使用微波炉,防止微波泄漏。

放射性污染与防治 放射性元素的原子核在衰变过程放出 α、β、γ 射线的现象,称为**放射性**。由放射性物质所造成的污染,称为**放射性污染**。

(1) **放射性来源** 人类的生存环境本来就存在天然放射性辐射,这些辐射有些来自地球外围的宇宙射线,也有些来自地球本身的天然放射性元素。这些天然放射性辐射一般不会对人类造成明显的危害,但是随着科技的发展,环境中的人工放射性物质大量增加,一旦环境的辐射水平超过了国家规定的安全标准,就会造成放射性污染。

人工放射性来源有:核工业排放的废物;核武器试验的沉降物;医疗放射性,现代医学上,射线已作为临床上诊断和治疗的重要手段,如用 γ 刀治疗恶性肿瘤、X 射线成像(图 T-4-9)等;科研产生的含有放射性物质的废水、废气、废渣等。

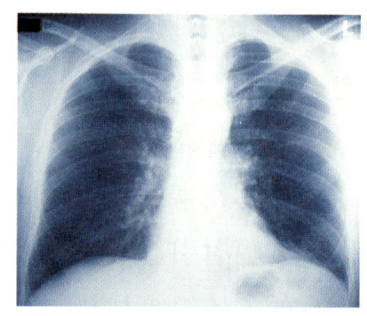

图 T-4-9 X 射线透视照片

(2) **放射性的危害** 一般情况下,天然放射性辐射对人体不至于造成危害或者危害很小。但是过强的辐射,无论是 α、β、γ 射线,还是 X 射线,都会损伤人体的组织器官。射线对人体造成危害的程度,主要决定于照射部位和照射剂量,大剂量照射头部和腹部会产生严重的病理变化,特别是会导致白血病和其他癌症的发病率明显升高。

(3) **放射性污染的防治** 对放射性污染的防治分为辐射防护和对放射性废物进行治理两个方面。

辐射防护是对辐射的设备进行管理和监控,在射线辐射时对人体采取保护措施。在防护辐射时应注意生活环境中是否有人工放射性污染的来源。人进入放射性污染的区域时要穿防化服(图 T-4-10)。注意天然放射性物质对人体的影响,防止放射性治疗(图 T-4-11)过程中对人体产生损伤。

 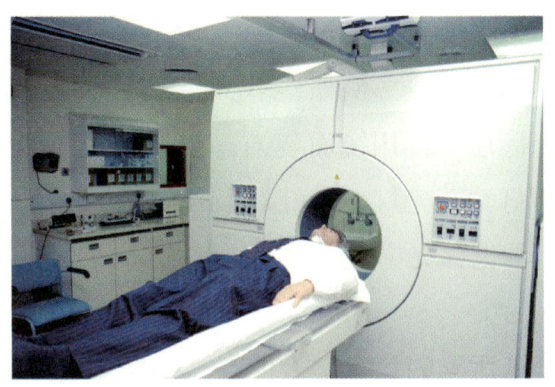

图 T-4-10　防化服　　图 T-4-11　放射性治疗

对放射性废物的治理是保护环境、控制放射性污染的重要环节和根本途径。对放射性物质，必须严格遵守操作规程，不准用手接触；对于放射性废物，也不能随便丢掉，应在指定地点，深埋于地下，并要远离水源。要特别注意防止放射性物质对空气、水源和食品的污染。

光污染与控制　现代气息总和光线联系得那么紧密，建筑和光的辉映似乎是艺术家想要着力强调的元素。的确，玻璃幕墙反射的瑰丽奇光，让游人领略到夜色的浪漫和温馨——都市的夜晚比过去美了许多，但是过度的光照也形成了光污染。人们把那些对人体健康、植物生长和动物生存有害的光称之为**光污染**。

（1）**光污染的来源**　我们早已弱化了夜的概念，却习惯把一个灯火通明的都市称之为"不夜城"（图 T-4-12）。每一天夜晚降临时，我们肉眼所见到的，到处是耀眼的路灯、卤素灯、绚丽的霓虹灯（图 T-4-13）等。现在在城市的夜晚已难以看到美丽的星空。

图 T-4-12　不夜城　　　　　　　图 T-4-13　晚上各种灯光

光污染主要包括由可见光、红外线、紫外线以及激光造成的白亮污染、人工白昼、彩光污染。例如，不少商店用大块镜面或铝合金装饰门面，有的甚至从楼顶至底层全部用镜面装饰；在露天剧场等娱乐场所，不断闪烁着的五光十色的旋转灯、荧光灯、霓虹灯以及闪烁的彩色光源，构成了彩光污染。手工电弧焊产生的电弧光中有三种对人体有害的光线，即红外线、紫外线和强可见光，也属于光污染。

（2）光污染的危害 人体在光污染中首当其冲的是眼睛。瞬间的强光照射（如焊枪所产生的强光）会使人们出现短暂的失明现象，普通的光污染也会对人眼的角膜和虹膜造成伤害，抑制视网膜感光细胞功能的发挥。

过量的紫外线、红外线照射，可使人的皮肤出现红斑，出现血压降低、头晕耳鸣等症状，引发白内障和皮肤癌等疾病。因此，夏天烈日下游泳要涂防晒霜。夜晚开着前灯迎面驶来的车辆，会造成较强的炫光污染。演出场所的激光具有高速变幻、光线强烈、令人眼花缭乱等特点、对视觉极为有害，人如果被长期照射，会流鼻血，牙齿脱落，严重的甚至会导致白血病及其他癌变。

研究表明，除极少数在夜间活动的动物外，大多数动物在晚上不喜欢强光照射。强光打乱了它们昼夜生活的生物钟节律。生物学家警告说，夜间的光污染会危及动物和植物的生存。人造光让"白天"时间延长，对于像猫头鹰（图 T-4-14）这类的夜行性鸟类来说，是可怕的。用强光照射植物（图 T-4-15）同样会破坏植物体内生物钟的节律，妨碍其正常生长。进入秋天后，花草在夜里受到灯光的长期照射会不停地生长，如果突然遇到强冷空气，花草就容易冻死。

图 T-4-14 猫头鹰

图 T-4-15 强光照射植物

（3）光污染的防治　防治光污染是一项社会系统工程，需要有关部门制定必要的法律和规定，采取相应的防护措施。企业、卫生、环保等部门，一定要对光的污染有一个清醒的认识，要注意控制光污染的源头，要加强预防性卫生监督，做到防患于未然；科研人员也要探索有利于减少光污染的方法。建筑设计人员在进行设计时，应合理选择光源。对个人来说，如果不能避免长期处于光污染的工作环境中，应该采用个人防护措施：戴防护镜、防护面罩，穿防护服等。已出现症状的应定期去医院检查，及时发现病情，以防为主，防治结合。

练习与应用

1. 收集资料，了解生活和工作环境中噪声污染的来源、防治方法，以及《声环境质量标准》（GB 3096—2008）中有关城市区域环境噪声标准的内容，撰写调查小报告，并与同学交流讨论。

2. 收集资料，调查当地大气污染的主要污染源，撰写调查小报告，并与同学交流讨论。

3. 收集资料，了解生活和工作环境中电磁污染、放射性污染的来源、危害和防治方法，撰写调查小报告，并与同学交流讨论。

4. 扬子晚报曾报道一篇文章，"夜间家中如白昼，光污染搅得市民难度夏"。报纸介绍某建筑工地上夜里的照明灯就像探照灯，高亮度的照明灯发射出耀眼炫目的白色灯光，照得对面楼房卧室里，就像开了一盏大功率的日光灯一样，即使挂上两层窗帘，厚厚的布窗帘依然难挡射灯的强光，使居民无法正常休息。那么，光污染会造成什么危害，如何防止光污染的产生？

拓展模块　科学·技术·社会·环境

本章思维导图

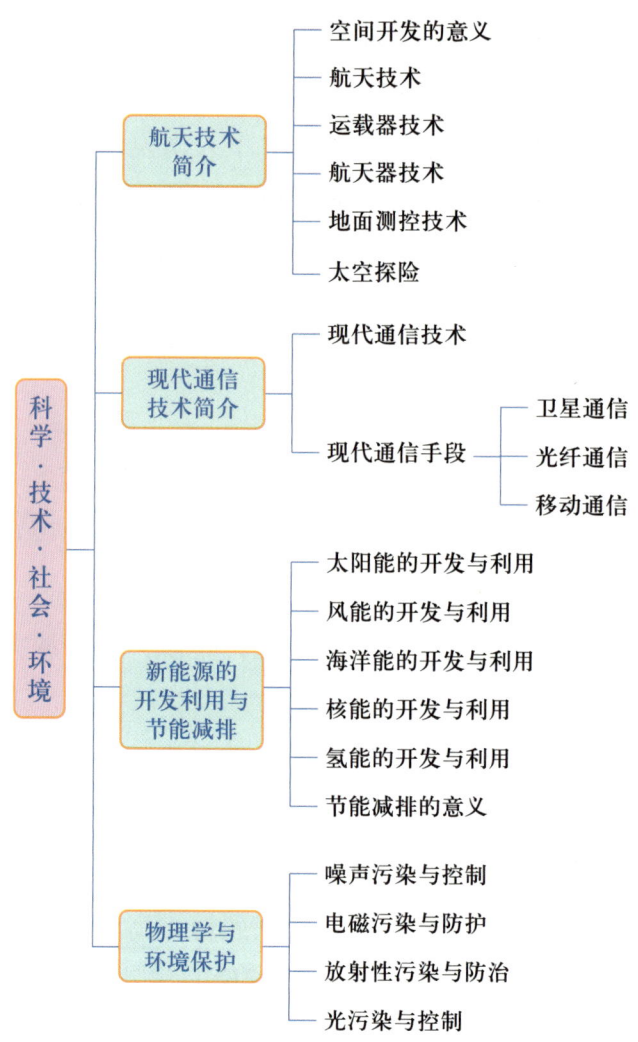

郑重声明

高等教育出版社依法对本书享有专有出版权。任何未经许可的复制、销售行为均违反《中华人民共和国著作权法》，其行为人将承担相应的民事责任和行政责任；构成犯罪的，将被依法追究刑事责任。为了维护市场秩序，保护读者的合法权益，避免读者误用盗版书造成不良后果，我社将配合行政执法部门和司法机关对违法犯罪的单位和个人进行严厉打击。社会各界人士如发现上述侵权行为，希望及时举报，我社将奖励举报有功人员。

反盗版举报电话　（010）58581999　58582371

反盗版举报邮箱　dd@hep.com.cn

通信地址　北京市西城区德外大街4号　高等教育出版社知识产权与法律事务部

邮政编码　100120

读者意见反馈

为收集对教材的意见建议，进一步完善教材编写并做好服务工作，读者可将对本教材的意见建议通过如下渠道反馈至我社。

咨询电话　400-810-0598

反馈邮箱　zz_dzyj@pub.hep.cn

通信地址　北京市朝阳区惠新东街4号富盛大厦1座　高等教育出版社总编辑办公室

邮政编码　100029

防伪查询说明

用户购书后刮开封底防伪涂层，使用手机微信等软件扫描二维码，会跳转至防伪查询网页，获得所购图书详细信息。

防伪客服电话　（010）58582300

学习卡账号使用说明

一、注册 / 登录

访问 https://abooks.hep.com.cn，点击"注册 / 登录"，在注册页面可以通过邮箱注册或者短信验证码两种方式进行注册。已注册的用户直接输入用户名加密码或者手机号加验证码的方式登录。

二、课程绑定

登录之后，点击页面右上角的个人头像展开子菜单，进入"个人中心"，点击"绑定防伪码"按钮，输入图书封底防伪码（20位密码，刮开涂层可见），完成课程绑定。

三、访问课程

在"个人中心"→"我的图书"中选择本书，开始学习。

如有账号问题，请发邮件至：4a_admin_zz@pub.hep.cn。